全国高职高专教育“十三五”规划教材

高等应用数学（下册）

（第二版）

主　编　陈华峰　袁　佳　万　轩

副主编　章向明　范正权　朱志富　邹　杰

李元红　瞿先平　沈玉玲

主　审　李连启

西南交通大学出版社

·成　都·

内容简介

本书是在认真分析、总结、吸收部分高校高等应用数学课程教学改革经验基础上，本着“必需、够用、发展”的原则，以教育部高职高专教学课程的基本要求与课程改革精神及人才培养目标为依据编写的. 在取材上力求注重基础与完整，结合生活、专业课学习及运用，在讲述上深入浅出，从而达到既为学生专业功能服务，又加强基本思维素质训练的目的.

本书分为上下两册，上册内容包括函数与极限、导数与微分、中值定理与导数的应用、不定积分、定积分等，下册内容包括微分方程、无穷级数、矩阵代数、离散初步、概率初步等.

本书特色主要体现在：（1）保留并丰富了各章节知识点，采用了模块化设计；（2）根据高职学生的学习特点，对练习题进行了基础、能力、拓展三个阶段的分层进阶；（3）每章给出了知识框图，有利于学生对本章进行系统的学习.

本书内容比较全面，语言简洁、通俗，例题和练习题量比较大，细分了难易程度. 可作为高职高专院校各专业数学通用教材，也可供其他人员参考.

图书在版编目（CIP）数据

高等应用数学. 下册 / 陈华峰，袁佳，万轩主编.
—2 版. —成都：西南交通大学出版社，2017.8
全国高职高专教育“十三五”规划教材
ISBN 978-7-5643-5640-8

Ⅰ. ①高… Ⅱ. ①陈… ②袁… ③万… Ⅲ. ①应用数学 - 高等职业教育 - 教材 Ⅳ. ①O29

中国版本图书馆 CIP 数据核字（2017）第 182634 号

全国高职高专教育“十三五”规划教材

高等应用数学（下册）（第二版）

陈华峰 袁 佳 万 轩 主编

责任编辑 张宝华
装帧设计 墨创文化

印张 13.25 字数 329千
成品尺寸 185 mm × 260 mm
版本 2017年8月第2版
印次 2017年8月第4次
印刷 成都中铁二局永经堂印务有限责任公司

出版 发行 西南交通大学出版社
网址 http://www.xnjdcbs.com
地址 四川省成都市二环路北一段111号
西南交通大学创新大厦21楼
邮政编码 610031
发行部电话 028-87600564 028-87600533

书号：ISBN 978-7-5643-5640-8
定价：31.00元

课件咨询电话：028-87600533

第二版前言

高等应用数学是一门高职高专院校各专业公共基础必修课程，它对培养学生的思维能力有着重要的作用．本书第二版是根据教育部制定的《各专业教学标准和人才培养目标及规格》对高等应用数学课程教学基本要求，考虑到高职高专学生的特点和各专业需要，在第一版的基础上修订而成．本次修订充分吸取了教师和学生对第一版教材的建议，在保留第一版特色的同时对部分内容进行了增删，使之更能适应高职高专的教学实际和学生学习的特征．

第一版前言

时代在发展，社会在进步，人们对人才的要求越来越高. 对于高职学生来讲，只掌握专业知识已不能适应社会和企业的要求，还必须具备较强的适应能力、应变能力、学习能力、创新能力等，这样才能在日益激烈的竞争中有所成就，才能为祖国做出应有的贡献. 而这些能力的基础就是既要有丰富的专业基础知识，又要有良好的思维品质. 高等应用数学的学习就最能体现这两方面.

高等应用数学是高职高专院校各专业一门公共基础必修课程，它对于培养学生的思维能力有着重要的作用. 通过高等应用数学的学习，学生不但可以掌握处理数学问题的描述工具和方法，为后续课程的学习创造条件，而且可以提高抽象思维和逻辑推理能力，提高观察事物现象、分析问题本质、解决问题的能力，养成良好的意志力以及逻辑性、新颖性等思维习惯，并为以后的学习、工作和生活打下坚实的基础.

因此，本教材在具体编写过程中，力求既介绍高等应用数学基础知识的核心内容，做到简明扼要、通俗易懂，又注重理论联系实际，融入启发式思维训练，着重培养学生良好的思维品质，加强学生系统性、创新性、发散性、坚韧性的思维训练. 本教材是编者在结合多年高等应用数学教学经验的基础上，根据高职高专学生的学习规律与特点，参考了国内众多教材的优点并借鉴国外相关教材的特点编写而成的. 本书的主要特点如下：

（1）内容选择科学.

本教材的整个体系保持了高等应用数学具有代表性的核心内容，坚持少而精、释义清楚、学以致用的原则，内容安排上由浅入深，符合认知规律，理论严谨、叙述明确简练、逻辑性强，知识点脉络清晰. 第 1～5 章为各专业的基础必修模块，第 6～10 章为各专业的选修模块，可根据实际情况选修其中的一章或几章.

（2）结构安排先进.

教材大部分例题都融入启发式思维训练，重点突出解题思路，注重培养学生的数学思维能力和分析问题、解决问题的能力. 每一节练习题都分为基础、提高、拓展三个阶段，符合高职学生对数学学习的认知过程，而且将基础理论与相关实际问题相结合，变抽象思维为形象思维，提高学生的思考能力，培养学生优秀的思维品质.

（3）系统组织实用.

每章都列出了知识框图，以便学生及时掌握知识点和知识结构. 并配以大量习题和思考题，每章结束均配有自测题，可供学生检测自己学习的情况.

本书内容和结构体现了我校近年来教学改革的成果. 全书分为上、下两册，共10章. 其中第1、2章由袁佳编写，第3、7、10章由瞿先平（重庆理工大学研究生）编写，第4、5、6章由万轩编写，第8、9章由陈华峰编写；每章节的应用题例部分由范正权和朱志富编写；全书由陈华峰统稿.

最后，特别感谢李连启教授为审阅本书所付出的辛勤劳动. 感谢西南交通大学出版社的大力支持，使本书得以顺利出版.

由于编者水平有限，加之完成时间仓促，书中难免有不妥或错误之处，恳请广大读者批评指正.

编　者

2015年1月

目　录

第六章　微分方程

微分方程是现代数学的一个重要分支，是人们解决各种实际问题的有效工具，它在几何、力学、物理、电子技术、自动控制、航天、生命科学、经济等领域都有着广泛的应用．本章主要讨论微分方程的一些基本概念以及常见的简单微分方程的解法．其知识结构图如下：

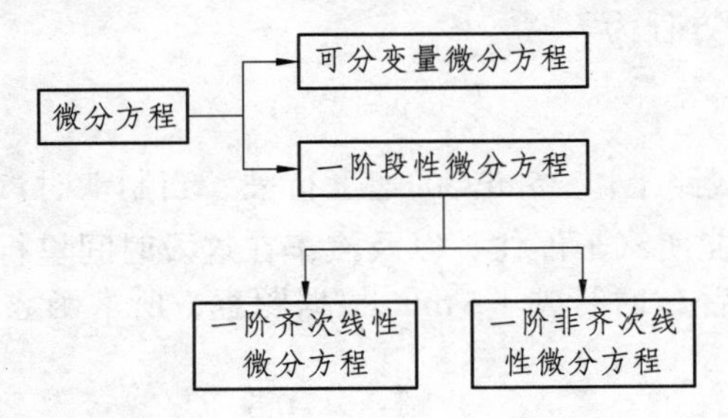

【学习能力目标】

- 知道微分方程，了解微分方程的阶、解、通解、特解、初始条件等概念，能够熟练地判断微分方程的阶数．
- 理解微分方程特解与通解的关系．
- 掌握可分离变量微分方程及一阶线性微分方程的解法．
- 会建立简单的微分方程模型．

第一节　微分方程的概念

函数是客观事物的内部联系在数量方面的反映，利用函数关系可以对客观事物的规律进行研究．因此如何寻找出所需要的函数关系，在实践中具有重要意义．在许多问题中，往往不能直接找出所需要的函数关系，但是根据问题所提供的情况，有时可以列出含有要找的函数及其导数的关系式，这样的关系式就是所谓的微分方程．微分方程建立以后，对它进行研究，找出未知函数，这就是解微分方程．

例 1.1　一曲线通过点 $(1,2)$，且在该曲线上任一点 $M(x,y)$ 处的切线的斜率为 $2x$，求该曲线的方程．

解　设所求曲线的方程为 $y=f(x)$，由导数的几何意义可知 $y'=2x$，即

$$\frac{\mathrm{d}y}{\mathrm{d}x}=2x$$

即

$$\mathrm{d}y=2x\mathrm{d}x \tag{1}$$

同时还满足以下条件：

$$当 x=1 时，y=2 \tag{2}$$

对（1）式两边同时求积分可得

$$y=\int 2x\mathrm{d}x$$

解得

$$y=x^2+C \tag{3}$$

其中 C 为任意常数.

把条件（2）代入（3）式，可得

$$2=1^2+C$$

即 $C=1$，于是所求曲线的方程为

$$y=x^2+1 \tag{4}$$

例 1.2　汽车在平直线路上以 25 m/s 的速度行驶，当制动时汽车获得加速度 $-0.5\ \mathrm{m/s^2}$，求开始制动后多少时间才能使汽车停住，以及汽车在这段时间里行驶了多少距离？

解　设汽车开始制动后 t s 时行驶了 s m．根据题意，所求函数 $s=s(t)$ 满足：

$$\frac{\mathrm{d}^2 s}{\mathrm{d}t^2}=-0.5 \tag{5}$$

同时还满足以下条件：

$$当 t=0 时，s=0，v=\frac{\mathrm{d}s}{\mathrm{d}t}=25 \tag{6}$$

对（5）式两边同时求积分可得

$$v=\frac{\mathrm{d}s}{\mathrm{d}t}=-0.5t+C_1 \tag{7}$$

再积分一次，即对（7）式两边同时求积分可得

$$s=-0.25t^2+C_1t+C_2 \tag{8}$$

其中 C_1 和 C_2 均为任意常数.

把条件（6）中“$t=0$ 时，$v=25$”和“$t=0$ 时，$s=0$”分别代入（7）式和（8）式，得 $C_1=25$，$C_2=0$．将 $C_1=25$ 和 $C_2=0$ 代入（7）式和（8）式，得

$$v=-0.5t+25 \tag{9}$$

$$s=-0.25t^2+25t \tag{10}$$

在（9）式中令 $v=0$，得汽车从开始制动到完全停止所需的时间：

$$t=\frac{25}{0.5}=50(\mathrm{s})$$

再把 $t=50$ 代入(6.10)式，得到汽车在制动阶段行驶的距离：

$$s=-0.25\times 50^2+25\times 50=625(\mathrm{m})$$

上述两例中，（1）式和（5）式都是含有未知函数的导数（或微分），它们都是微分方程.

一般地，凡含有未知函数的导数（或微分）的方程叫做**微分方程**. 微分方程中出现的未知函数的最高阶导数的阶数称为**微分方程的阶**.

例如：(1) 式，$F(x,y,y')=0$，$y'=f(x,y)$ 均是一阶微分方程；

(5) 式，$y''+2xy=\cos x+\mathrm{e}^x+2$ 均是二阶微分方程；

$y^{(4)}+3y''+5y=x+2$ 是四阶微分方程；

$F(x,y,y',\cdots,y^{(n)})=0$，$y^{(n)}=f(x,y,y',\cdots,y^{(n-1)})$ 均是 n 阶微分方程.

形如

$$y^{(n)}+a_1(x)y^{(n-1)}+\cdots+a_{n-1}(x)y'+a_n(x)y=f(x)$$

的微分方程，称为**线性微分方程**；否则，称为**非线性微分方程**.

未知函数及未知函数的导数都是一次函数是线性微分方程的必要条件，但不是充分条件.

例如：$y'+P(x)y=Q(x)$，$\dfrac{\mathrm{d}y}{\mathrm{d}x}+y=\sin^2 x$ 和 $xy'''+2y''+x^2y=0$ 均为线性微分方程，而 $x(y')^2-2yy'+x=0$，$yy'+x=1$ 和 $y'+x\sin y=x^2+1$ 均是非线性微分方程.

如果将某个函数以及它的各阶导数代入微分方程，能使得方程恒成立，这个函数称为**微分方程的解**.

例如：(3) 式和 (4) 式均是微分方程 (1) 的解，(8) 式和 (10) 式均是微分方程 (5) 的解.

微分方程的解有两种不同的形式：

一种是微分方程的解中含有任意常数，且任意常数的个数与微分方程的阶数相同，这样的解叫做微分方程的**通解**；

例如：一阶微分方程 (3) 是微分方程 (1) 的通解，其中有一个任意常数；

二阶微分方程 (8) 是微分方程 (5) 的通解，其中有两个任意常数；

一阶微分方程 $y'=y$ 的通解为 $y=C\mathrm{e}^x$，其中 C 为任意常数；

二阶微分方程 $y''+y=0$ 的通解为 $y=C_1\sin x+C_2\cos x$，其中 C_1 和 C_2 均为任意常数.

另一种是确定了通解中的任意常数以后得到的解，即不含任意常数的解叫做**微分方程的特解**.

例如：(4) 式是微分方程 (1) 的特解；(10) 式是微分方程 (5) 的特解.

用于确定通解中任意常数的条件，称为初始条件，例如，(2) 式和 (6) 式.

例 1.3　验证：函数 $x=C_1\cos t+C_2\sin t$ 是微分方程 $\dfrac{\mathrm{d}^2x}{\mathrm{d}t^2}+x=0$ 的解，并求满足初始条件 $x\big|_{t=0}=1, \dfrac{\mathrm{d}x}{\mathrm{d}t}\Big|_{t=0}=0$ 的特解.

解　所给函数的导数及二阶导数为

$$\frac{\mathrm{d}x}{\mathrm{d}t}=-C_1\sin t+C_2\cos t$$

$$\frac{\mathrm{d}^2x}{\mathrm{d}t^2}=-C_1\cos t-C_2\sin t$$

将 $\frac{d^2x}{dt^2}$ 及 x 的表达式代入所给方程，得

$$-C_1\cos t - C_2\sin t + C_1\cos t + C_2\sin t \equiv 0$$

这表明函数 $x = C_1\cos t + C_2\sin t$ 是微分方程 $\frac{d^2x}{dt^2} + x = 0$ 的解.

将初始条件 $x|_{t=0} = 1, \left.\frac{dx}{dt}\right|_{t=0} = 0$ 分别代入 x 及 $\frac{dx}{dt}$ 的表达式可得 $C_1 = 1$，$C_2 = 0$. 将 $C_1 = 1$ 和 $C_2 = 0$ 代入 $x = C_1\cos t + C_2\sin t$ 中，可得特解

$$x = \cos t$$

习题 6.1

基础练习

1. 指出下列微分方程的阶，并判断它们是否为线性微分方程.

（1）$x^2y'' + xy' + 2y = \cos x$；（2）$(1+y)y'' + xy' + y = e^x$；

（3）$y''' + \sin(x+y) = \sin x$；（4）$y^{(n)} + y' + xy = 0$；

（5）$y' + P(x)y = Q(x)$；（6）$y' + xy^2 = x^3 + 1$.

2. 验证下列各函数是否为相应微分方程的解.

（1）$y' = y^2 - (x^2+1)y + 2x$，$y = x^2 + 1$；

（2）$(1-x^2)y' + xy = 2x$，$y = 2 + C\sqrt{1-x^2}$，C 为任意常数.

提高练习

3. 对下列每个微分方程分别求出 r 的值，使得 $y = e^{rx}$ 是它的解.

（1）$y' + 2y = 0$；（2）$y'' - y = 0$；

（3）$y'' + y' - 6y = 0$.

4. 一质量为 m g 的物体从 1m 的高度以初速度 20m/s 铅直向上抛出. 设空气阻力可以忽略，试建立该物体的运动方程，并计算它达到最高点时的时间和高度.

拓展练习

5. 给定一阶微分方程 $\frac{dy}{dx} = 2x$.

（1）求出它的通解；

（2）求通过点 (1,4) 的特解；

（3）求出与直线 $y = 2x + 3$ 相切的解；

（4）求出满足条件 $\int_0^1 y(x)dx = 2$ 的解.

第二节　可分离变量的微分方程

如果一个一阶微分方程能写成

$$g(y)\mathrm{d}y = f(x)\mathrm{d}x$$

的形式，就是说，能把微分方程写成一端只含 y 的函数和 $\mathrm{d}y$，另一端只含 x 的函数和 $\mathrm{d}x$，那么原方程就称为**可分离变量的微分方程**.

例如：微分方程 $\dfrac{\mathrm{d}y}{\mathrm{d}x} = 2x^2 y^{\frac{4}{5}}$ 可改写为

$$y^{-\frac{4}{5}}\mathrm{d}y = 2x^2\mathrm{d}x$$

则 $\dfrac{\mathrm{d}y}{\mathrm{d}x} = 2x^2 y^{\frac{4}{5}}$ 为可分离变量的微分方程.

可分离变量的微分方程的解法：

第一步：分离变量，将方程改写成 $g(y)\mathrm{d}y = f(x)\mathrm{d}x$ 的形式；

第二步：两端同时积分：$\int g(y)\mathrm{d}y = \int f(x)\mathrm{d}x$，积分后得 $G(y) = F(x) + C$；

第三步：求出由 $G(y) = F(x) + C$ 所确定的隐函数 $y = \Phi(x)$ 或 $x = \Psi(y)$.

注意：$G(y) = F(x) + C$，$y = \Phi(x)$ 和 $x = \Psi(y)$ 均为方程的通解，其中 $G(y) = F(x) + C$ 称为隐式（通）解.

例 2.1　求微分方程 $\dfrac{\mathrm{d}y}{\mathrm{d}x} = 2xy$ 的通解.

解　此方程为可分离变量的微分方程，分离变量后得

$$\frac{1}{y}\mathrm{d}y = 2x\mathrm{d}x$$

对上式两端同时积分，得

$$\int \frac{1}{y}\mathrm{d}y = \int 2x\mathrm{d}x$$

即

$$\ln|y| = x^2 + C_1$$

从而

$$y = \pm \mathrm{e}^{x^2 + C_1} = \pm \mathrm{e}^{C_1}\mathrm{e}^{x^2}$$

因为 $\pm \mathrm{e}^{C_1}$ 仍是任意常数，把它记作 C，便得所给方程的通解

$$y = C\mathrm{e}^{x^2}$$

例 2.2　求微分方程 $y' = y^2 + 2xy^2$ 的通解.

解　此方程为可分离变量的微分方程，分离变量后得

$$\frac{1}{y^2}\mathrm{d}y = (1 + 2x)\mathrm{d}x$$

对上式两端同时积分，可得

$$\int\frac{1}{y^2}\mathrm{d}y=\int(1+2x)\mathrm{d}x$$

即
$$-\frac{1}{y}=x+x^2+C$$

故所给方程的通解为
$$y=-\frac{1}{x+x^2+C}$$

例 2.3 求微分方程 $(1+x)y\mathrm{d}x+(1-y)x\mathrm{d}y=0$ 的通解.

解 此方程为可分离变量的微分方程，分离变量后得

$$\frac{1-y}{y}\mathrm{d}y=-\frac{1+x}{x}\mathrm{d}x$$

对上式两端同时积分，可得

$$\int\frac{1-y}{y}\mathrm{d}y=-\int\frac{1+x}{x}\mathrm{d}x$$

解之可得所给方程的通解

$$\ln|y|-y=-\ln|x|-x+C \quad 或 \quad \ln|x|+\ln|y|+x-y=C$$

习题 6.2

基础练习

1. 判断下列微分方程是否为可分离变量的微分方程.

（1）$y'=2xy(1+y^2)$；　（2）$(1+xy)y'+xy=0$；

（3）$(y-1)^2y'=2x+3$；　（4）$xy'+xy=1$；

（5）$y'=\mathrm{e}^{x-y}$；　（6）$y'+\sin(x+y)=\sin x$.

2. 求下列微分方程的通解.

（1）$y'=xy+y$；　（2）$y'\sin y=2x+\mathrm{e}^x$；

（3）$(3y^2+4y)y'+2x+\cos x=0$；　（4）$x^2y'=y-xy$；

（5）$(1+x^2)y'+y=0$；　（6）$y'=(2x+4x^3)\mathrm{e}^{-y}$.

3. 求微分方程 $(y-2)y'=x^2+3x+2$ 满足初始条件 $y(1)=4$ 的特解.

提高练习

4. 求下列微分方程的通解.

（1）$(y+1)^2y'=x^2y\ln x$；　（2）$xy'=\ln x$；

（3）$2\dfrac{\mathrm{d}y}{\mathrm{d}x}-\dfrac{2}{y}=\dfrac{x\sin x}{y}$；　（4）$(\mathrm{e}^x+\mathrm{e}^{-x})\dfrac{\mathrm{d}y}{\mathrm{d}x}=y^2$；

（5）$y'+x\mathrm{e}^{x-y}=0$；　（6）$xy'=(y^2+1)(2\ln x+1)$.

5. 求微分方程 $y' = e^{2x-y}$ 满足初始条件 $y(0) = 0$ 的特解.

拓展练习

6. 求微分方程 $(1+x^4)dy + x(1+4y^2)dx = 0$ 的通解.

7. 设雪球在融化时体积的变化率与表面积成比例，且在融化过程中它始终为球体. 该雪球在开始时半径为 6 cm，经过 2 h 后，其半径缩小为 3 cm. 求雪球的体积随时间变化的关系.

第三节　一阶线性微分方程

形如

$$y' + P(x)y = Q(x) \tag{1}$$

的微分方程称为**一阶线性微分方程**. 当 $Q(x) = 0$ 时，（1）式称为**一阶齐次线性微分方程**；当 $Q(x) \neq 0$ 时，（1）式称为**一阶非齐次线性微分方程**.

方程 $y' + P(x)y = 0$ 叫做对应于一阶非齐次线性方程 $y' + P(x)y = Q(x)$ 的一阶齐次线性方程.

一阶齐次线性方程 $y' + P(x)y = 0$ 是一个可分离变量的微分方程，分离变量后得

$$\frac{1}{y}dy = -P(x)dx$$

对上式两端同时积分，可得

$$\ln|y| = -\int P(x)dx + C_1$$

即

$$y = Ce^{-\int P(x)dx} \quad (C = \pm e^{C_1}) \tag{2}$$

这就是**一阶齐次线性方程的通解**（积分中不再加任意常数）.

在给出一阶非齐次线性微分方程的求解方法之前，先看一个例子.

例 3.1　求微分方程 $y' + y = 1$ 的通解.

解　此方程不是可分离变量的微分方程，很难直接积分. 但是，若在微分方程的两端同时乘以 e^x，原方程就变成

$$e^x y' + e^x y = e^x$$

可以看出，上式的左端是函数 $e^x y$ 的导数，而右端是只含 x 的表达式，故对等式两端同时积分

$$\int (e^x y' + e^x y)dx = \int e^x dx$$

即

$$\int (e^x y)' dx = \int e^x dx$$

得

$$e^x y = e^x + C$$

两端同时除以 e^x，得原方程的通解为

$$y=1+C\mathrm{e}^{-x}.$$

本例中的微分方程是一阶非齐次线性微分方程．在求解的过程中，我们在方程的两端同时乘以因子 e^x，使得方程左端变成一个函数的导数，而右端是只含有 x 的表达式；再对方程两端同时积分便可得到原方程的通解．满足这样条件的因子称为积分因子．

对于一般式（1）的方程是否同样存在满足类似上例条件的积分因子呢？下面给出一阶非齐次线性微分方程的求解方法．

对于微分方程

$$y'+P(x)y=Q(x)$$

在方程的两端同时乘以积分因子 $\mathrm{e}^{\int P(x)\mathrm{d}x}$，这时方程变成

$$y'\mathrm{e}^{\int P(x)\mathrm{d}x}+\mathrm{e}^{\int P(x)\mathrm{d}x}P(x)y=Q(x)\mathrm{e}^{\int P(x)\mathrm{d}x}$$

上式的左端为

$$y'\mathrm{e}^{\int P(x)\mathrm{d}x}+\mathrm{e}^{\int P(x)\mathrm{d}x}P(x)y=y'\mathrm{e}^{\int P(x)\mathrm{d}x}+y\left(\mathrm{e}^{\int P(x)\mathrm{d}x}\right)'=\left(y\,\mathrm{e}^{\int P(x)\mathrm{d}x}\right)'$$

即微分方程可写成

$$\left(y\mathrm{e}^{\int P(x)\mathrm{d}x}\right)'=Q(x)\mathrm{e}^{\int P(x)\mathrm{d}x}$$

对上式两端同时积分，可得

$$y\mathrm{e}^{\int P(x)\mathrm{d}x}=\int Q(x)\mathrm{e}^{\int P(x)\mathrm{d}x}\mathrm{d}x+C$$

即

$$y=\mathrm{e}^{-\int P(x)\mathrm{d}x}\left(\int Q(x)\mathrm{e}^{\int P(x)\mathrm{d}x}\mathrm{d}x+C\right) \tag{3}$$

这就是一阶非齐次线性方程的通解（积分中不再加任意常数）．

例 3.2　求微分方程 $y'-\dfrac{2y}{x}=0$ 的通解，并求满足初始条件 $y(2)=8$ 的特解．

解　因为 $P(x)=-\dfrac{2}{x}$，则利用公式（2）可得

$$y=C\mathrm{e}^{-\int P(x)\mathrm{d}x}=C\mathrm{e}^{-\int -\frac{2}{x}\mathrm{d}x}=C\mathrm{e}^{\int \frac{2}{x}\mathrm{d}x}=C\mathrm{e}^{\ln x^2}=Cx^2$$

由 $y(2)=8$ 可得，$C=2$，所以特解为

$$y=2x^2$$

例 3.3　求微分方程 $y'+\dfrac{y}{x}=x^2$ 的通解．

解　因为 $P(x)=\dfrac{1}{x}$，$Q(x)=x^2$，则利用公式（3）可得

$$y=\mathrm{e}^{-\int P(x)\mathrm{d}x}\left(\int Q(x)\mathrm{e}^{\int P(x)\mathrm{d}x}\mathrm{d}x+C\right)=\mathrm{e}^{-\int\frac{1}{x}\mathrm{d}x}\left(\int x^2\mathrm{e}^{\int\frac{1}{x}\mathrm{d}x}\mathrm{d}x+C\right)$$

$$=\mathrm{e}^{-\ln x}\left(\int x^2\mathrm{e}^{\ln x}\mathrm{d}x+C\right)=\frac{1}{x}\left(\int x^2\cdot x\mathrm{d}x+C\right)=\frac{1}{4}x^3+\frac{C}{x}$$

例 3.4　求微分方程 $y'-\frac{y}{x}-2\ln x=0$ 的通解.

解　因为 $y'-\frac{y}{x}-2\ln x=0$，则

$$y'-\frac{y}{x}=2\ln x$$

所以 $P(x)=-\frac{1}{x}$，$Q(x)=2\ln x$．则利用公式（3）可得

$$y=\mathrm{e}^{-\int P(x)\mathrm{d}x}\left(\int Q(x)\mathrm{e}^{\int P(x)\mathrm{d}x}\mathrm{d}x+C\right)=\mathrm{e}^{\int\frac{1}{x}\mathrm{d}x}\left(\int 2\ln x\mathrm{e}^{\int-\frac{1}{x}\mathrm{d}x}\mathrm{d}x+C\right)$$

$$=\mathrm{e}^{\ln x}\left(\int 2\ln x\mathrm{e}^{-\ln x}\mathrm{d}x+C\right)=x\left(\int 2\ln x\cdot\frac{1}{x}\mathrm{d}x+C\right)$$

$$=x\left(\int 2\ln x\mathrm{d}\ln x+C\right)=x(\ln x)^2+xC$$

习题 6.3

基础练习

1. 求下列微分方程的通解.

（1）$y'+2xy=0$；　（2）$y'-x\mathrm{e}^x y=0$；

（3）$y'+y=2x$；　（4）$y'+y=\mathrm{e}^{-x}$；

（5）$y'-\frac{y}{x}+\frac{2\ln x}{x}=0$；　（6）$y'+y\tan x=\sec x$.

2. 求微分方程 $y'+2xy+2x^3=0$ 的通解.

3. 求微分方程 $xy'+y-\mathrm{e}^x=0$ 满足初始条件 $y(1)=1$ 的特解.

提高练习

4. 求微分方程 $xy'+y\ln x=0$ 的通解.

5. 求微分方程 $y'+y\cos x=\frac{1}{2}\sin 2x$ 的通解.

6. 求微分方程 $xy'+\left(1+\frac{1}{\ln x}\right)y=0$ 满足初始条件 $y(\mathrm{e})=1$ 的特解.

拓展练习

7. 求微分方程 $(x-1)y'+3y=\frac{1}{(x-1)^2}+\frac{\sin x}{(x-1)^2}$ 满足初始条件 $y(0)=0$ 的特解.

复习题六

1. 指出下列微分方程的阶，并判断它们是否为线性微分方程.

（1）$x^4y'+2y=\mathrm{e}^x$；

（2）$xy''+x^3y'+y=\tan x$；

（3）$y'''+yy''+y'-y=0$；

（4）$y^{(n)}+y^{(n-1)}+y'+\sin y=0$；

（5）$y'+y\tan(\ln x+1)=0$；

（6）$y'+y\tan\sqrt{x+\sin x}=x^4+\ln x$；

（7）$y'+\mathrm{e}^{x-y}=0$；

（8）$y'+xy^2=x^3+1$.

2. 验证下列各函数是否为相应微分方程的解.

（1）$y''=y$，$y=\dfrac{1}{2}(\mathrm{e}^x+\mathrm{e}^{-x})$；

（2）$y'=\dfrac{3y}{x}+4x^2+1$，$y=x^3\ln x^4-\dfrac{1}{2}x+Cx^3$，$C$ 为任意常数.

3. 求下列微分方程的通解.

（1）$xy'-2y=0$；

（2）$1+y'=\mathrm{e}^x$；

（3）$y'+y=\mathrm{e}^{-x}$；

（4）$y'+\dfrac{y}{x}=\sin x$.

4. 求微分方程 $(2y+\cos y)y'=\mathrm{e}^x+\dfrac{1}{x}$ 满足初始条件 $y(1)=0$ 的特解.

5. 求微分方程 $y'+y\tan x=0$ 满足初始条件 $y(0)=2$ 的特解.

6. 求微分方程 $xy'+2y=8x^2$ 满足初始条件 $y(1)=3$ 的特解.

学习自测题六

（时间：45分钟，满分100分）

一、判断题（每题6分，共计30分）

1. 函数 $y=\frac{1}{2}(\ln x)^2$ 是微分方程 $xy'-\ln x=0$ 的特解.（　　）
2. $y''-3x(y')^3=y$ 是三阶微分方程.（　　）
3. $y'=\sin y$ 是一阶线性微分方程.（　　）
4. $y'=1+x+y^2+xy^2$ 是可分离变量的微分方程.（　　）
5. $y'+x\sin y=1$ 是一阶线性微分方程.（　　）

二、计算题（每题10分，共计70分）

1. 求微分方程 $y'=xe^y$ 的通解.
2. 求微分方程 $y'=3y$ 的通解.
3. 求微分方程 $y'+\frac{y}{x}=5x^3$ 的通解.
4. 求微分方程 $y'=2e^{x-y}$ 满足初始条件 $y(0)=0$ 的特解.
5. 求微分方程 $y'+xe^x y=0$ 满足初始条件 $y(1)=1$ 的特解.
6. 求微分方程 $xy'+y-e^x=0$ 满足初始条件 $y(1)=2$ 的特解.
7. 求微分方程 $y'-y=xe^{2x}$ 满足初始条件 $y(0)=2$ 的特解.

第七章　无穷级数

无穷级数是高等数学的一个重要组成部分，它是表示函数、研究函数的性质以及进行数值计算的基本工具．本章先介绍常数项级数，接着讨论函数项级数，并介绍无穷级数的一些基本性质及审敛法，最后讨论如何把函数展开成幂级数和傅里叶级数．其知识结构图如下：

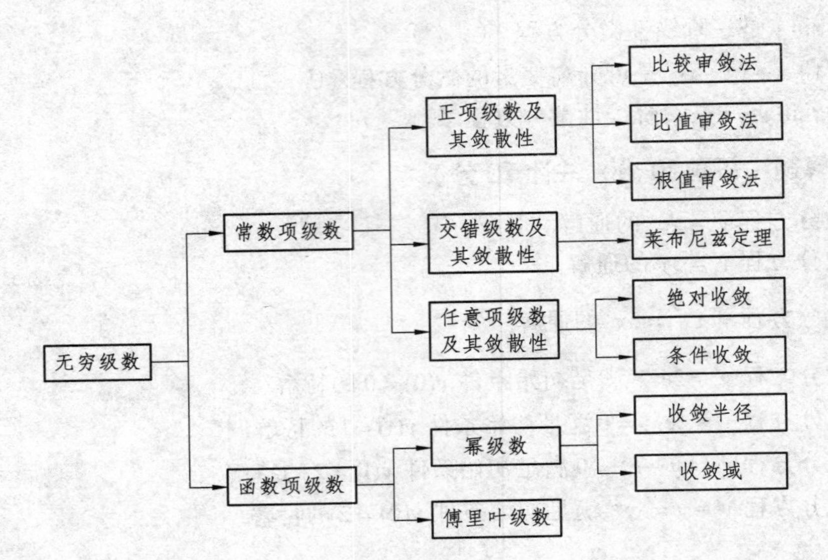

【学习能力目标】

- 理解无穷级数收敛、发散以及和的概念．
- 了解无穷级数基本性质及收敛的必要条件．
- 掌握几何级数和 p-级数的收敛性．
- 掌握正项级数的比较审敛法、比值审敛法和根值审敛法．
- 掌握交错级数的莱布尼茨定理．
- 了解无穷级数绝对收敛与条件收敛的概念以及绝对收敛与条件收敛的关系．
- 理解函数项级数的收敛性、收敛域及和函数的概念．
- 掌握幂级数的收敛半径、收敛区间及收敛域的求法．
- 理解函数展开为傅里叶级数的狄利克雷条件．
- 掌握将定义在区间 $(-\pi,\pi)$ 上的函数展开为傅里叶级数的方法．

第一节　常数项级数的概念和性质

一、常数项级数的概念

定义 1.1　如果给定一个无穷数列

$$u_1, u_2, \cdots, u_n, \cdots$$

则由这个数列构成的表达式 $u_1+u_2+\cdots+u_n+\cdots$ 叫做（常数项）无穷级数，简称（常数项）级数，记为 $\sum\limits_{n=1}^{\infty} u_n$，即

$$\sum_{n=1}^{\infty} u_n = u_1+u_2+\cdots+u_n+\cdots \tag{1}$$

其中第 n 项 u_n 称为一般项或通项.

简单地说，无穷级数就是将无穷多项按一定的顺序相加而成的式子. 这仅仅是一个形式上的定义，那么怎么理解无穷多项相加呢？它们的和是多少呢？要想解决这个问题，我们应当先从有限多项的和出发，观察它们的变化趋势，由此来理解无穷项相加的含义.

把（常数项）级数（1）的前 n 项的和

$$s_n = u_1+u_2+\cdots+u_n = \sum_{i=1}^{n} u_i$$

称为级数 $\sum\limits_{n=1}^{\infty} u_n$ 的部分和；当 n 依次取 1,2,3,⋯时，部分和构成一个新的数列:

$$s_1 = u_1$$
$$s_2 = u_1+u_2$$
$$s_3 = u_1+u_2+u_3$$
$$\cdots\cdots\cdots\cdots$$
$$s_n = u_1+u_2+\cdots+u_n$$
$$\cdots\cdots\cdots\cdots$$

并称数列 $\{s_n\}$ 为级数（1）的部分和数列.

定义 1.2　若级数 $\sum\limits_{n=1}^{\infty} u_n$ 的部分和数列 $\{s_n\}$ 有极限 s，即

$$\lim_{n\to\infty} s_n = s$$

则称级数 $\sum\limits_{n=1}^{\infty} u_n$ 收敛，这时极限 s 叫做级数的和，并写成

$$s = u_1+u_2+\cdots+u_n+\cdots$$

若 $\{s_n\}$ 无极限，则称级数 $\sum\limits_{n=1}^{\infty} u_n$ 发散.

级数 $\sum_{n=1}^{\infty} u_n$ 收敛时，级数的和与部分和的差

$$r_n = s - s_n = u_{n+1} + u_{n+2} + \cdots$$

称为级数 $\sum_{n=1}^{\infty} u_n$ 的余项.

例 1.1　讨论级数

$$\sum_{n=1}^{\infty} n = 1 + 2 + 3 + \cdots + n + \cdots$$

的敛散性.

解　该级数的部分和为

$$s_n = 1 + 2 + 3 + \cdots + n = \frac{n(1+n)}{2}$$

显然，$\lim_{n\to\infty} s_n = \infty$，因此该级数发散.

例 1.2　讨论级数 $\sum_{n=1}^{\infty} \frac{1}{n(n+1)}$ 的敛散性.

解　该级数的部分和为

$$s_n = \frac{1}{1\cdot 2} + \frac{1}{2\cdot 3} + \cdots + \frac{1}{n(n+1)} = \left(1 - \frac{1}{2}\right) + \left(\frac{1}{2} - \frac{1}{3}\right) + \cdots + \left(\frac{1}{n} - \frac{1}{n+1}\right) = 1 - \frac{1}{n+1}$$

故 $\lim_{n\to\infty} s_n = 1$，该级数收敛，且它的和为 1.

例 1.3　无穷级数

$$\sum_{n=0}^{\infty} aq^n = a + aq + aq^2 + \cdots + aq^n + \cdots$$

叫做**等比级数**（又称为**几何级数**），其中 $a \neq 0$，q 叫做**级数的公比**. 试讨论该级数的敛散性.

解　当 $q \neq 1$ 时，级数的部分和

$$s_n = a + aq + aq^2 + \cdots + aq^{n-1} = \frac{a(1-q^n)}{1-q} = \frac{a}{1-q} - \frac{aq^n}{1-q}$$

（1）当 $|q|<1$ 时，由于 $\lim_{n\to\infty} q^n = 0$，所以 $\lim_{n\to\infty} s_n = \frac{a}{1-q}$，此时原级数收敛；

（2）当 $|q|>1$ 时，由于 $\lim_{n\to\infty} q^n = \infty$，所以 $\lim_{n\to\infty} s_n = \infty$，此时原级数发散；

（3）当 $q = 1$ 时，$s_n = na$，$\lim_{n\to\infty} s_n$ 不存在，此时原级数发散；

（4）当 $q = -1$ 时，原级数变成 $a - a + a - a + \cdots$，显然 s_n 随着 n 为奇数或为偶数而等于 a 或等于零，故 $\lim_{n\to\infty} s_n$ 不存在，此时原级数发散.

综上所述，几何级数 $\sum_{n=0}^{\infty} aq^n$ 当且仅当 $|q|<1$ 时收敛，且和为 $\frac{a}{1-q}$（注意 n 从 0 开始）；当 $|q| \geqslant 1$ 时发散.

二、无穷级数的基本性质

性质 1　如果级数 $\sum_{n=1}^{\infty} u_n$ 收敛于和 s，则级数 $\sum_{n=1}^{\infty} ku_n$ 也收敛，且其和为 ks.

性质 2　如果级数 $\sum_{n=1}^{\infty} u_n$ 和 $\sum_{n=1}^{\infty} v_n$ 分别收敛于和 s 与 δ，则级数 $\sum_{n=1}^{\infty}(u_n \pm v_n)$ 也收敛，且其和为 $(s \pm \delta)$.

性质 3　在级数中去掉、加上或改变有限项，不会改变级数的收敛性，但在收敛时，级数的和将改变.

性质 4　如果级数 $\sum_{n=1}^{\infty} u_n$ 收敛，则对该级数的项任意加括号后所得级数也收敛，且其和不变.

推论　如果加括号后所成的级数发散，则原级数也发散.

例 1.4　考查级数 $\sum_{n=1}^{\infty}(-1)^{n+1}$ 从开头每两项加括号后所得级数的敛散性. 该结果说明什么问题?

解　原级数可写为：

$$1-1+1-1+1-1+\cdots$$

由于 $\lim\limits_{n\to\infty}(-1)^{n+1}$ 不存在，故原级数发散.

从开头每两项加括号后所得级数为

$$(1-1)+(1-1)+(1-1)+\cdots$$

此级数显然收敛.

此例结果说明，如果加括号后所成的级数收敛，原级数不一定收敛.

性质 5（级数收敛的必要条件）　如果级数 $\sum_{n=1}^{\infty} u_n$ 收敛，则它的一般项 u_n 趋于零，即

$$\lim_{n\to\infty} u_n = 0$$

例 1.5　证明**调和级数**

$$\sum_{n=1}^{\infty}\frac{1}{n}=1+\frac{1}{2}+\frac{1}{3}+\cdots+\frac{1}{n}+\cdots$$

是发散的.

证明　级数的一般项 $u_n=\frac{1}{n}$，假若该级数收敛，设它的部分和为 s_n，且 $s_n \to s \quad (n\to\infty)$，则对 s_{2n}，也有 $s_{2n}\to s$，于是

$$s_{2n}-s_n \to s-s=0 \quad (n\to\infty)$$

但另一方面

$$s_{2n}-s_n=\frac{1}{n+1}+\frac{1}{n+2}+\cdots+\frac{1}{2n}>\underbrace{\frac{1}{2n}+\frac{1}{2n}+\cdots+\frac{1}{2n}}_{n}=\frac{1}{2}$$

即 $s_{2n}-s_n \not\to 0\ (n\to\infty)$，与前面的结论矛盾，这说明级数 $\sum_{n=1}^{\infty}\frac{1}{n}$ 发散.

习题 7.1

基础练习

1．写出下列级数的前五项.

（1）$\sum_{n=1}^{\infty}\frac{1}{(n+1)(n+2)}$；（2）$\sum_{n=1}^{\infty}\frac{1}{(2n-1)\cdot 2^{2n-1}}$；

（3）$\sum_{n=1}^{\infty}(-1)^{n-1}\cdot\frac{1}{n}$；（4）$\sum_{n=1}^{\infty}\frac{(-1)^{n-1}}{\sqrt{n(n+1)}}$.

2．写出下列级数的一般项.

（1）$1+\frac{1}{3}+\frac{1}{5}+\frac{1}{7}+\cdots$；（2）$\frac{1}{2\ln 2}+\frac{1}{3\ln 3}+\frac{1}{4\ln 4}+\cdots$；

（3）$\frac{2}{1}-\frac{3}{2}+\frac{4}{3}-\frac{5}{4}+\cdots$；（4）$-\frac{1}{2}+0+\frac{1}{4}+\frac{2}{5}+\frac{3}{6}\cdots$.

3．选择题.

（1）$\lim_{n\to\infty}u_n=0$ 是级数 $\sum_{n=0}^{\infty}u_n$ 收敛的（　　）.

A．必要条件　　B．充分条件

C．充要条件　　D．既非充分又非必要

（2）下列级数中收敛的是（　　）.

A．$\sum_{n=1}^{\infty}\frac{4^n+8^n}{8^n}$　　B．$\sum_{n=1}^{\infty}\frac{4^n-8^n}{8^n}$

C．$\sum_{n=1}^{\infty}\frac{4^n+2^n}{8^n}$　　D．$\sum_{n=1}^{\infty}\frac{2^n\cdot 4^n}{8^n}$

（3）级数 $\sum_{n=1}^{\infty}\frac{1}{3^n}$ 的和为（　　）.

A．0　　B．$\frac{1}{2}$　　C．1　　D．2

（4）若级数 $\sum_{n=1}^{\infty}u_n$ 收敛，则下列级数中（　　）收敛.

A．$\sum_{n=1}^{\infty}(u_n+0.001)$　　B．$\sum_{n=1}^{\infty}u_{n+1000}$　　C．$\sum_{n=1}^{\infty}\sqrt{u_n}$　　D．$\sum_{n=1}^{\infty}\frac{1000}{u_n}$

4．填空题.

（1）级数 $\lim_{n\to\infty}u_n$ 收敛的充要条件是部分和数列 $\{s_n\}$ ________.

（2）级数 $\lim\limits_{n\to\infty} aq^n$，当____________时收敛；当____________时发散.

（3）若 $\lim\limits_{n\to\infty} u_n \neq 0$，则级数 $\lim\limits_{n\to\infty} u_n$ 的敛散性为____________.

提高练习

5. 判断下列级数的敛散性.

（1）$\sum\limits_{n=1}^{\infty}(\sqrt{n+1}-\sqrt{n})$；

（2）$\sum\limits_{n=1}^{\infty}\left(-\dfrac{8}{9}\right)^n$；

（3）$\sum\limits_{n=1}^{\infty}\left(\dfrac{1}{3^n}+\dfrac{1}{5^n}\right)$；

（4）$\sum\limits_{n=1}^{\infty}\dfrac{5^n-8^n}{7^n}$；

（5）$\sum\limits_{n=1}^{\infty}(\sqrt[2n+1]{a}-\sqrt[2n-1]{a})(a>0)$；

（6）$\sum\limits_{n=1}^{\infty}\dfrac{1}{(2n-1)(2n+1)}$.

拓展练习

6. 判别级数 $\sum\limits_{n=1}^{\infty}\left(1-\cos\dfrac{\pi}{n}\right)$ 的敛散性.

7. 讨论 $\sum\limits_{n=1}^{\infty}\dfrac{1}{1+a^n}$ 在 $a>0$ 时的敛散性.

第二节　常数项级数的审敛法

一、正项级数及其审敛法

一般的常数项级数，它的各项可以是正数、负数或者零. 这一节我们先讨论各项都是正数或零的级数，这种级数称为正项级数. 显然，正项级数部分和数列 $\{s_n\}$ 单调递增.

定理 2.1　正项级数 $\sum\limits_{n=1}^{\infty}u_n$ 收敛的充要条件是：它的部分和数列有上界.

定理 2.2（比较审敛法）　设 $\sum\limits_{n=1}^{\infty}u_n$ 和 $\sum\limits_{n=1}^{\infty}v_n$ 都是正项级数，且有

$$u_n \leqslant v_n (n=1,2,\cdots)$$

则有下列结论：

（1）若级数 $\sum\limits_{n=1}^{\infty}v_n$ 收敛，则级数 $\sum\limits_{n=1}^{\infty}u_n$ 收敛；

（2）若级数 $\sum\limits_{n=1}^{\infty}u_n$ 发散，则级数 $\sum\limits_{n=1}^{\infty}v_n$ 发散.

证明　级数 $\sum\limits_{n=1}^{\infty}u_n$ 和 $\sum\limits_{n=1}^{\infty}v_n$ 的部分和分别为

$$s_n=u_1+u_2+\cdots+u_n \quad 和 \quad t_n=v_1+v_2+\cdots+v_n$$

因为 $u_n \leqslant v_n$，所以

$$s_n \leqslant t_n$$

则由定理 2.1 可知：

（1）若级数 $\sum_{n=1}^{\infty} v_n$ 收敛，则 $\{t_n\}$ 有上界，因此 $\{s_n\}$ 也有上界，故级数 $\sum_{n=1}^{\infty} u_n$ 收敛；

（2）若级数 $\sum_{n=1}^{\infty} u_n$ 发散，假设级数 $\sum_{n=1}^{\infty} v_n$ 收敛，则由（1）知 $\sum_{n=1}^{\infty} u_n$ 也收敛，矛盾. 故级数 $\sum_{n=1}^{\infty} v_n$ 发散.

例 2.1　讨论 ***p*－级数**

$$\sum_{n=1}^{\infty} \frac{1}{n^p} = 1 + \frac{1}{2^p} + \frac{1}{3^p} + \cdots + \frac{1}{n^p} + \cdots$$

的敛散性，其中常数 $p>0$.

解　设 $p \leqslant 1$，这时

$$\frac{1}{n^p} \geqslant \frac{1}{n}$$

即级数的各项不小于调和级数的对应项，而调和级数发散，因此，由比较审敛法知：

当 $p \leqslant 1$ 时，$\sum_{n=1}^{\infty} \frac{1}{n^p}$ 发散.

设 $p>1$，因为当 $k-1 \leqslant x \leqslant k$ 时，有

$$\frac{1}{k^p} \leqslant \frac{1}{x^p}$$

所以

$$\frac{1}{k^p} = \int_{k-1}^{k} \frac{1}{k^p} \mathrm{d}x \leqslant \int_{k-1}^{k} \frac{1}{x^p} \mathrm{d}x \quad (k = 2, 3, \cdots)$$

从而级数的部分和

$$\begin{aligned} s_n &= 1 + \sum_{k=2}^{n} \frac{1}{k^p} \leqslant 1 + \sum_{k=2}^{n} \int_{k-1}^{k} \frac{1}{x^p} \mathrm{d}x = 1 + \int_{1}^{n} \frac{1}{x^p} \mathrm{d}x \\ &= 1 + \frac{1}{p-1}\left(1 - \frac{1}{n^{p-1}}\right) < 1 + \frac{1}{p-1} \quad (n = 2, 3, \cdots) \end{aligned}$$

即 $\{s_n\}$ 有界，因此当 $p>1$ 时级数 $\sum_{n=1}^{\infty} \frac{1}{n^p}$ 收敛.

综上所述，p－级数 $\sum_{n=1}^{\infty} \frac{1}{n^p}$ 当 $p>1$ 时收敛，当 $p \leqslant 1$ 时发散.

例 2.2　判定正项级数 $\sum_{n=1}^{\infty} \frac{1}{n\sqrt{n+1}}$ 的敛散性.

解　因为

$$\frac{1}{n\sqrt{n+1}}<\frac{1}{n\sqrt{n}}=\frac{1}{n^{\frac{3}{2}}}\ (n=1,2,\cdots)$$

而$\sum\limits_{n=1}^{\infty}\frac{1}{n^{\frac{3}{2}}}$是$p=\frac{3}{2}>1$时的$p-$级数，它是收敛的，故由比较审敛法可知，正项级数$\sum\limits_{n=1}^{\infty}\frac{1}{n\sqrt{n+1}}$收敛.

例 2.3　判定正项级数$\sum\limits_{n=1}^{\infty}\frac{1}{\sqrt{n(n+1)}}$的敛散性.

解　由于$n(n+1)<(n+1)^2$，得到

$$\frac{1}{\sqrt{n(n+1)}}>\frac{1}{\sqrt{(n+1)^2}}=\frac{1}{n+1}$$

而级数$\sum\limits_{n=1}^{\infty}\frac{1}{n+1}$是发散的，所以，由比较审敛法可知，正项级数$\sum\limits_{n=1}^{\infty}\frac{1}{\sqrt{n(n+1)}}$发散.

注意：在利用比较审敛法判断正项级数是否收敛时，首先要选定一个已知其收敛性的级数作为参考级数进行比较. 常用的参考级数有：**等比级数、$p-$级数和调和级数**.

定理 2.3（比值审敛法）　设$\sum\limits_{n=1}^{\infty}u_n$是正项级数，如果

$$\lim_{n\to\infty}\left|\frac{u_{n+1}}{u_n}\right|=\rho$$

则（1）当$\rho<1$时，级数收敛；

（2）当$\rho>1$（或$\lim\limits_{n\to\infty}\frac{u_{n+1}}{u_n}=\infty$）时，级数发散；

（3）当$\rho=1$时，级数可能收敛也可能发散.

证明略.

例 2.4　判断级数

$$1+\frac{1}{1}+\frac{1}{1\cdot2}+\frac{1}{1\cdot2\cdot3}+\cdots+\frac{1}{(n-1)!}+\cdots$$

的敛散性.

解　因为

$$\lim_{n\to\infty}\frac{u_{n+1}}{u_n}=\lim_{n\to\infty}\frac{(n-1)!}{n!}=\lim_{n\to\infty}\frac{1}{n}=0<1$$

由比值审敛法可知所给级数收敛.

例 2.5　判断级数$\sum\limits_{n=1}^{\infty}\frac{n!}{10^n}$的敛散性.

解 因为

$$\frac{u_{n+1}}{u_n}=\frac{\dfrac{(n+1)!}{10^{n+1}}}{\dfrac{n!}{10^n}}=\frac{(n+1)!}{10^{n+1}}\cdot\frac{10^n}{n!}=\frac{n+1}{10}$$

所以

$$\lim_{n\to\infty}\frac{u_{n+1}}{u_n}=\lim_{n\to\infty}\frac{n+1}{10}=\infty$$

由比值审敛法可知所给级数发散.

定理 2.4（根值审敛法） 设$\sum_{n=1}^{\infty}u_n$为正项级数，且

$$\lim_{n\to\infty}\sqrt[n]{u_n}=l$$

则（1）$l<1$时，原级数收敛；

（2）$l>1$时，原级数发散；

（3）$l=1$时，级数可能收敛也可能发散.

注意：根值审敛法适用于通项中含有以 n 作为指数的式子.

例 2.6 研究级数$\sum_{n=1}^{\infty}\left(\frac{n}{2n+1}\right)^n$的敛散性.

解 因为

$$\lim_{n\to\infty}\sqrt[n]{u_n}=\lim_{n\to\infty}\sqrt[n]{\left(\frac{n}{2n+1}\right)^n}=\lim_{n\to\infty}\frac{n}{2n+1}=\frac{1}{2}<1$$

由根值审敛法可知，所给级数收敛.

二、交错级数及其判别法

所谓交错级数是指它的各项是正负交错的，即形如

$$\sum_{n=1}^{\infty}(-1)^{n-1}u_n=u_1-u_2+u_3-u_4+\cdots$$

或

$$\sum_{n=1}^{\infty}(-1)^{n}u_n=-u_1+u_2-u_3+u_4-\cdots$$

的级数，其中$u_n>0$.

定理 2.5（莱布尼茨定理） 若交错级数$\sum_{n=1}^{\infty}(-1)^{n-1}u_n$满足：

（1）$u_n\geqslant u_{n+1}(n=1,2,\cdots)$；

（2）$\lim\limits_{n\to\infty}u_n=0$，

则级数$\sum_{n=1}^{\infty}(-1)^{n-1}u_n$收敛，且其和$s\leqslant u_1$，其余项$r_n$的绝对值$|r_n|\leqslant u_{n+1}$.

证明 因为

$$s_{2(n+1)}=(u_1-u_2)+(u_3-u_4)+\cdots+(u_{2n-1}-u_{2n})+(u_{2n+1}-u_{2n+2})$$
$$\geqslant(u_1-u_2)+(u_3-u_4)+\cdots+(u_{2n-1}-u_{2n})=s_{2n}$$

故 $\{s_{2n}\}$ 单调递增；

又

$$s_{2n}=u_1-(u_2-u_3)-\cdots-(u_{2n-2}-u_{2n-1})-u_{2n}\leqslant u_1$$

即数列 $\{s_{2n}\}$ 有界.

由单调有界原理，数列 $\{s_{2n}\}$ 收敛．设 $\{s_{2n}\}$ 收敛于 s，又

$$s_{2n+1}=s_{2n}+u_{2n+1}$$

故

$$\lim_{n\to\infty}s_{2n+1}=\lim_{n\to\infty}s_{2n}+\lim_{n\to\infty}u_{2n+1}=s+0=s$$

故 $\{s_{2n+1}\}$ 收敛于 s，所以 $\lim\limits_{n\to\infty}s_n=s$.

由数列 $\{s_{2n}\}$ 有界性的证明可知，

$$0\leqslant s=\sum_{n=1}^{\infty}(-1)^{n-1}u_n\leqslant u_1$$

且余项 $\sum\limits_{m=n}^{\infty}(-1)^m u_{m+1}$ 也为莱布尼茨型级数，故 $|r_n|\leqslant u_{n+1}$.

例 2.7　判别级数 $\sum\limits_{n=1}^{\infty}(-1)^n(\sqrt{n+1}-\sqrt{n})$ 的敛散性.

解　该交错级数满足下列条件：

（1）$\lim\limits_{n\to\infty}u_n=\lim\limits_{n\to\infty}(\sqrt{n+1}-\sqrt{n})=\lim\limits_{n\to\infty}\dfrac{(\sqrt{n+1}-\sqrt{n})(\sqrt{n+1}+\sqrt{n})}{\sqrt{n+1}+\sqrt{n}}=\lim\limits_{n\to\infty}\dfrac{1}{\sqrt{n+1}+\sqrt{n}}=0$

（2）$u_n=\sqrt{n+1}-\sqrt{n}=\dfrac{1}{\sqrt{n+1}+\sqrt{n}}>\dfrac{1}{\sqrt{n+2}+\sqrt{n+1}}$

$$=\frac{\sqrt{n+2}-\sqrt{n+1}}{(\sqrt{n+2}+\sqrt{n+1})(\sqrt{n+2}-\sqrt{n+1})}=\sqrt{n+2}-\sqrt{n+1}=u_{n+1},$$

由莱布尼茨判别法可知原级数收敛.

例 2.8　判别级数 $\sum\limits_{n=1}^{\infty}(-1)^{n-1}\dfrac{1}{n}$ 的敛散性.

解　该交错级数满足下列条件：

（1）$\lim\limits_{n\to\infty}u_n=\lim\limits_{n\to\infty}\dfrac{1}{n}=0$ ；

（2）$u_{n+1}=\dfrac{1}{n+1}<\dfrac{1}{n}=u_n\ (n=1,2,\cdots)$ ，

由莱布尼茨判别法可知原级数收敛.

三、绝对收敛和条件收敛

现在我们讨论一般的级数

$$u_1 + u_2 + u_3 + \cdots + u_n + \cdots$$

它的各项为任意实数，则称 $\sum_{n=1}^{\infty} u_n$ 为任意项级数.

如果级数 $\sum_{n=1}^{\infty} u_n$ 各项的绝对值所构成的正项级数 $\sum_{n=1}^{\infty} |u_n|$ 收敛，则称级数 $\sum_{n=1}^{\infty} u_n$ **绝对收敛**；如果级数 $\sum_{n=1}^{\infty} u_n$ 收敛，而级数 $\sum_{n=1}^{\infty} |u_n|$ 发散，则称级数 $\sum_{n=1}^{\infty} u_n$ **条件收敛**.

定理 2.6 如果级数 $\sum_{n=1}^{\infty} |u_n|$ 收敛，则级数 $\sum_{n=1}^{\infty} u_n$ 必收敛.

证明 设

$$v_n = \frac{1}{2}(|u_n| + u_n), \quad w_n = \frac{1}{2}(|u_n| - u_n) \ (n = 1, 2, \cdots)$$

则

$$v_n = \begin{cases} |u_n|, & u_n \geqslant 0 \\ 0, & u_n < 0 \end{cases}, \quad w_n = \begin{cases} 0, & u_n \geqslant 0 \\ |u_n|, & u_n < 0 \end{cases}$$

所以

$$0 \leqslant v_n \leqslant |u_n|, \quad 0 \leqslant w_n \leqslant |u_n|$$

故级数 $\sum_{n=1}^{\infty} v_n$ 和 $\sum_{n=1}^{\infty} w_n$ 都收敛. 又 $u_n = v_n - w_n$，故 $\sum_{n=1}^{\infty} u_n = \sum_{n=1}^{\infty} v_n - \sum_{n=1}^{\infty} w_n$ 收敛.

例 2.9 判断下列级数的敛散性：

（1）$\sum_{n=1}^{\infty} \frac{\sin na}{2^n}$；　　　（2）$\sum_{n=1}^{\infty} (-1)^n \frac{b^n}{n} \ (b > 0)$.

解 （1）考虑级数 $\sum_{n=1}^{\infty} \left| \frac{\sin na}{2^n} \right|$，由于 $|\sin na| \leqslant 1$，所以

$$\left| \frac{\sin na}{2^n} \right| \leqslant \frac{1}{2^n} \ (n = 1, 2, \cdots)$$

而 $\sum_{n=1}^{\infty} \frac{1}{2^n}$ 是公比 $q = \frac{1}{2} < 1$ 的等比级数，它是收敛的，所以，由比较审敛法可知，正项级数 $\sum_{n=1}^{\infty} \left| \frac{\sin na}{2^n} \right|$ 收敛，则级数 $\sum_{n=1}^{\infty} \frac{\sin na}{2^n}$ 绝对收敛. 故原级数收敛.

（2）$\lim_{n \to \infty} \left| \frac{u_{n+1}}{u_n} \right| = \lim_{n \to \infty} \left| \frac{b^{n+1}}{n+1} \cdot \frac{n}{b^n} \right| = b \lim_{n \to \infty} \frac{n}{n+1} = b$.

当 $0 < b < 1$ 时，根据比值判别法，原级数绝对收敛；

当 $b > 1$ 时，原级数发散；

当 $b = 1$ 时，原级数为 $\sum_{n=1}^{\infty} (-1)^n \frac{1}{n}$，收敛；而 $\sum_{n=1}^{\infty} |u_n| = \sum_{n=1}^{\infty} \frac{1}{n}$，发散，故 $b = 1$ 时，原级数条件收敛.

注意：判别数项级数敛散性时，一般可按如下顺序进行：

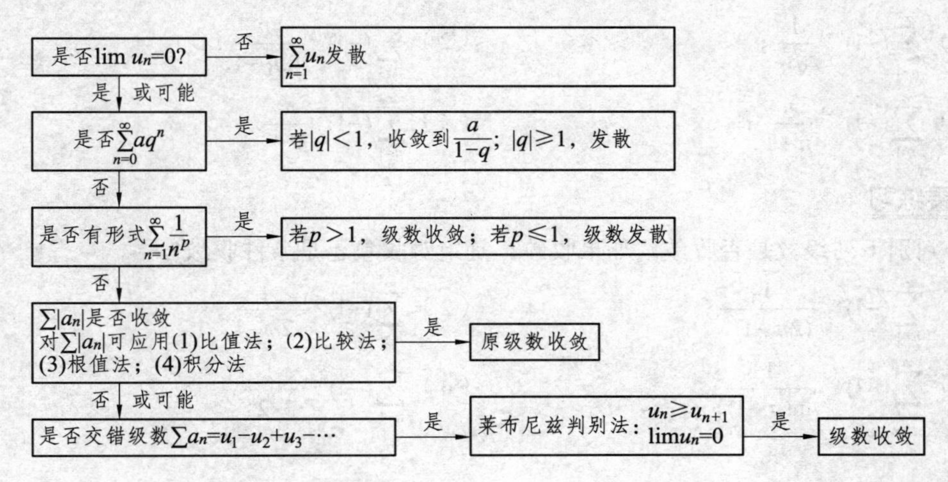

习题 7.2

基础练习

1. 利用比较审敛法判断下列级数的敛散性.

（1）$\sum\limits_{n=1}^{\infty}\frac{1}{2n-1}$；　（2）$\sum\limits_{n=1}^{\infty}\frac{1}{n(n+1)}$；

（3）$\sum\limits_{n=1}^{\infty}\frac{2^n}{n^2+1}x^n$；　（4）$\sum\limits_{n=1}^{\infty}\frac{1}{n\sqrt{n+1}}$；

（5）$\sum\limits_{n=1}^{\infty}\frac{n}{n^3+1}$；　（6）$\sum\limits_{n=1}^{\infty}\frac{1}{(n+1)(n+4)}$.

2. 利用比值审敛法判断下列级数的敛散性.

（1）$\sum\limits_{n=1}^{\infty}\frac{n+2}{2^n}$；　（2）$\sum\limits_{n=1}^{\infty}\frac{n^2}{3^n}$；

（3）$\sum\limits_{n=1}^{\infty}\frac{5^n}{n!}$；　（4）$\sum\limits_{n=1}^{\infty}\frac{3^n}{n\cdot 2^n}$；

（5）$\sum\limits_{n=1}^{\infty}\frac{(1000)^n}{n!}$；　（6）$\sum\limits_{n=1}^{\infty}\frac{(n!)^2}{(2n)!}$.

提高练习

3. 利用根值审敛法判断下列级数的敛散性.

（1）$\sum\limits_{n=1}^{\infty}\left(\frac{n}{3n+1}\right)^n$；　（2）$\sum\limits_{n=1}^{\infty}\frac{1}{[\ln(n+1)]^n}$；

（3）$\sum\limits_{n=1}^{\infty}\frac{\left(\frac{n+1}{n}\right)^n}{2^n}$；　（4）$\sum\limits_{n=1}^{\infty}\frac{3^n}{1+e^n}$.

4. 判断下列交错级数的敛散性.

（1）$\sum_{n=1}^{\infty}(-1)^{n-1}\frac{1}{\sqrt{n}}$；　（2）$\sum_{n=1}^{\infty}(-1)^{n-1}\frac{n}{2n-1}$；

（3）$\sum_{n=1}^{\infty}(-1)^{n-1}\frac{n}{n+1}$；　（4）$\sum_{n=1}^{\infty}(-1)^{n}\frac{n}{3^{n-1}}$.

拓展练习

5. 判别下列级数是否收敛，如果收敛，是绝对收敛还是条件收敛?

（1）$\sum_{n=1}^{\infty}(-1)^{n-1}\frac{1}{(2n-1)^2}$；　（2）$\sum_{n=1}^{\infty}(-1)^{n-1}\frac{1}{2n-1}$；

（3）$\sum_{n=1}^{\infty}(-1)^{n-1}\frac{1}{\ln(n+1)}$；　（4）$\sum_{n=1}^{\infty}(-1)^{n-1}\frac{1}{3\cdot 2^{n}}$.

第三节　幂级数

一、函数项级数的概念

定义 3.1　如果给定一个定义在区间 I 上的函数列

$$u_1(x), u_2(x), u_3(x), \cdots, u_n(x), \cdots$$

则有该函数列构成的表达式

$$u_1(x)+u_2(x)+u_3(x)+\cdots+u_n(x)+\cdots \tag{1}$$

称之为定义在区间 I 上的**（函数项）无穷级数**，简称**（函数项）级数**.

对于每一个确定的 $x_0\in I$，函数项级数（1）变成了常数项级数

$$u_1(x_0)+u_2(x_0)+u_3(x_0)+\cdots+u_n(x_0)+\cdots \tag{2}$$

这个级数可能收敛，也可能发散．如果级数（2）收敛，则称 x_0 是函数项级数（1）的**收敛点**；如果级数（2）发散，则称 x_0 是函数项级数（1）的**发散点**．函数项级数（1）的所有收敛点的全体组成的集合称为它的**收敛域**，所有发散点的全体组成的集合称为它的**发散域**.

对于函数项级数（1）的收敛域内的任意点 x，级数

$$u_1(x)+u_2(x)+u_3(x)+\cdots+u_n(x)+\cdots$$

的和为 s，s 为定义在函数项级数（1）的收敛域上的函数，称为函数项级数（1）的**和函数**．实际上，该函数的定义域就是级数的收敛域，并有

$$s=u_1(x)+u_2(x)+u_3(x)+\cdots+u_n(x)+\cdots$$

设函数项级数（1）的前 n 项和为 $s_n(x)$，与常数项级数一样，在收敛域上有

$$\lim_{n\to\infty} s_n(x) = s$$

二、幂级数的收敛半径、收敛区间和收敛域

定义 3.2 形如

$$\sum_{n=0}^{\infty} a_n x^n = a_0 + a_1 x + a_2 x^2 + \cdots + a_n x^n + \cdots$$

的级数称为 x 的幂级数．其中 $a_0, a_1, a_2, \cdots, a_n, \cdots$ 都是常数，称为幂级数的系数．

将幂级数 $\sum_{n=0}^{\infty} a_n x^n$ 的各项取绝对值，得正项级数

$$\sum_{n=0}^{\infty} \left|a_n x^n\right| = |a_0| + |a_1 x| + \left|a_2 x^2\right| + \cdots + \left|a_n x^n\right| + \cdots$$

设 $\lim\limits_{n\to\infty}\left|\dfrac{a_{n+1}}{a_n}\right| = \rho$，则

$$\lim_{n\to\infty}\left|\frac{u_{n+1}}{u_n}\right| = \lim_{n\to\infty}\left|\frac{a_{n+1}x^{n+1}}{a_n x^n}\right| = \lim_{n\to\infty}\left|\frac{a_{n+1}}{a_n}\right|\cdot|x| = \rho|x|$$

于是，由比值审敛法知：

（1）若 $\rho|x| < 1 (\rho \neq 0)$，即 $|x| < \dfrac{1}{\rho} = R$，则级数 $\sum_{n=0}^{\infty} a_n x^n$ 绝对收敛；

（2）若 $\rho|x| > 1 (\rho \neq 0)$，即 $|x| > \dfrac{1}{\rho} = R$，则级数 $\sum_{n=0}^{\infty} a_n x^n$ 发散；

（3）若 $\rho|x| = 1 (\rho \neq 0)$，即 $|x| = \dfrac{1}{\rho} = R$，则比值审敛法无效，需另行判断；

（4）若 $\rho = 0$，即 $\rho|x| = 0 < 1$，则级数 $\sum_{n=0}^{\infty} a_n x^n$ 对任何 x 都收敛．

由以上分析可得，$R = \dfrac{1}{\rho}$ 叫做幂级数 $\sum_{n=0}^{\infty} a_n x^n$ 的**收敛半径**，开区间 $(-R, R)$ 叫做幂级数 $\sum_{n=0}^{\infty} a_n x^n$ 的**收敛区间**．再由幂级数在 $x = \pm R$ 处的收敛性就可以决定它的收敛域是 $(-R, R)$，$[-R, R)$，$(-R, R]$ 或 $[-R, R]$ 这四个区间之一．

综上所述得到求幂级数收敛半径的方法．

定理 3.1 若幂级数 $\sum_{n=0}^{\infty} a_n x^n$ 的系数满足

$$\lim_{n\to\infty}\left|\frac{a_{n+1}}{a_n}\right| = \rho$$

而 $R = \dfrac{1}{\rho}$（R 为大于 0 的常数或 $+\infty$），则

（1）若 $R=0$，级数仅当 $x=0$ 时收敛；

（2）若 R 为大于 0 的常数，级数当 $|x|<R$ 收敛；当 $|x|>R$ 时发散；当 $|x|=R$ 时可能收敛，也可能发散；

（3）若 $R=+\infty$，级数对任意 x 都收敛.

由定理 3.1 可得求幂级数收敛区间的步骤：

（1）求收敛半径 R；

（2）若 $0<R<+\infty$，则再判断 $x=\pm R$ 时级数的敛散性，最后写出收敛区间.

例 3.1　求幂级数

$$\sum_{n=1}^{\infty}(-1)^{n-1}\frac{x^n}{n}=x-\frac{x^2}{2}+\frac{x^3}{3}-\cdots+(-1)^{n-1}\frac{x^n}{n}+\cdots$$

的收敛半径与收敛域.

解　由

$$\rho=\lim_{n\to\infty}\left|\frac{a_{n+1}}{a_n}\right|=\lim_{n\to\infty}\frac{\frac{1}{n+1}}{\frac{1}{n}}=\lim_{n\to\infty}\frac{n}{n+1}=1$$

得，收敛半径 $R=\frac{1}{\rho}=1$.

当 $x=-1$ 时，幂级数为 $\sum_{n=1}^{\infty}(-1)^{n-1}\frac{(-1)^n}{n}=\sum_{n=1}^{\infty}\frac{(-1)^{2n-1}}{n}=-\sum_{n=1}^{\infty}\frac{1}{n}$，该级数是发散的；

当 $x=1$ 时，幂级数为交错级数 $\sum_{n=1}^{\infty}(-1)^{n-1}\frac{1^n}{n}=\sum_{n=1}^{\infty}\frac{(-1)^{n-1}}{n}$，由第二节例 2.7 可知，该级数收敛，所以幂级数 $\sum_{n=1}^{\infty}(-1)^{n-1}\frac{x^n}{n}$ 的收敛域为 $(-1,1]$.

例 3.2　求幂级数

$$\sum_{n=1}^{\infty}n!x^n=1+x+2!x^2+3!x^3+\cdots+n!x^n+\cdots$$

的收敛半径与收敛域.

解　由

$$\rho=\lim_{n\to\infty}\left|\frac{a_{n+1}}{a_n}\right|=\lim_{n\to\infty}\frac{(n+1)!}{n!}=\lim_{n\to\infty}(n+1)=+\infty$$

得，收敛半径 $R=\frac{1}{\rho}=0$. 所以幂级数 $\sum_{n=1}^{\infty}n!x^n$ 仅在 $x=0$ 处收敛.

例 3.3　求幂级数 $\sum_{n=1}^{\infty}\frac{x^n}{n^n}$ 的收敛半径与收敛域.

解　因为

$$\rho=\lim_{n\to\infty}\left|\frac{a_{n+1}}{a_n}\right|=\lim_{n\to\infty}\frac{\frac{1}{(n+1)^{n+1}}}{\frac{1}{n^n}}=\lim_{n\to\infty}\frac{n^n}{(n+1)^{n+1}}=\lim_{n\to\infty}\frac{n^n}{(n+1)^n}\cdot\frac{1}{n+1}$$

$$=\lim_{n\to\infty}\frac{1}{n+1}\cdot\left(\frac{n}{n+1}\right)^n=\lim_{n\to\infty}\frac{1}{n+1}\cdot\left(\frac{1}{1+\frac{1}{n}}\right)^n=\lim_{n\to\infty}\frac{1}{n+1}\cdot\frac{1}{\left(1+\frac{1}{n}\right)^n}=0\cdot\frac{1}{\mathrm{e}}=0$$

所以收敛半径 $R=+\infty$，从而收敛域为 $(-\infty,+\infty)$.

习题 7.3

基础练习

1. 幂级数 $\sum_{n=1}^{\infty}\frac{x^n}{n^2}$ 的收敛半径为（　　）.

A. 1　　B. 2　　C. $\frac{1}{2}$　　D. 0

2. 幂级数 $\sum_{n=0}^{\infty}n!x^n$ 的收敛半径为（　　）.

A. 1　　B. 2　　C. ∞　　D. 0

3. 幂级数 $\sum_{n=1}^{\infty}\frac{x^n}{n}$ 的收敛区间是（　　）.

A. $[-1,1]$　　B. $[-1,1)$　　C. $(-1,1)$　　D. $(-1,1]$

4. $\sum_{n=1}^{\infty}nx^n$ 的收敛半径为__________.

5. 幂级数 $\sum_{n=1}^{\infty}\frac{n}{3^n}x^n$ 的收敛半径是__________.

提高练习

6. 求下列级数的收敛半径和收敛区间.

（1）$\sum_{n=1}^{\infty}\frac{x^n}{n\cdot 2^n}$；　　（2）$\sum_{n=1}^{\infty}\frac{x^n}{2n(2n-1)}$；

（3）$\sum_{n=1}^{\infty}\frac{2^n}{n^2+1}x^n$；　　（4）$\sum_{n=1}^{\infty}(-1)^n\frac{x^{2n+1}}{2n+1}$.

拓展练习

7. 求幂级数 $\sum_{n=1}^{\infty}\frac{(2x+1)^n}{n}$ 的收敛区间和收敛半径.

8. 求幂级数 $\sum_{n=1}^{\infty}\frac{(x+3)^n}{n^2}$ 的收敛区间和收敛半径.

*第四节　函数展开成幂级数

一、泰勒级数

上一节我们学习了幂级数的收敛半径、收敛域及和函数的求法. 从讨论可知，幂级数在收敛域内具有连续性、逐项可导性、逐项可积性，而很多实际问题是研究给定函数 $f(x)$，考虑其是否在某个区间内展成幂级数，也就是说，是否能找到这样一个幂级数，它在某区间内收敛，且其和恰好就是给定的函数 $f(x)$. 如果能找到这样的幂级数，我们就说，函数 $f(x)$ 在该区间内能展开成幂级数，而这个幂级数在该区间内就表达了函数 $f(x)$.

我们已经知道，若函数 $f(x)$ 在点 x_0 的某一邻域内具有直到 $(n+1)$ 阶的导数，则在该邻域内 $f(x)$ 的 n 阶泰勒公式

$$f(x)=f(x_0)+f'(x_0)(x-x_0)+\frac{f''(x_0)}{2!}(x-x_0)^2+\cdots+\frac{f^{(n)}(x_0)}{n!}(x-x_0)^n+R_n(x) \quad (1)$$

成立，其中 $R_n(x)$ 为拉格朗日型余项：

$$R_n(x)=\frac{f^{(n+1)}(\xi)}{(n+1)!}(x-x_0)^{n+1}$$

ξ 是 x 与 x_0 之间的某个值. 这时，在该邻域内 $f(x)$ 可以用 n 次多项式

$$p_n(x)=f(x_0)+f'(x_0)(x-x_0)+\frac{f''(x_0)}{2!}(x-x_0)^2+\cdots+\frac{f^{(n)}(x_0)}{n!}(x-x_0)^n \quad (2)$$

来近似表达，并且误差等于余项的绝对值 $|R_n(x)|$. 显然，如果 $|R_n(x)|$ 随着 n 的增大而减少，那么我们就可以用增加多项式（2）的项数的办法来提高精确度.

如果 $f(x)$ 在点 x_0 的某邻域内具有各阶导数 $f'(x),f''(x),\cdots,f^{(n)}(x),\cdots$，这时我们可以设想多项式（2）的项数趋向无穷而成为幂级数

$$f(x_0)+f'(x_0)(x-x_0)+\frac{f''(x_0)}{2!}(x-x_0)^2+\cdots+\frac{f^{(n)}(x_0)}{n!}(x-x_0)^n+\cdots \quad (3)$$

幂级数（3）称为函数 $f(x)$ 的泰勒级数. 显然，当 $x=x_0$ 时，$f(x)$ 的泰勒级数收敛于 $f(x_0)$，但除了 $x=x_0$ 外，它是否一定收敛？如果它收敛，它是否一定收敛于 $f(x)$？关于这些问题，有下述定理.

定理 4.1　设函数 $f(x)$ 在点 x_0 的某一邻域 $U(x_0)$ 内具有各阶导数，则 $f(x)$ 在该邻域内能展开成泰勒级数的充分必要条件是 $f(x)$ 的泰勒公式中的余项 $R_n(x)$ 当 $n\to\infty$ 时的极限为零，即

$$\lim_{n\to\infty}R_n(x)=0 \quad (x\in U(x_0))$$

证明　先证必要性. 设 $f(x)$ 在 $U(x_0)$ 内能展开为泰勒级数，即

$$f(x)=f(x_0)+f'(x_0)(x-x_0)+\frac{f''(x_0)}{2!}(x-x_0)^2+\cdots+\frac{f^{(n)}(x_0)}{n!}(x-x_0)^n+\cdots \quad (4)$$

对一切 $x \in U(x_0)$ 成立．我们把 $f(x)$ 的 n 阶泰勒公式（1）写成

$$f(x) = s_{n+1}(x) + R_n(x) \tag{1$'$}$$

其中 $s_{n+1}(x)$ 是 $f(x)$ 的泰勒级数（3）的前 $(n+1)$ 项之和，因为由（4）式有

$$\lim_{n\to\infty} s_{n+1}(x) = f(x)$$

所以

$$\lim_{n\to\infty} R_n(x) = \lim_{n\to\infty}[f(x) - s_{n+1}(x)] = f(x) - f(x) = 0$$

这就证明了条件是必要的．

再证充分性．设 $\lim\limits_{n\to\infty} R_n(x) = 0$ 对一切 $x \in U(x_0)$ 成立，由 $f(x)$ 的 n 阶泰勒公式（1）$'$有

$$s_{n+1}(x) = f(x) - R_n(x)$$

令 $n \to \infty$ 取上式的极限，得

$$\lim_{n\to\infty} s_{n+1}(x) = \lim_{n\to\infty}[f(x) - R_n(x)] = f(x)$$

即 $f(x)$ 的泰勒级数（3）在 $U(x_0)$ 内收敛，并且收敛于 $f(x)$，因此条件是充分的．定理证毕．

在（3）式中取 $x_0 = 0$，得

$$f(0) + f'(0)x + \frac{f''(0)}{2!}x^2 + \cdots + \frac{f^{(n)}(0)}{n!}x^n + \cdots \tag{5}$$

级数（5）称为函数 $f(x)$ 的麦克劳林级数．

函数 $f(x)$ 的麦克劳林级数是 x 的幂级数，现在我们证明，如果 $f(x)$ 能展开成 x 的幂级数，那么这种展开式是唯一的，它一定与 $f(x)$ 的麦克劳林级数（5）一致．

事实上，如果 $f(x)$ 在点 $x_0 = 0$ 的某邻域 $(-R, R)$ 内能展开成 x 的幂级数，即

$$f(x) = a_0 + a_1 x + a_2 x^2 + \cdots + a_n x^n + \cdots$$

对一切 $x \in (-R, R)$ 成立，那么根据幂级数在收敛区间内可以逐项求导，有

$$f'(x) = a_1 + 2a_2 x + 3a_3 x^2 + \cdots + n a_n x^{n-1} + \cdots$$

$$f''(x) = 2!a_2 + 3\cdot 2a_3 x + \cdots + n(n-1)a_n x^{n-2} + \cdots$$

$$f'''(x) = 3!a_3 + \cdots + n(n-1)(n-2)a_n x^{n-3} + \cdots$$

……

$$f^{(n)}(x) = n!a_n + (n+1)n(n-1)\cdots 2a_{n+1}x + \cdots$$

……

把 $x = 0$ 代入以上各式，得

$$a_0 = f(0),\ a_1 = f'(0),\ a_2 = \frac{f''(0)}{2!},\ \cdots,\ a_n = \frac{f^{(n)}(0)}{n!},\ \cdots$$

这就是所要证明的．

由函数 $f(x)$ 的展开式的唯一性可知，如果 $f(x)$ 能展开成 x 的幂级数，那么这个幂级数就是 $f(x)$ 的麦克劳林级数. 但是，反过来如果 $f(x)$ 的麦克劳林级数在点 $x_0=0$ 的某邻域内收敛，它却不一定收敛于 $f(x)$. 因此，如果 $f(x)$ 在 $x_0=0$ 处具有各阶导数，则 $f(x)$ 的麦克劳林级数（5）虽能作出来，但这个级数是否能在某个区间内收敛，以及是否收敛于 $f(x)$ 却需要进一步考察. 下面将具体讨论把函数 $f(x)$ 展开为 x 的幂级数的方法.

二、函数展开成幂级数

要把函数 $f(x)$ 展开成 x 的幂级数，可以按照下列步骤进行：

第一步：求出 $f(x)$ 的各阶导数

$$f'(x), f''(x), \cdots, f^{(n)}(x), \cdots$$

如果在 $x=0$ 处某阶导数不存在，就停止进行. 例如，在 $x=0$ 处，$f(x)=x^{\frac{7}{3}}$ 的三阶导数不存在，它就不能展开为 x 的幂级数.

第二步：求函数及其各阶导数在 $x=0$ 处的值：

$$f(0),\ f'(0),\ f''(0),\ \cdots,\ f^{(n)}(0),\ \cdots$$

第三步：写出幂级数

$$f(0)+f'(0)x+\frac{f''(0)}{2!}x^2+\cdots+\frac{f^{(n)}(0)}{n!}x^n+\cdots$$

并求出收敛半径 R.

第四步：考察当 x 在区间 $(-R,R)$ 内时余项 $R_n(x)$ 的极限

$$\lim_{n\to\infty}R_n(x)=\lim_{n\to\infty}\frac{f^{(n+1)}(\xi)}{(n+1)!}x^{n+1}\quad（\xi 在 0 与 x 之间）$$

是否为零. 如果为零，则函数 $f(x)$ 在区间 $(-R,R)$ 内的幂级数展开式为

$$f(x)=f(0)+f'(0)x+\frac{f''(0)}{2!}x^2+\cdots+\frac{f^{(n)}(0)}{n!}x^n+\cdots\quad(-R<x<R)$$

例 4.1 将函数 $f(x)=\mathrm{e}^x$ 展开成 x 的幂级数.

解 因

$$f^{(n)}(x)=\mathrm{e}^x\ (n=1,2,\cdots),\ f^{(n)}(0)=1\ (n=0,1,2,\cdots)$$

这里 $f^{(0)}(0)=f(0)$. 于是得级数

$$1+x+\frac{x^2}{2!}+\cdots+\frac{x^n}{n!}+\cdots$$

它的收敛半径 $R=+\infty$.

对于任何有限的数 x,ξ（ξ 在 0 与 x 之间），余项的绝对值为

$$|R_n(x)|=\left|\frac{\mathrm{e}^{\xi}}{(n+1)!}x^{n+1}\right|<\mathrm{e}^{|x|}\cdot\frac{|x|^{n+1}}{(n+1)!}$$

因 $e^{|x|}$ 有限，而 $\frac{|x|^{n+1}}{(n+1)!}$ 是收敛级数 $\sum_{n=0}^{\infty}\frac{|x|^{n+1}}{(n+1)!}$ 的一般项，所以当 $n\to\infty$ 时，$e^{|x|}\cdot\frac{|x|^{n+1}}{(n+1)!}\to 0$，即当 $n\to\infty$ 时，有 $|R_n(x)|\to 0$. 于是得展开式

$$e^x = 1+x+\frac{x^2}{2!}+\cdots+\frac{x^n}{n!}+\cdots(-\infty<x<+\infty) \quad (6)$$

如果在 $x=0$ 处附近，用级数的部分和（即多项式）来近似代替 e^x，那么随着项数的增加，它们就越来越接近于 e^x，如图 7-1 所示.

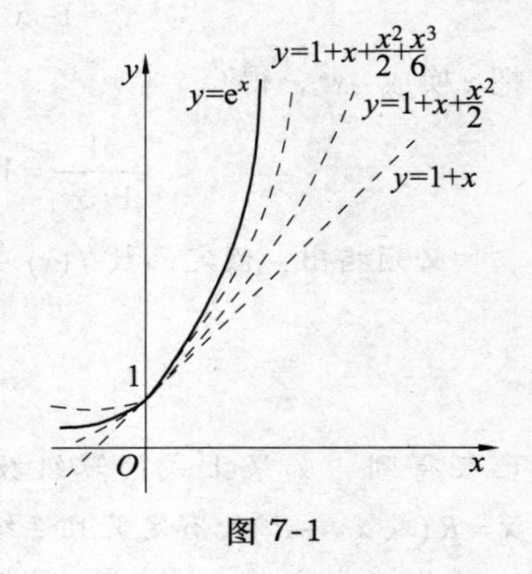

图 7-1

例 4.2　将函数 $f(x)=\sin x$ 展开成 x 的幂级数.

解　因

$$f^{(n)}(x)=\sin\left(x+n\cdot\frac{\pi}{2}\right)(n=1,2,\cdots)$$

$f^{(n)}(0)$ 顺序循环地取 $0,1,0,-1,\cdots(n=0,1,2,3,\cdots)$, 于是得级数

$$x-\frac{x^3}{3!}+\frac{x^5}{5!}-\cdots+(-1)^{n-1}\frac{x^{2n-1}}{(2n-1)!}+\cdots$$

它的收敛半径 $R=+\infty$.

对于任何有限的数 x,ξ（ξ 在 0 与 x 之间），余项的绝对值当 $n\to\infty$ 时的极限为零：

$$|R_n(x)|=\left|\frac{\sin\left[\xi+\frac{(n+1)\pi}{2}\right]}{(n+1)!}x^{n+1}\right|\leqslant\frac{|x|^{n+1}}{(n+1)!}\to 0\ \ (n\to\infty)$$

因此得展开式

$$\sin x = x-\frac{x^3}{3!}+\frac{x^5}{5!}-\cdots+(-1)^{n-1}\frac{x^{2n-1}}{(2n-1)!}+\cdots\quad(-\infty<x<+\infty) \quad (7)$$

以上将函数展开成幂级数的例子，是直接按公式 $a_n=\frac{f^{(n)}(0)}{n!}$ 计算幂级数的系数，最后考察余项 $R_n(x)$ 是否趋于零. 这种直接展开的方法计算量较大，而且研究余项即使在初等函数中也不是一件容易的事. 下面，我们用间接展开的方法，即利用一些已知的函数展开式、幂级数的运算（如四则运算、逐项求导、逐项积分）以及变量代换等，将所给函数展开成幂级数. 这样做不但计算简单，而且可以避免研究余项.

例 4.3　将函数 $\cos x$ 展开成 x 的幂级数.

解　本题当然可以应用直接法，但如果应用间接法，则比较简单. 事实上，对展开式（7）逐项求导就得

$$\cos x = 1-\frac{x^2}{2!}+\frac{x^4}{4!}-\cdots+(-1)^n\frac{x^{2n}}{(2n)!}+\cdots\quad(-\infty<x<+\infty) \quad (8)$$

例 4.4　将函数 $\frac{1}{1+x^2}$ 展开成 x 的幂级数.

解 因为

$$\frac{1}{1-x}=1+x+x^2+\cdots+x^n+\cdots \quad (-1<x<1)$$

把 x 换成 $-x^2$，得

$$\frac{1}{1+x^2}=1-x^2+x^4-\cdots+(-1)^n x^{2n}+\cdots \quad (-1<x<1)$$

必须指出，假定函数 $f(x)$ 在开区间 $(-R,R)$ 内的展开式

$$f(x)=\sum_{n=0}^{\infty}a_n x^n \quad (-R<x<R)$$

已经得到，如果上式的幂级数在该区间的端点 $x=R$（或 $x=-R$）仍收敛，而函数 $f(x)$ 在 $x=R$（或 $x=-R$）处有定义且连续，那么根据幂级数的和函数的连续性，该展开式对 $x=R$（或 $x=-R$）也成立.

例 4.5 将函数 $f(x)=\ln(1+x)$ 展开成 x 的幂级数.

解 因为

$$f'(x)=\frac{1}{1+x}$$

而 $\frac{1}{1+x}$ 是收敛的等比级数 $\sum_{n=0}^{\infty}(-1)^n x^n$ 的和函数：

$$\frac{1}{1+x}=1-x+x^2-x^3+\cdots+(-1)^n x^n+\cdots \quad (-1<x<1)$$

所以将上式从 0 到 x 逐项积分，得

$$\ln(1+x)=x-\frac{x^2}{2}+\frac{x^3}{3}-\frac{x^4}{4}+\cdots+(-1)^n\frac{x^{n+1}}{n+1}+\cdots \quad (-1<x\leqslant 1) \tag{9}$$

上述展开式对 $x=1$ 也成立，这是因为上式右端的幂级数当 $x=1$ 时收敛，而 $\ln(1+x)$ 在 $x=1$ 处有定义且连续.

例 4.6 将函数 $f(x)=(1+x)^m$ 展开成 x 的幂级数，其中 m 为任意常数.

解 $f(x)$ 的各阶导数为

$$\begin{aligned}
&f'(x)=m(1+x)^{m-1}\\
&f''(x)=m(m-1)(1+x)^{m-2}\\
&\cdots\cdots\\
&f^{(n)}(x)=m(m-1)(m-2)\cdots(m-n+1)(1+x)^{m-n}\\
&\cdots\cdots
\end{aligned}$$

所以

$$f(0)=1,\ f'(0)=m,\ f''(0)=m(m-1),\ \cdots,\ f^{(n)}(0)=m(m-1)\cdots(m-n+1)\cdots$$

于是得级数

$$1+mx+\frac{m(m-1)}{2!}x^2+\cdots+\frac{m(m-1)\cdots(m-n+1)}{n!}x^n+\cdots$$

这级数相邻两项的系数之比的绝对值

$$\left|\frac{a_{n+1}}{a_n}\right|=\left|\frac{m-n}{n+1}\right|\to 1\ (n\to\infty)$$

因此，对于任何常数 m，该级数在开区间 $(-1,1)$ 内收敛.

为了避免直接研究余项，设该级数在开区间 $(-1,1)$ 内收敛到函数 $F(x)$：

$$F(x)=1+mx+\frac{m(m-1)}{2!}x^2+\cdots+\frac{m(m-1)\cdots(m-n+1)}{n!}x^n+\cdots\quad(-1<x<1)$$

我们来证明 $F(x)=(1+x)^m\ (-1<x<1)$.

逐项求导，得

$$F'(x)=m\left[1+\frac{m-1}{1}x+\cdots+\frac{(m-1)\cdots(m-n+1)}{(n-1)!}x^{n-1}+\cdots\right]$$

两边各乘以 $(1+x)$，并把含有 $x^n\ (n=1,\ 2,\ \cdots)$ 的两项合并起来，根据恒等式

$$\frac{(m-1)\cdots(m-n+1)}{(n-1)!}+\frac{(m-1)\cdots(m-n)}{n!}=\frac{m(m-1)\cdots(m-n+1)}{n!}\quad(n=1,2,\cdots)$$

我们有

$$(1+x)F'(x)=m\left[1+mx+\frac{m(m-1)}{2!}x^2+\cdots+\frac{m(m-1)\cdots(m-n+1)}{n!}x^n+\cdots\right]=mF(x)\quad(-1<x<1)$$

现在令

$$\varphi(x)=\frac{F(x)}{(1+x)^m}$$

于是 $\varphi(0)=F(0)=1$，且

$$\varphi'(x)=\frac{(1+x)^mF'(x)-m(1+x)^{m-1}F(x)}{(1+x)^{2m}}=\frac{(1+x)^{m-1}[(1+x)F'(x)-mF(x)]}{(1+x)^{2m}}=0$$

所以

$$\varphi(x)=c\ (\text{常数})$$

但是 $\varphi(0)=1$，从而 $\varphi(x)=1$，即

$$F(x)=(1+x)^m$$

因此在区间 $(-1,\ 1)$ 内，我们有展开式

$$(1+x)^m=1+mx+\frac{m(m-1)}{2!}x^2+\cdots+\frac{m(m-1)\cdots(m-n+1)}{n!}x^n+\cdots\quad(-1<x<1)\qquad(10)$$

在区间的端点，展开式是否成立要看 m 的数值而定.

公式（10）叫做二项展开式. 特殊地，当 m 为正整数时，级数为 x 的 m 次多项式，这就是代数学中的二项式定理.

对应于 $m=\frac{1}{2},-\frac{1}{2}$ 的二项展开式分别为

$$\sqrt{1+x}=1+\frac{1}{2}x-\frac{1}{2\cdot 4}x^2+\frac{1\cdot 3}{2\cdot 4\cdot 6}x^3-\frac{1\cdot 3\cdot 5}{2\cdot 4\cdot 6\cdot 8}x^4+\cdots \quad (-1\leqslant x\leqslant 1)$$

$$\frac{1}{\sqrt{1+x}}=1-\frac{1}{2}x+\frac{1\cdot 3}{2\cdot 4}x^2-\frac{1\cdot 3\cdot 5}{2\cdot 4\cdot 6}x^3+\frac{1\cdot 3\cdot 5\cdot 7}{2\cdot 4\cdot 6\cdot 8}x^4-\cdots \quad (-1< x\leqslant 1)$$

关于 $\frac{1}{1-x},\mathrm{e}^x,\sin x,\cos x,\ln(1+x)$ 和 $(1+x)^m$ 的幂级数展开式，以后可以直接引用.

最后再举一个用间接法将函数展开成 $(x-x_0)$ 的幂级数的例子.

例 4.7　将函数 $f(x)=\frac{1}{x^2+4x+3}$ 展开成 $(x-1)$ 的幂级数.

解　因为

$$f(x)=\frac{1}{x^2+4x+3}=\frac{1}{(x+1)(x+3)}=\frac{1}{2(1+x)}-\frac{1}{2(3+x)}=\frac{1}{4\left(1+\frac{x-1}{2}\right)}-\frac{1}{8\left(1+\frac{x-1}{4}\right)}$$

而

$$\frac{1}{4\left(1+\frac{x-1}{2}\right)}=\frac{1}{4}\sum_{n=0}^{\infty}\frac{(-1)^n}{2^n}(x-1)^n \quad (-1< x <3)$$

$$\frac{1}{8\left(1+\frac{x-1}{4}\right)}=\frac{1}{8}\sum_{n=0}^{\infty}\frac{(-1)^n}{4^n}(x-1)^n \quad (-3< x <5)$$

所以

$$f(x)=\frac{1}{x^2+4x+3}=\sum_{n=0}^{\infty}(-1)^n\left(\frac{1}{2^{n+2}}-\frac{1}{2^{2n+3}}\right)(x-1)^n \quad (-1< x <3)$$

习题 7.4

基础练习

1. 将下列函数展开成 x 的幂级数，并指出其收敛域.

（1）$\mathrm{e}^{-\frac{x}{3}}$；　　（2）$\ln\left(1+\frac{1}{3}x\right)$；　　（3）$\frac{x}{\sqrt{1-2x}}$；

（4）$\arctan x$；　　（5）$\cos^2 x$；　　（6）$x^2\cos x$；

（7）$\dfrac{1}{(1+x)^2}$；　　（8）a^x.

提高练习

2. 把 $f(x)=\dfrac{1}{x^2+4x+3}$ 展开成 $x-2$ 的幂级数，并指出收敛区间.

拓展练习

3. 把 $f(x)=\cos x$ 展开成 $x+\dfrac{\pi}{3}$ 的幂级数.

第五节　傅里叶级数

在前几节，我们研究了一类特殊的函数项级数，即幂级数．从本节开始，我们讨论由三角函数组成的函数项级数，即所谓的**三角级数**．并着重研究如何把函数展开成三角级数.

一、三角级数和三角函数系的正交性

定义 5.1　形如

$$\frac{1}{2}a_0+\sum_{n=1}^{\infty}(a_n\cos nx+b_n\sin nx)$$

的级数称为**三角级数**，其中 a_0，a_n，$b_n(n=1,2,3,\cdots)$ 都是常数，称为三角级数的系数．而 $1,\cos x,\sin x,\cos 2x,\sin 2x,\cdots,\cos nx,\sin nx,\cdots$ 称为三角函数系.

三角函数系的正交性：三角函数系中任何两个不同的函数的乘积在区间$[-\pi,\pi]$上的积分等于零，即

$$\int_{-\pi}^{\pi}\cos nx\mathrm{d}x=0\ (n=1,2,3,\cdots)$$

$$\int_{-\pi}^{\pi}\sin nx\mathrm{d}x=0\ (n=1,2,3,\cdots)$$

$$\int_{-\pi}^{\pi}\sin kx\cos nx\mathrm{d}x=0\quad(k,\ n=1,2,\cdots,k\neq n)$$

$$\int_{-\pi}^{\pi}\sin kx\sin nx\mathrm{d}x=0\quad(k,\ n=1,2,\cdots,k\neq n)$$

$$\int_{-\pi}^{\pi}\cos kx\cos nx\mathrm{d}x=0\quad(k,\ n=1,2,\cdots,k\neq n)$$

三角函数系中任何两个相同的函数的乘积在区间$[-\pi,\pi]$上的积分不等于零，即

$$\int_{-\pi}^{\pi}1^2\mathrm{d}x=2\pi$$

$$\int_{-\pi}^{\pi}\cos^2 nx\mathrm{d}x=\pi \quad (n=1,2,\cdots)$$

$$\int_{-\pi}^{\pi}\sin^2 nx\mathrm{d}x=\pi \quad (n=1,2,\cdots)$$

二、函数展开成傅里叶级数

设 $f(x)$ 是周期为 2π 的周期函数，且能展开成三角级数：

$$f(x)=\frac{a_0}{2}+\sum_{k=1}^{\infty}(a_k\cos kx+b_k\sin kx)$$

那么系数 $a_0,a_1,b_1,\cdots$ 与函数 $f(x)$ 之间存在着怎样的关系？换句话说，如何利用 $f(x)$ 把 $a_0,a_1,b_1,\cdots$ 表达出来？

先求 a_0，再求 a_n.

假定三角级数可逐项积分，则

$$\int_{-\pi}^{\pi}f(x)\cos nx\mathrm{d}x=\int_{-\pi}^{\pi}\frac{a_0}{2}\cos nx\mathrm{d}x+\sum_{k=1}^{\infty}\left[a_k\int_{-\pi}^{\pi}\cos kx\cos nx\mathrm{d}x+b_k\int_{-\pi}^{\pi}\sin kx\cos nx\mathrm{d}x\right]$$

根据三角函数系的正交性，等式右端除 $k=n$ 一项外，其余各项均为零，所以

$$\int_{-\pi}^{\pi}f(x)\cos nx\mathrm{d}x=a_n\int_{-\pi}^{\pi}\cos^2 nx\mathrm{d}x=a_n\pi$$

类似地

$$\int_{-\pi}^{\pi}f(x)\sin nx\mathrm{d}x=b_n\pi$$

因此，傅里叶系数：

$$\begin{cases} a_0=\dfrac{1}{\pi}\displaystyle\int_{-\pi}^{\pi}f(x)\mathrm{d}x \\ a_n=\dfrac{1}{\pi}\displaystyle\int_{-\pi}^{\pi}f(x)\cos nx\mathrm{d}x, (n=1,2,\cdots) \\ b_n=\dfrac{1}{\pi}\displaystyle\int_{-\pi}^{\pi}f(x)\sin nx\mathrm{d}x, (n=1,2,\cdots) \end{cases}$$

系数 $a_0,a_1,b_1,\cdots$ 叫做函数 $f(x)$ 的傅里叶系数.

三角级数

$$\frac{a_0}{2}+\sum_{n=1}^{\infty}(a_n\cos nx+b_n\sin nx)$$

称为傅里叶级数，其中 $a_0,a_1,b_1,\cdots$ 是傅里叶系数.

问题：一个定义在$(-\infty,+\infty)$上周期为 2π 的函数 $f(x)$，如果它在一个周期上可积，则一定可以做出 $f(x)$ 的傅里叶级数. 然而，函数 $f(x)$ 的傅里叶级数是否一定收敛？如果它收敛，它是否一定收敛于函数 $f(x)$. 一般来说，这两个问题的答案都不是肯定的.

定理 5.1（收敛定理，狄利克雷充分条件）　设 $f(x)$ 是周期为 2π 的周期函数，如果它满足：在一个周期内连续或只有有限个第一类间断点，在一个周期内至多只有有限个极值点，则 $f(x)$ 的傅里叶级数收敛，并且

当 x 是 $f(x)$ 的连续点时，级数收敛于 $f(x)$；

当 x 是 $f(x)$ 的间断点时，级数收敛于 $\frac{1}{2}[f(x-0)+f(x+0)]$.

例 5.1　设 $f(x)$ 是周期为 2π 的周期函数，它在 $[-\pi, \pi)$ 上的表达式为

$$f(x)=\begin{cases}-1, & -\pi \leqslant x<0 \\ 1, & 0 \leqslant x<\pi\end{cases}$$

将 $f(x)$ 展开成傅里叶级数.

解　所给函数满足收敛定理的条件，它在点 $x=k\pi\ (k=0, \pm 1, \pm 2, \cdots)$ 处不连续，在其他点处连续，从而由收敛定理知道 $f(x)$ 的傅里叶级数收敛，并且当 $x=k\pi$ 时收敛于

$$\frac{1}{2}[f(x-0)+f(x+0)]=\frac{1}{2}(-1+1)=0$$

当 $x \neq k\pi$ 时级数收敛于 $f(x)$.

傅里叶系数计算如下:

$$a_n=\frac{1}{\pi} \int_{-\pi}^{\pi} f(x) \cos n x \mathrm{d} x=\frac{1}{\pi} \int_{-\pi}^{0}(-1) \cos n x \mathrm{d} x+\frac{1}{\pi} \int_0^{\pi} 1 \cdot \cos n x \mathrm{d} x=0 \quad (n=0,1,2, \cdots);$$

$$\begin{aligned} b_n & =\frac{1}{\pi} \int_{-\pi}^{\pi} f(x) \sin n x \mathrm{d} x=\frac{1}{\pi} \int_{-\pi}^{0}(-1) \sin n x \mathrm{d} x+\frac{1}{\pi} \int_0^{\pi} 1 \cdot \sin n x \mathrm{d} x \\ & =\frac{1}{\pi}\left[\frac{\cos n x}{n}\right]_{-\pi}^{0}+\frac{1}{\pi}\left[-\frac{\cos n x}{n}\right]_0^{\pi}=\frac{1}{n \pi}[1-\cos n \pi-\cos n \pi+1] \\ & =\frac{2}{n \pi}\left[1-(-1)^n\right]=\begin{cases}\frac{4}{n \pi}, n=1,3,5, \cdots \\ 0, \ n=2,4,6, \cdots\end{cases}\end{aligned}$$

于是 $f(x)$ 的傅里叶级数展开式为

$$f(x)=\frac{4}{\pi}\left[\sin x+\frac{1}{3} \sin 3 x+\cdots+\frac{1}{2 k-1} \sin (2 k-1) x+\cdots\right]$$

$$(-\infty<x<+\infty ; x \neq 0, \pm \pi, \pm 2 \pi, \cdots)$$

例 5.2　设 $f(x)$ 是周期为 2π 的周期函数，它在 $[-\pi, \pi)$ 上的表达式为

$$f(x)=\begin{cases}x, & -\pi \leqslant x<0 \\ 0, & 0 \leqslant x<\pi\end{cases}$$

将 $f(x)$ 展开成傅里叶级数.

解　所给函数满足收敛定理的条件，它在点 $x=(2k+1)\pi\ (k=0, \pm 1, \pm 2, \cdots)$ 处不连续，因此，$f(x)$ 的傅里叶级数在 $x=(2k+1)\pi$ 处收敛于

$$\frac{1}{2}[f(x-0)+f(x+0)]=\frac{1}{2}(0-\pi)=-\frac{\pi}{2}$$

而在连续点 $x\ (x\neq(2k+1)\pi)$处级数收敛于 $f(x)$.

傅里叶系数计算如下:

$$a_0=\frac{1}{\pi}\int_{-\pi}^{\pi}f(x)\mathrm{d}x=\frac{1}{\pi}\int_{-\pi}^{0}x\mathrm{d}x=-\frac{\pi}{2}$$

$$a_n=\frac{1}{\pi}\int_{-\pi}^{\pi}f(x)\cos nx\mathrm{d}x=\frac{1}{\pi}\int_{-\pi}^{0}x\cos nx\mathrm{d}x=\frac{1}{\pi}\left[\frac{x\sin nx}{n}+\frac{\cos nx}{n^2}\right]_{-\pi}^{0}$$

$$=\frac{1}{n^2\pi}(1-\cos n\pi)=\begin{cases}\dfrac{2}{n^2\pi}, & n=1,3,5,\cdots\\ 0, & n=2,4,6,\cdots\end{cases}$$

$$b_n=\frac{1}{\pi}\int_{-\pi}^{\pi}f(x)\sin nx\mathrm{d}x=\frac{1}{\pi}\int_{-\pi}^{0}x\sin nx\mathrm{d}x=\frac{1}{\pi}\left[-\frac{x\cos nx}{n}+\frac{\sin nx}{n^2}\right]_{-\pi}^{0}$$

$$=-\frac{\cos n\pi}{n}=\frac{(-1)^{n+1}}{n}(n=1,2,\cdots)$$

则 $f(x)$ 的傅里叶级数展开式为

$$f(x)=-\frac{\pi}{4}+\left(\frac{2}{\pi}\cos x+\sin x\right)-\frac{1}{2}\sin 2x+\left(\frac{2}{3^2\pi}\cos 3x+\frac{1}{3}\sin 3x\right)-$$
$$\frac{1}{4}\sin 4x+\left(\frac{2}{5^2\pi}\cos 5x+\frac{1}{5}\sin 5x\right)-\cdots$$
$$(-\infty<x<+\infty;\ x\neq\pm\pi,\pm3\pi,\cdots)$$

周期延拓: 设 $f(x)$ 只在$[-\pi,\pi]$上有定义, 我们可以在$[-\pi,\pi)$或$(-\pi,\pi]$外补充函数 $f(x)$ 的定义, 使它拓广成周期为 2π 的周期函数 $F(x)$, 在$(-\pi,\pi)$内, $F(x)=f(x)$.

例 5.3 将函数

$$f(x)=\begin{cases}-x, & -\pi\leqslant x<0\\ x, & 0\leqslant x\leqslant\pi\end{cases}$$

展开成傅里叶级数.

解 所给函数在区间$[-\pi,\pi]$上满足收敛定理的条件, 并且拓广为周期函数时, 它在每一点 x 处都连续, 因此拓广的周期函数的傅里叶级数在$[-\pi,\pi]$上收敛于 $f(x)$.

傅里叶系数计算如下:

$$a_0=\frac{1}{\pi}\int_{-\pi}^{\pi}f(x)\mathrm{d}x=\frac{1}{\pi}\int_{-\pi}^{0}(-x)\mathrm{d}x+\frac{1}{\pi}\int_{0}^{\pi}x\mathrm{d}x=\pi$$

$$a_n=\frac{1}{\pi}\int_{-\pi}^{\pi}f(x)\cos nx\mathrm{d}x=\frac{1}{\pi}\int_{-\pi}^{0}(-x)\cos nx\mathrm{d}x+\frac{1}{\pi}\int_{0}^{\pi}x\cos nx\mathrm{d}x$$

$$=\frac{2}{n^2\pi}(\cos n\pi-1)=\begin{cases}-\dfrac{4}{n^2\pi}, & n=1,3,5,\cdots\\ 0, & n=2,4,6,\cdots\end{cases}$$

$$b_n=\frac{1}{\pi}\int_{-\pi}^{\pi}f(x)\sin nx\mathrm{d}x=\frac{1}{\pi}\int_{-\pi}^{0}(-x)\sin nx\mathrm{d}x+\frac{1}{\pi}\int_{0}^{\pi}x\sin nx\mathrm{d}x=0\ (n=1,2,\cdots).$$

于是 $f(x)$ 的傅里叶级数展开式为

$$f(x)=\frac{\pi}{2}-\frac{4}{\pi}\left(\cos x+\frac{1}{3^2}\cos 3x+\frac{1}{5^2}\cos 5x+\cdots\right)(-\pi\leqslant x\leqslant\pi)$$

例 5.4　设 $f(x)$ 是周期为 2π 的周期函数，它在 $[-\pi,\pi)$ 上的表达式为 $f(x)=x$. 将 $f(x)$ 展开成傅里叶级数.

解　首先，所给函数满足收敛定理的条件，它在点 $x=(2k+1)\pi\ (k=0,\pm1,\pm2,\cdots)$ 不连续，因此 $f(x)$ 的傅里叶级数在点 $x=(2k+1)\pi\ (k=0,\pm1,\pm2,\cdots)$ 处收敛于

$$\frac{1}{2}[f(\pi-0)+f(-\pi-0)]=\frac{1}{2}[\pi+(-\pi)]=0$$

而在函数的连续点 $x\neq(2k+1)\pi$ 处收敛于 $f(x)$.

其次，若不计 $x=(2k+1)\pi\ (k=0,\pm1,\pm2,\cdots)$，则 $f(x)$ 是周期为 2π 的奇函数. 于是 $a_n=0(n=0,1,2,\cdots)$，而

$$b_n=\frac{2}{\pi}\int_0^{\pi}f(x)\sin nx\mathrm{d}x=\frac{2}{\pi}\int_0^{\pi}x\sin nx\mathrm{d}x=\frac{2}{\pi}\left[-\frac{x\cos nx}{n}+\frac{\sin nx}{n^2}\right]_0^{\pi}$$

$$=-\frac{2}{n}\cos nx=\frac{2}{n}(-1)^{n+1}\ (n=1,2,3,\cdots)$$

则 $f(x)$ 的傅里叶级数展开式为

$$f(x)=2\left(\sin x-\frac{1}{2}\sin 2x+\frac{1}{3}\sin 3x-\cdots+(-1)^{n+1}\frac{1}{n}\sin nx+\cdots\right)$$

$$(-\infty<x<+\infty,\ x\neq\pm\pi,\pm3\pi,\cdots).$$

三、周期为 $2l$ 的周期函数的傅里叶级数

到目前为止，我们讨论的周期函数都是以 2π 为周期的. 但是实际问题中所遇到的周期函数，它的周期不一定是 2π. 那么怎样把周期为 $2l$ 的周期函数 $f(x)$ 展开成三角级数呢？

问题：我们希望能把周期为 $2l$ 的周期函数 $f(x)$ 展开成三角级数，为此需要先把周期为 $2l$ 的周期函数 $f(x)$ 变换为周期为 2π 的周期函数.

令 $x=\frac{l}{\pi}t$ 及 $f(x)=f\left(\frac{l}{\pi}t\right)=F(t)$，则 $F(t)$ 是以 2π 为周期的函数. 这是因为

$$F(t+2\pi)=f\left[\frac{l}{\pi}(t+2\pi)\right]=f\left(\frac{l}{\pi}t+2l\right)=f\left(\frac{l}{\pi}t\right)=F(t)$$

于是当 $F(t)$ 满足收敛定理的条件时，$F(t)$ 便可展开成傅里叶级数:

$$F(t)=\frac{a_0}{2}+\sum_{n=1}^{\infty}(a_n\cos nt+b_n\sin nt)$$

其中

$$a_n=\frac{1}{\pi}\int_{-\pi}^{\pi}F(t)\cos nt\mathrm{d}t,\ (n=0,1,2,\cdots)$$

$$b_n=\frac{1}{\pi}\int_{-\pi}^{\pi}F(t)\sin nt\mathrm{d}t\ (n=1,2,\cdots)$$

从而有如下定理：

定理 5.2 设周期为 $2l$ 的周期函数 $f(x)$ 满足收敛定理的条件，则它的傅里叶级数展开式为

$$f(x)=\frac{a_0}{2}+\sum_{n=1}^{\infty}\left(a_n\cos\frac{n\pi x}{l}+b_n\sin\frac{n\pi x}{l}\right)$$

其中系数 a_n, b_n 为

$$a_n=\frac{1}{l}\int_{-l}^{l}f(x)\cos\frac{n\pi x}{l}\mathrm{d}x\ (n=1,2,\cdots)$$

$$b_n=\frac{1}{l}\int_{-l}^{l}f(x)\sin\frac{n\pi x}{l}\mathrm{d}x\ (n=1,2,\cdots)$$

当 $f(x)$ 为奇函数时，

$$f(x)=\sum_{n=1}^{\infty}b_n\sin\frac{n\pi x}{l}$$

其中 $b_n=\frac{2}{l}\int_0^l f(x)\sin\frac{n\pi x}{l}\mathrm{d}x\ (n=1,2,\cdots)$.

当 $f(x)$ 为偶函数时，

$$f(x)=\frac{a_0}{2}+\sum_{n=1}^{\infty}a_n\cos\frac{n\pi x}{l}$$

其中 $a_n=\frac{2}{l}\int_0^l f(x)\cos\frac{n\pi x}{l}\mathrm{d}x\ (n=0,1,2,\cdots)$.

例 5.5 设 $f(x)$ 是周期为 4 的周期函数，它在 $[-2,2)$ 上的表达式为

$$f(x)=\begin{cases}0, & -2\leqslant x<0\\ k, & 0\leqslant x<2\end{cases}\ (常数\ k\neq 0)$$

将 $f(x)$ 展开成傅里叶级数.

解 这里 $l=2$，按公式得

$$a_n=\frac{1}{2}\int_0^2 k\cos\frac{n\pi x}{2}\mathrm{d}x=\left[\frac{k}{n\pi}\sin\frac{n\pi x}{2}\right]_0^2=0\ \ (n\neq 0)$$

$$a_0=\frac{1}{2}\int_{-2}^{0}0\mathrm{d}x+\frac{1}{2}\int_0^2 k\mathrm{d}x=k$$

$$b_n=\frac{1}{2}\int_0^2 k\sin\frac{n\pi x}{2}\mathrm{d}x=\left[-\frac{k}{n\pi}\cos\frac{n\pi x}{2}\right]_0^2$$

$$=\frac{k}{n\pi}(1-\cos n\pi)=\begin{cases}\dfrac{2k}{n\pi}, & n=1,3,5,\cdots\\ 0, & n=2,4,6,\cdots\end{cases}$$

于是

$$f(x)=\frac{k}{2}+\frac{2k}{\pi}\left(\sin\frac{\pi x}{2}+\frac{1}{3}\sin\frac{3\pi x}{2}+\frac{1}{5}\sin\frac{5\pi x}{2}+\cdots\right)$$

$$(-\infty<x<+\infty,\ x\neq 0,\pm 2,\pm 4,\cdots;\ \text{在 } x=0,\pm 2,\pm 4,\ \cdots\text{收敛于}\ \frac{k}{2})$$

例 5.6　将函数

$$M(x)=\begin{cases}\dfrac{px}{2}, & 0\leqslant x<\dfrac{1}{2}\\ \dfrac{p(l-x)}{2}, & \dfrac{1}{2}\leqslant x\leqslant l\end{cases}$$

展开成正弦级数.

解　对 $M(x)$进行奇延拓，则

$$a_n=0(n=0,1,2,3,\cdots)$$

$$b_n=\frac{2}{l}\int_0^l M(x)\sin\frac{n\pi x}{l}\mathrm{d}x=\frac{2}{l}\left[\int_0^{\frac{l}{2}}\frac{px}{2}\sin\frac{n\pi x}{l}\mathrm{d}x+\int_{\frac{l}{2}}^{l}\frac{p(l-x)}{2}\sin\frac{n\pi x}{l}\mathrm{d}x\right]$$

对上式右边的第二项，令 $t=l-x$，则

$$\begin{aligned}b_n&=\frac{2}{l}\left[\int_0^{\frac{l}{2}}\frac{px}{2}\sin\frac{n\pi x}{l}\mathrm{d}x+\int_{\frac{l}{2}}^{0}\frac{pt}{2}\sin\frac{n\pi(l-t)}{l}(-\mathrm{d}t)\right]\\&=\frac{2}{l}\left[\int_0^{\frac{l}{2}}\frac{px}{2}\sin\frac{n\pi x}{l}\mathrm{d}x+(-1)^{n+1}\int_0^{\frac{l}{2}}\frac{pt}{2}\sin\frac{n\pi t}{l}\mathrm{d}t\right]\end{aligned}$$

当 $n=2,4,6,\cdots$时, $b_n=0$;

当 $n=1,3,5,\cdots$时,

$$b_n=\frac{4p}{2l}\int_0^{\frac{l}{2}}x\sin\frac{n\pi x}{l}\mathrm{d}x=\frac{2pl}{n^2\pi^2}\sin\frac{n\pi}{2}$$

于是得

$$M(x)=\frac{2pl}{\pi^2}\left(\sin\frac{\pi x}{l}-\frac{1}{3^2}\sin\frac{3\pi x}{l}+\frac{1}{5^2}\sin\frac{5\pi x}{l}-\cdots\right)(0\leqslant x\leqslant l)$$

习题 7.5

基础练习

1. 函数 $f(x)$ 的周期是 2π,它在 $[-\pi,\pi)$ 上的表达式如下，试将 $f(x)$ 展开成傅里叶级数.

（1）$f(x)=\sin ax$；　　（2）$f(x)=\cos\dfrac{x}{3}$；

（3）$f(x)=\dfrac{\pi}{4}-\dfrac{x}{2}$；　　（4）$f(x)=\begin{cases}0, & -\pi\leqslant x<0\\ \sin x, & 0\leqslant x<\pi\end{cases}$.

提高练习

2. 将下列函数展开成傅里叶级数.

（1）$f(x)=\begin{cases}\pi+x, & -\pi\leqslant x<0\\ \pi-x, & 0\leqslant x<\pi\end{cases}$；

（2）$f(x)=\begin{cases}-\dfrac{\pi}{2}, & -\pi\leqslant x<-\dfrac{\pi}{2}\\ x, & -\dfrac{\pi}{2}\leqslant x<\dfrac{\pi}{2}\\ \dfrac{\pi}{2}, & \dfrac{\pi}{2}\leqslant x<\pi\end{cases}$.

拓展练习

3. 将 $f(x)=\arcsin(\sin x)$ 展成傅里叶级数.

复习题七

一、选择题

1. 级数 $\sum_{n=1}^{\infty}(u_{2n-1}+u_{2n})$ 是收敛的，则（　　）.

A. $\sum_{n=1}^{\infty}u_n$ 必收敛　　B. $\sum_{n=1}^{\infty}u_n$ 未必收敛

C. $\lim_{n\to\infty}u_n=0$　　D. $\sum_{n=1}^{\infty}u_n$ 发散

2. $\sum_{n=1}^{\infty}u_n$ 收敛，则下结论列不正确的是（　　）.

A. $\sum_{n=1}^{\infty}(u_{2n-1}+u_{2n})$ 收敛　　B. $\sum_{n=1}^{\infty}ku_n$ 收敛

C. $\sum_{n=1}^{\infty}|u_n|$ 收敛　　D. $\lim_{n\to\infty}u_n=0$

3. 当（　　）时，$\sum_{n=1}^{\infty}\frac{a}{q^n}$ 收敛（a 为常数）.

A. $q<1$　　B. $|q|>1$　　C. $q>-1$　　D. $|q|<1$

4. 幂级数 $\sum_{n=1}^{\infty}\frac{(n+1)!}{(2n)!}x^n$ 的收敛半径为（　　）.

A. 0　　B. 1　　C. 2　　D. $+\infty$

5. 下列级数条件收敛的是（　　）.

A. $\sum_{n=1}^{\infty}(-1)^n\frac{1}{\sqrt{n}}$　　B. $\sum_{n=1}^{\infty}(-1)^n\frac{1}{n^2}$

C. $\sum_{n=1}^{\infty}(-1)^n\frac{n}{n+1}$　　D. $\sum_{n=1}^{\infty}(-1)^n\frac{1}{n(n+1)}$

6. 下列级数发散的有（　　）.

A. $\sum_{n=1}^{\infty}(-1)^{n-1}\frac{1}{\ln(n+1)}$　　B. $\sum_{n=1}^{\infty}\frac{n}{3n-1}$

C. $\sum_{n=1}^{\infty}(-1)^{n-1}\frac{1}{3^n}$　　D. $\sum_{n=1}^{\infty}\frac{n}{3^{\frac{n}{2}}}$

7. $\sum_{n=1}^{\infty}(-1)^{n-1}\frac{(x+1)^n}{n}$ 的收敛域为（　　）.

A. $(-2,0)$　　B. $(-2,0]$　　C. $[-2,0)$　　D. $[-2,0]$

二、填空题

1. 级数 $\sum_{n=1}^{\infty}\frac{1}{n^p}(p>0)$，当________时收敛；当________时发散.

2. 级数 $\sum_{n=1}^{\infty}(-1)^{n-1}u_n(u_n>0)$ 满足________，________时收敛.

3. 级数 $\sum_{n=0}^{\infty}\frac{n^2}{2^n}x^n$ 的收敛半径为________.

4. 级数 $\sum_{n=1}^{\infty}\frac{x^n}{n^n}$ 的收敛区间为____________.

三、计算题

1. 判断下列级数的敛散性. 若级数收敛，求其和.

（1）$0.001+\sqrt{0.001}+\sqrt[3]{0.001}+\cdots+\sqrt[n]{0.001}+\cdots$；

（2）$\frac{4}{5}-\frac{4^2}{5^2}+\frac{4^3}{5^3}-\frac{4^4}{5^4}+\cdots+(-1)^{n-1}\frac{4^n}{5^n}+\cdots$；

（3）$\frac{1}{2}+\frac{3}{4}+\frac{5}{6}+\frac{7}{8}+\cdots$；

（4）$\left(\frac{1}{2}+\frac{1}{3}\right)+\left(\frac{1}{4}+\frac{1}{9}\right)+\left(\frac{1}{8}+\frac{1}{27}\right)+\cdots$.

2. 证明下列各级数收敛，并求它们的和.

（1）$\left(\frac{1}{2}+\frac{1}{3}\right)+\left(\frac{1}{2^2}+\frac{1}{3^2}\right)+\cdots+\left(\frac{1}{2^n}+\frac{1}{3^n}\right)+\cdots$；

（2）$\frac{1}{1\cdot4}+\frac{1}{4\cdot7}+\frac{1}{7\cdot10}+\cdots+\frac{1}{(3n-2)(3n+1)}+\cdots$.

3. 用适当方法判定下列级数的敛散性.

（1）$\sum_{n=1}^{\infty}\left(\frac{n}{2n+1}\right)^n$；　（2）$\sum_{n=1}^{\infty}\frac{1}{(2n-1)^2}$；

（3）$\sum_{n=1}^{\infty}\frac{3^n\cdot n!}{n^n}$；　（4）$\sum_{n=1}^{\infty}2^n\sin\frac{1}{3^n}$.

4. 求下列各个幂级数的收敛半径和收敛区域.

（1）$1+\frac{x}{2!}+\frac{x^2}{4!}+\frac{x^3}{6!}+\cdots$；　（2）$\frac{1}{2}+\frac{x}{2^2}+\frac{x^2}{2^3}+\frac{x^3}{2^4}+\cdots$；

（3）$\sum_{n=1}^{\infty}(-1)^{n-1}\frac{(x+1)^n}{n}$；　（4）$\sum_{n=1}^{\infty}(x-1)^n n!$.

5. 求下列各幂级数的收敛区域与和函数.

（1）$1+2x+3x^2+4x^3+\cdots$；　（2）$\sum_{n=1}^{\infty}(-1)^{n-1}nx^{n-1}$；

（3）$\sum_{n=1}^{\infty}\frac{x^{4n+1}}{4n+1}$；　（4）$\sum_{n=1}^{\infty}\frac{x^{n+1}}{(n+1)n}$.

6. 求下列函数的麦克劳林公式.

（1）$f(x)=xe^x$；　（2）$f(x)=\cos2x$；

（3）$f(x)=\tan x$（展开到含有 x^3 项为止）.

7. 将下列函数展开为 x 的幂级数.

（1）$y=\ln(10+x)$；　　（2）$y=\sqrt[3]{8-x^3}$；

（3）$f(x)=(1+x)\,\mathrm{e}^x$；　　（4）$f(x)=\dfrac{1}{2x^2-3x+1}$.

8.（1）将 $f(x)=x^4$ 展开为 $x+1$ 幂级数；

（2）将 $f(x)=\dfrac{1}{x+2}$ 分别在 $x=0$ 和 $x=2$ 展开为泰勒级数；

（3）将 $f(x)=\cos x$ 在点 $x_0=-\dfrac{\pi}{3}$ 处展开成泰勒级数.

学习自测题七

（时间：90 分钟　100 分）

一、选择题(每小题 3 分，共 30 分)

1. 如果级数 $\sum_{n=1}^{\infty} u_n$ 发散，k 为不为 0 的常数，则级数 $\sum_{n=1}^{\infty} ku_n$（　　）.

A. 发散　　B. 可能收敛　　C. 收敛　　D. 无界

2. 若级数 $\sum_{n=1}^{\infty} u_n$ 收敛，s_n 是它的前 n 项部分和，则该级数的和 $s=$（　　）.

A. s_n　　B. u_n　　C. $\lim\limits_{n\to\infty} u_n$　　D. $\lim\limits_{n\to\infty} s_n$

3. 级数 $1+\left(\frac{1}{2}\right)^2+\left(\frac{1}{3}\right)^2+\left(\frac{1}{4}\right)^2+\cdots$ 是（　　）.

A. 幂级数　　B. 调和级数　　C. p 级数　　D. 等比级数

4. 设常数 $a\neq 0$, 几何级数 $\sum_{n=1}^{\infty} aq^n$ 收敛，则 q 应满足（　　）.

A. $q<1$　　B. $-1<q<1$　　C. $q<1$　　D. $q>1$

5. 交错级数 $\sum_{n=1}^{\infty}(-1)^{n-1}(\sqrt{n+1}-\sqrt{n})$（　　）.

A. 绝对收敛　　B. 发散　　C. 条件收敛　　D. 敛散性不能判定

6. 级数 $\sum_{n=1}^{\infty}\frac{1}{(n+4)(n+5)}$ 的和是（　　）.

A. 1　　B. $\frac{1}{4}$　　C. $\frac{1}{5}$　　D. $\frac{1}{9}$

7. 幂级数 $\sum_{n=1}^{\infty}\frac{3^n}{n+3}(x+3)^n$ 的收敛半径 $R=$（　　）.

A. 1　　B. 3　　C. $\frac{1}{3}$　　D. $+\infty$

8. 下列级数绝对收敛的是（　　）.

A. $\sum_{n=2}^{\infty}\frac{(-1)^n}{n\sqrt{n}}$　　B. $\sum_{n=2}^{\infty}(-1)^{n-1}\frac{1}{n}$

C. $\sum_{n=1}^{\infty}\frac{(-1)^n}{\ln n}$　　D. $\sum_{n=2}^{\infty}\frac{(-1)^{n-1}}{\sqrt[3]{n^2}}$

9. 下列级数中，发散的是（　　）.

A. $1-\frac{1}{3^2}+\frac{1}{5^2}-\frac{1}{7^2}+\cdots$　　B. $\sum_{n=1}^{\infty}(-1)^{n-1}\frac{1}{\sqrt{n}}$

C. $\sum_{n=1}^{\infty}(-1)^n\frac{1}{n}$　　D. $\sum_{n=1}^{\infty}(-1)^n n^{-\frac{2}{3}}$

10. 级数 $\sum_{n=1}^{\infty}(-1)^{n-1}\frac{x^n}{n}$ 的收敛区间是（　　）.

A. $(-1,1)$　　B. $[-1,1]$　　C. $[-1,1)$　　D. $(-1,1]$

二、填空题（每空 3 分，共 15 分）

1. 幂级数 $\sum_{n=1}^{\infty}\frac{(-1)^n}{(2n)^2}x^n$ 的收敛半径为________，收敛区间为________.

2. 函数 $f(x)$ 的周期是 2π，它在 $[-\pi,\pi)$ 上的表达式为 $f(x)=\mathrm{e}^x+1$，则它的傅里叶系数 $a_n=$________，$b_n=$________.

3. 已知以 2π 为周期的周期函数 $f(x)=\begin{cases}-3, & -\pi<x\leqslant 0\\ 1+x, & 0<x\leqslant\pi\end{cases}$，则 $f(x)$ 的傅里叶级数在 $x=-\pi$ 处收敛于________.

三、计算题

1. 判别下列级数的敛散性.（每小题 5 分，共 30 分）

（1）$\sum_{n=1}^{\infty}\left(\frac{1}{2^n}-\frac{1}{\sqrt{n}}\right)$；　　（2）$1^2+\left(\frac{2}{3}\right)^2+\left(\frac{3}{5}\right)^2+\cdots+\left(\frac{n}{2n-1}\right)^2+\cdots$；

（3）$\sum_{n=1}^{\infty}\frac{n^4}{4^n}$；　　（4）$\sum_{n=1}^{\infty}\frac{2+(-1)^n}{3^n}$；

（5）$1-\frac{1}{2!}+\frac{1}{3!}-\frac{1}{4!}+\cdots$；　　（6）$1-\frac{1}{\sqrt{2}}+\frac{1}{\sqrt{3}}-\frac{1}{\sqrt{4}}+\cdots$.

2. 求级数 $\sum_{n=1}^{\infty}\frac{(-1)^{n-1}}{n\cdot 4^n}x^n$ 的收敛半径和收敛域.（10 分）

3. 将函数 $f(x)=\begin{cases}-2, & -\pi\leqslant x<0\\ 0, & x=0\\ 2, & 0<x\leqslant\pi\end{cases}$ 展开成傅里叶级数.（15 分）

第八章　矩阵代数

一个相对复杂的实际应用问题，都可以转化为线性方程组的问题. 矩阵的研究和运用，就来源于线性方程组. 矩阵是研究线性关系最基本的数学工具，在概率统计、图论、二元关系等数学分支中都有重要的应用，在计算机图形学方面也有着重要的作用. 本章将介绍矩阵的基本知识，包括矩阵的运算、行列式的运算和求解线性方程组.

本章知识结构图如下：

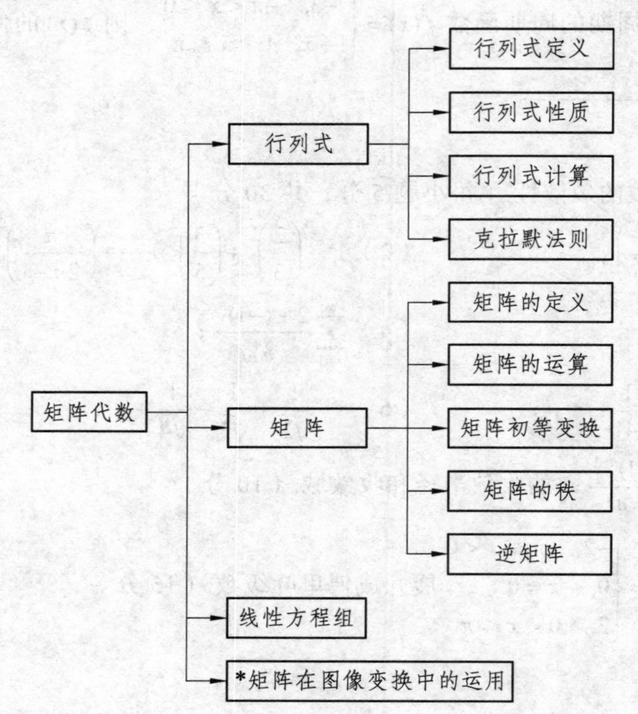

【学习能力目标】

- 理解行列式的基本概念及性质.
- 掌握二、三阶行列式的计算.
- 理解矩阵的基本概念.
- 掌握矩阵的运算.
- 熟练掌握矩阵的变换.
- 掌握线性方程组有解的条件.
- 会求简单线性方程组的通解.
- 了解矩阵在图形变换中的运用.

第一节　行列式

一、行列式的定义

在初等代数中，用加减消元法求解二元一次方程组：

$$\begin{cases} a_{11}x_1 + a_{12}x_2 = b_1 & (1) \\ a_{21}x_1 + a_{22}x_2 = b_2 & (2) \end{cases}$$

由(1)$\times a_{22}$−(2)$\times a_{12}$可得

$$(a_{11}a_{22} - a_{12}a_{21})x_1 = b_1a_{22} - b_2a_{12}$$

由(2)$\times a_{11}$−(1)$\times a_{21}$可得

$$(a_{11}a_{22} - a_{12}a_{21})x_2 = b_2a_{11} - b_1a_{21}$$

如果未知量 x_1, x_2 的系数 $a_{11}a_{22} - a_{12}a_{21} \neq 0$，则该线性方程组的解为

$$\begin{cases} x_1 = \dfrac{b_1a_{22} - b_2a_{12}}{a_{11}a_{22} - a_{12}a_{21}} \\ x_2 = \dfrac{b_2a_{11} - b_1a_{21}}{a_{11}a_{22} - a_{12}a_{21}} \end{cases}$$

这极不便于记忆，为此引入二阶行列式的概念.

定义 1.1　符号

$$\begin{vmatrix} a_{11} & a_{12} \\ a_{21} & a_{22} \end{vmatrix}$$

称为二阶行列式，它表示 $a_{11}a_{22} - a_{12}a_{21}$ 这个算式，即

$$\begin{vmatrix} a_{11} & a_{12} \\ a_{21} & a_{22} \end{vmatrix} = a_{11}a_{22} - a_{12}a_{21}$$

它由两行两列的 2^2 个元素组成，其中 a_{ij}（i=1, 2；j=1, 2）称为这个行列式的元素，i 代表 a_{ij} 所在的行数，称为行标；j 代表 a_{ij} 所在的列数，称为列标. 如 a_{12} 表示这一元素处在第 1 行第 2 列的位置.

类似地，可以得到三阶行列式的概念.

定义 1.2　符号

$$\begin{vmatrix} a_{11} & a_{12} & a_{13} \\ a_{21} & a_{22} & a_{23} \\ a_{31} & a_{32} & a_{33} \end{vmatrix}$$

称为三阶行列式，它表示

$$a_{11}a_{22}a_{33} + a_{12}a_{23}a_{31} + a_{13}a_{21}a_{32} - a_{13}a_{22}a_{31} - a_{12}a_{21}a_{33} - a_{11}a_{23}a_{32}$$

这一算式，即

$$\begin{vmatrix} a_{11} & a_{12} & a_{13} \\ a_{21} & a_{22} & a_{23} \\ a_{31} & a_{32} & a_{33} \end{vmatrix} = a_{11}a_{22}a_{33} + a_{12}a_{23}a_{31} + a_{13}a_{21}a_{32} - a_{13}a_{22}a_{31} - a_{12}a_{21}a_{33} - a_{11}a_{23}a_{32}$$

它由三行三列的 3^2 个元素组成，其中从左上角到右下角这条对角线称为主对角线，从右上角到左下角这条对角线称为次对角线（或副对角线）.

由此可以看出，对于二阶行列式的值，恰好为主对角线上两元素之积减去次对角线上两元素之积.

三阶行列式的计算可以用图 8.1 表示.

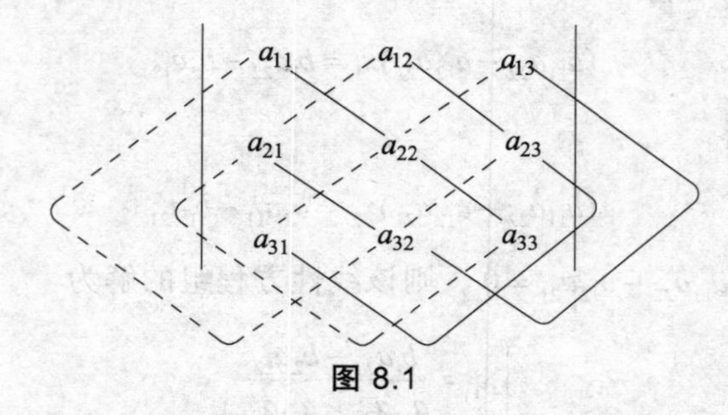

图 8.1

每条实线上的 3 个元素之积前加正号，每条虚线上的 3 个元素之积前加负号，最后各项相加就是三阶行列式的值.

这种计算方法称为对角线法，但是，我们要注意该种方法只对二阶、三阶行列式有效，对于 n 阶行列式的展开，等我们学完行列式的性质后再讨论.

例 1.1 计算行列式.

（1）$\begin{vmatrix} \sqrt{2}-1 & 2 \\ 1 & \sqrt{2}+1 \end{vmatrix}$；　　（2）$\begin{vmatrix} 3 & 0 & -1 \\ -2 & 1 & 3 \\ 2 & 2 & 1 \end{vmatrix}$.

解（1）$\begin{vmatrix} \sqrt{2}-1 & 2 \\ 1 & \sqrt{2}+1 \end{vmatrix} = (\sqrt{2}-1)(\sqrt{2}+1) - 2\times 1 = 1-2 = -1$.

（2）$\begin{vmatrix} 3 & 0 & -1 \\ -2 & 1 & 3 \\ 2 & 2 & 1 \end{vmatrix} = 3\times1\times1 + 0\times3\times2 + (-1)\times(-2)\times2 - (-1)\times1\times2 - 0\times(-2)\times1 - 3\times3\times2 = -9$.

二、行列式的性质

我们记

$$D = \begin{vmatrix} a_{11} & a_{12} & \cdots & a_{1n} \\ a_{21} & a_{22} & \cdots & a_{2n} \\ \vdots & \vdots & & \vdots \\ a_{n1} & a_{n2} & \cdots & a_{nn} \end{vmatrix}$$

它由 n 行、n 列元素（共 n^2 个元素）组成，称之为 n 阶行列式. 其中，每一个数 a_{ij} 称为行列

式的一个元素，它的前一个下标 i 称为行标，它表示数 a_{ij} 在第 i 行上；后一个下标 j 称为列标，它表示数 a_{ij} 在第 j 列上，所以 a_{ij} 在行列式第 i 行和第 j 列的交叉位置上．n 阶行列式 D_n 通常也简记作 $\left|a_{ij}\right|_n$．类似于二、三阶行列式，n 阶行列式也表示一个算式．至于 n 阶行列式的具体值如何来计算我们将在下一节中讲解．

定义 1.3　设有 n 阶行列式

$$D=\begin{vmatrix} a_{11} & a_{12} & \cdots & a_{1n} \\ a_{21} & a_{22} & \cdots & a_{2n} \\ \vdots & \vdots & & \vdots \\ a_{n1} & a_{n2} & \cdots & a_{nn} \end{vmatrix},$$

将 D 的第 $1, 2, \cdots, n$ 行依次变为第 $1, 2, \cdots, n$ 列，得到的新行列式称为 D 的转置行列式，记为 D^{T}，即

$$D=\begin{vmatrix} a_{11} & a_{21} & \cdots & a_{n1} \\ a_{12} & a_{22} & \cdots & a_{n2} \\ \vdots & \vdots & & \vdots \\ a_{1n} & a_{2n} & \cdots & a_{nn} \end{vmatrix}.$$

显然，$(D^{\mathrm{T}})^{\mathrm{T}}=D$．

性质 1　行列式经转置以后其值不变，即 $D^{\mathrm{T}}=D$．

此性质说明在行列式中行与列具有相同的地位．因此，下面的性质，凡是对行成立的，对列也同样成立．

性质 2　交换行列式中任意两行（列）的位置，行列式改变符号．

推论　如果行列式中有两行（列）的对应元素完全相同，那么该行列式等于零．

性质 3　把行列式的某一行（列）的所有元素同乘以数 k，等于以数 k 乘以该行列式．即

$$\begin{vmatrix} a_{11} & a_{12} & \cdots & a_{1n} \\ \vdots & \vdots & & \vdots \\ ka_{i1} & ka_{i2} & \cdots & ka_{in} \\ \vdots & \vdots & & \vdots \\ a_{n1} & a_{n2} & \cdots & a_{nn} \end{vmatrix}=k\begin{vmatrix} a_{11} & a_{12} & \cdots & a_{1n} \\ \vdots & \vdots & & \vdots \\ a_{i1} & a_{i2} & \cdots & a_{in} \\ \vdots & \vdots & & \vdots \\ a_{n1} & a_{n2} & \cdots & a_{nn} \end{vmatrix}$$

由性质 3 可得以下推论：

推论 1　行列式中某一行（列）的所有元素的公因子，可以提到行列式的符号外面．

当性质 3 中的 $k=0$ 时，有如下推论：

推论 2　如果行列式中有一行（列）全为零，那么该行列式等于零．

推论 3　如果行列式中有两行（列）的元素对应成比例，那么该行列式等于零．

性质 4　如果行列式的某一行（列）的元素为两组数的和，那么该行列式可以分成两个行列式之和．而且这两个行列式除这一行（列）以外的其他元素与原行列式的对应元素一样．即

$$\begin{vmatrix} a_{11} & a_{12} & \cdots & a_{1n} \\ \vdots & \vdots & & \vdots \\ x_1+y_1 & x_2+y_2 & \cdots & x_n+y_n \\ \vdots & \vdots & & \vdots \\ a_{n1} & a_{n2} & \cdots & a_{nn} \end{vmatrix} = \begin{vmatrix} a_{11} & a_{12} & \cdots & a_{1n} \\ \vdots & \vdots & & \vdots \\ x_1 & x_2 & \cdots & x_n \\ \vdots & \vdots & & \vdots \\ a_{n1} & a_{n2} & \cdots & a_{nn} \end{vmatrix} + \begin{vmatrix} a_{11} & a_{12} & \cdots & a_{1n} \\ \vdots & \vdots & & \vdots \\ y_1 & y_2 & \cdots & y_n \\ \vdots & \vdots & & \vdots \\ a_{n1} & a_{n2} & \cdots & a_{nn} \end{vmatrix}$$

性质 5 如果以数 k 乘以行列式中的某一行（列）的所有元素后加到另一行（列）的对应元素上去，所得行列式的值不变. 即

$$\begin{vmatrix} a_{11} & a_{12} & \cdots & a_{1n} \\ \vdots & \vdots & & \vdots \\ a_{i1} & a_{i2} & \cdots & a_{in} \\ \vdots & \vdots & & \vdots \\ a_{j1} & a_{j2} & \cdots & a_{jn} \\ \vdots & \vdots & & \vdots \\ a_{n1} & a_{n2} & \cdots & a_{nn} \end{vmatrix} = \begin{vmatrix} a_{11} & a_{12} & \cdots & a_{1n} \\ \vdots & \vdots & & \vdots \\ a_{i1}+ka_{j1} & a_{i2}+ka_{j2} & \cdots & a_{in}+ka_{jn} \\ \vdots & \vdots & & \vdots \\ a_{j1} & a_{j2} & \cdots & a_{jn} \\ \vdots & \vdots & & \vdots \\ a_{n1} & a_{n2} & \cdots & a_{nn} \end{vmatrix}$$

说明：今后在进行行列式计算时，为了简明地表达解题过程，也为了便于检查，我们约定，用：

（1）r_i 表示第 i 行.

（2）c_j 表示第 j 列.

（3）$kr_i + r_j$（$kc_i + c_j$）表示将第 i 行（列）乘以 k 加到第 j 行（列）上去.

（4）$r_i \leftrightarrow r_j$（$c_i \leftrightarrow c_j$）表示将第 i 行（列）与第 j 行（列）交换位置.

例 1.2 计算行列式 $D=\begin{vmatrix} 4 & 2 & -4 \\ 0 & 3 & -6 \\ 3 & 6 & -12 \end{vmatrix}$.

解 通过观察发现，行列式的第 2 列与第 3 列对应元素成比例，由推论 3 可知，

$$D=\begin{vmatrix} 4 & 2 & -4 \\ 0 & 3 & -6 \\ 3 & 6 & -12 \end{vmatrix}=0$$

例 1.3 计算行列式 $D=\begin{vmatrix} 1 & -1 & 2 & 3 \\ 0 & 3 & 4 & 8 \\ -1 & 4 & 2 & 5 \\ 6 & 2 & 5 & 4 \end{vmatrix}$.

解 通过观察发现，行列式的第 2 行恰为第 1 行与第 3 行之和，所以

$$D=\begin{vmatrix} 1 & -1 & 2 & 3 \\ 0 & 3 & 4 & 8 \\ -1 & 4 & 2 & 5 \\ 6 & 2 & 5 & 4 \end{vmatrix} \xlongequal{r_1+r_3} \begin{vmatrix} 1 & -1 & 2 & 3 \\ 0 & 3 & 4 & 8 \\ 0 & 3 & 4 & 8 \\ 6 & 2 & 5 & 4 \end{vmatrix}=0$$

三、行列式的计算

1. 行列式的展开

定义 1.4 在 n 阶行列式中，划去元素 a_{ij} 所在的行和列，余下的元素按原来的相对位置不变构成的行列式称为 a_{ij} 的余子式，记作 M_{ij}.

在 M_{ij} 前面冠以符号 $(-1)^{i+j}$ 后，称为 a_{ij} 的代数余子式，记作 A_{ij}，即 $A_{ij}=(-1)^{i+j}M_{ij}$.

例 1.4 设 $D=\begin{vmatrix}4&3&6\\5&2&1\\7&2&8\end{vmatrix}$，求出元素 a_{21},a_{32} 的余子式和代数余子式.

解 元素 a_{21} 的余子式和代数余子式分别为

$$M_{21}=\begin{vmatrix}3&6\\2&8\end{vmatrix}=12\text{，}\quad A_{21}=(-1)^{2+1}\begin{vmatrix}3&6\\2&8\end{vmatrix}=-12$$

元素 a_{32} 的余子式和代数余子式分别为

$$M_{32}=\begin{vmatrix}4&6\\5&1\end{vmatrix}=-26\text{，}\quad A_{32}=(-1)^{3+2}\begin{vmatrix}4&6\\5&1\end{vmatrix}=-\begin{vmatrix}4&6\\5&1\end{vmatrix}=26$$

定理 1.1（拉普拉斯展开定理） n 阶行列式 D 等于其任意一行（列）中的各元素与其代数余子式的乘积之和. 即

$$D=a_{i1}A_{i1}+a_{i2}A_{i2}+\cdots+a_{in}A_{in}\ (i=1,2,\cdots,n)$$

或

$$D=a_{1j}A_{1j}+a_{2j}A_{2j}+\cdots+a_{nj}A_{nj}\ (j=1,2,\cdots,n)$$

这个定理称为拉普拉斯定理. 利用此定理可以进行降阶运算. 但在计算行列式时，直接利用此定理进行行列式展开并不一定能简化运算，而当行列式中某一行或某一列中含有较多零时，运用此定理将会非常简便.

推论 当 n 阶行列式 D 的第 i 行（或第 j 列）中只有一个非零元素 a_{ij} 时，$D=a_{ij}A_{ij}$.

例如：

$$\begin{vmatrix}3&0&0&2\\2&5&0&6\\7&6&5&3\\1&0&0&8\end{vmatrix}=5\times\begin{vmatrix}3&0&2\\2&5&6\\1&0&8\end{vmatrix}=5\times5\times\begin{vmatrix}3&2\\1&8\end{vmatrix}=550$$

2. 行列式的计算

行列式的计算方法主要有以下几种：

（1）对二阶、三阶行列式通常应用对角线法直接求值.

（2）对于高阶行列式可以利用行列式的性质，将其转化为三角形行列式，再求其值.

（3）利用行列式的展开，可以使行列式的阶数降低，从而简化其运算过程，特别是当某行（列）中含有较多个零元素时常用此法.

例 1.5　求行列式 $D=\begin{vmatrix}2 & -1 & 3 & -2\\ 1 & 2 & -1 & 3\\ 0 & 3 & -1 & 1\\ 1 & -1 & 1 & 4\end{vmatrix}$ 的值.

解

$$D\xlongequal{r_1\leftrightarrow r_2}-\begin{vmatrix}1 & 2 & -1 & 3\\ 2 & -1 & 3 & -2\\ 0 & 3 & -1 & 1\\ 1 & -1 & 1 & 4\end{vmatrix}\xlongequal{r_2-2r_1,r_4-r_1}-\begin{vmatrix}1 & 2 & -1 & 3\\ 0 & -5 & 5 & -8\\ 0 & 3 & -1 & 1\\ 0 & -3 & 2 & 1\end{vmatrix}$$

$$\xlongequal{r_2+2r_3}-\begin{vmatrix}1 & 2 & -1 & 3\\ 0 & 1 & 3 & -6\\ 0 & 3 & -1 & 1\\ 0 & -3 & 2 & 1\end{vmatrix}\xlongequal{r_3-3r_2,r_4+3r_2}-\begin{vmatrix}1 & 2 & -1 & 3\\ 0 & 1 & 3 & -6\\ 0 & 0 & -10 & 19\\ 0 & 0 & 11 & -17\end{vmatrix}$$

$$\xlongequal{r_3+r_4}-\begin{vmatrix}1 & 2 & -1 & 3\\ 0 & 1 & 3 & -6\\ 0 & 0 & 1 & 2\\ 0 & 0 & 11 & -17\end{vmatrix}\xlongequal{r_4-11r_3}-\begin{vmatrix}1 & 2 & -1 & 3\\ 0 & 1 & 3 & -6\\ 0 & 0 & 1 & 2\\ 0 & 0 & 0 & -39\end{vmatrix}$$

$$=-(1\times1\times1\times(-39))=39$$

例 1.6　求行列式 $D=\begin{vmatrix}5 & 1 & 1 & 1\\ 1 & 5 & 1 & 1\\ 1 & 1 & 5 & 1\\ 1 & 1 & 1 & 5\end{vmatrix}$ 的值.

解　我们发现除了主对角线外，其他元素都是 1，另外，每列元素的和都是 8，因此，将第 4 行、第 3 行、第 2 行同时加到第 1 行，再提出公因式 8，即

$$D\xlongequal{r_1+r_2+r_3+r_4}\begin{vmatrix}8 & 8 & 8 & 8\\ 1 & 5 & 1 & 1\\ 1 & 1 & 5 & 1\\ 1 & 1 & 1 & 5\end{vmatrix}\xlongequal{r_1\div 8}8\begin{vmatrix}1 & 1 & 1 & 1\\ 1 & 5 & 1 & 1\\ 1 & 1 & 5 & 1\\ 1 & 1 & 1 & 5\end{vmatrix}$$

$$\xlongequal{r_2-r_1,r_3-r_1,r_4-r_1}8\begin{vmatrix}1 & 1 & 1 & 1\\ 0 & 4 & 0 & 0\\ 0 & 0 & 4 & 0\\ 0 & 0 & 0 & 4\end{vmatrix}=8\times1\times4\times4\times4=512$$

例 1.7　证明：n 阶下三角行列式（当 $i<j$ 时，$a_{ij}=0$）.

$$D_n=\begin{vmatrix}a_{11} & 0 & \cdots & 0\\ a_{21} & a_{22} & \cdots & 0\\ \vdots & \vdots & \ddots & \vdots\\ a_{n1} & a_{n2} & \cdots & a_{nn}\end{vmatrix}=a_{11}a_{22}\cdots a_{nn}$$

证明　对 n 作数学归纳法. 当 $n=2$ 时，结论成立.

假设结论对 $n-1$ 阶下三角行列式成立，则由定义得

$$D_n=\begin{vmatrix} a_{11} & 0 & \cdots & 0 \\ a_{21} & a_{22} & \cdots & 0 \\ \vdots & \vdots & \ddots & \vdots \\ a_{n1} & a_{n2} & \cdots & a_{nn} \end{vmatrix}=(-1)^{1+1}a_{11}\begin{vmatrix} a_{22} & 0 & \cdots & 0 \\ a_{32} & a_{33} & \cdots & 0 \\ \vdots & \vdots & \ddots & \vdots \\ a_{n2} & a_{n3} & \cdots & a_{nn} \end{vmatrix}$$

右端行列式是 $n-1$ 阶下三角行列式，根据归纳假设得

$$D_n=a_{11}(a_{22}a_{33}\cdots a_{nn})=a_{11}a_{22}\cdots a_{nn}$$

同理可证，n 阶对角行列式（非主对角线上元素全为 0）

$$\begin{vmatrix} a_{11} & 0 & \cdots & 0 \\ 0 & a_{22} & \cdots & 0 \\ \vdots & \vdots & \ddots & \vdots \\ 0 & 0 & \cdots & a_{nn} \end{vmatrix}=a_{11}a_{22}\cdots a_{nn}$$

又根据性质 1，n 阶上三角行列式

$$D_n=\begin{vmatrix} a_{11} & a_{21} & \cdots & a_{n1} \\ 0 & a_{22} & \cdots & a_{n2} \\ \vdots & \vdots & \ddots & \vdots \\ 0 & 0 & \cdots & a_{nn} \end{vmatrix}=a_{11}a_{22}\cdots a_{nn}$$

例题 1.7 的结论非常重要，以后对于行列式的计算，主要利用其性质和本结论.

四、克拉默法则

我们已经知道，二元线性方程组的解与行列式有着密切的关系. 这里主要介绍 n 元线性方程组的解的公式，这是行列式理论的一个非常重要的应用.

设含有 n 个未知量，n 个方程的线性方程组为

$$\begin{cases} a_{11}x_1+a_{12}x_2+\cdots+a_{1n}x_n=b_1 \\ a_{21}x_1+a_{22}x_2+\cdots+a_{2n}x_n=b_2 \\ \cdots\cdots\cdots\cdots \\ a_{n1}x_1+a_{n2}x_2+\cdots+a_{nn}x_n=b_n \end{cases} \tag{1}$$

其中方程组（1）中的未知量系数在保持原来的相对位置不变的情况下构成的 n 阶行列式

$$D=\begin{vmatrix} a_{11} & a_{12} & \cdots & a_{1n} \\ a_{21} & a_{22} & \cdots & a_{2n} \\ \vdots & \vdots & & \vdots \\ a_{n1} & a_{n2} & \cdots & a_{nn} \end{vmatrix}$$

称为方程组（1）的系数行列式，记作 $\det D$.

定理 1.2（克拉默法则）　若 n 元线性方程组（1）的系数行列式 $D \neq 0$，那么此方程组有唯一解，且

$$x_1 = \frac{D_1}{D},\ x_2 = \frac{D_2}{D},\ \cdots,\ x_n = \frac{D_n}{D}$$

其中 D_j 是把系数行列式 D 的第 j 列的元素用方程组的常数项 $b_1, b_2, \cdots, b_n$ 替换而得到的 n 阶行列式.

例 1.8　用克拉默法则解线性方程组 $\begin{cases} 2x_1 + x_2 - 5x_3 = 8 \\ x_1 - 3x_2 = 9 \\ 2x_2 - x_3 = -5 \end{cases}$.

解　该方程组的系数行列式为

$$D = \begin{vmatrix} 2 & 1 & -5 \\ 1 & -3 & 0 \\ 0 & 2 & -1 \end{vmatrix} = -3$$

因为 $D \neq 0$，所以该方程组有唯一解. 又由于

$$D_1 = \begin{vmatrix} 8 & 1 & -5 \\ 9 & -3 & 0 \\ -5 & 2 & -1 \end{vmatrix} = 18,\quad D_2 = \begin{vmatrix} 2 & 8 & -5 \\ 1 & 9 & 0 \\ 0 & -5 & -1 \end{vmatrix} = 15,\quad D_3 = \begin{vmatrix} 2 & 1 & 8 \\ 1 & -3 & 9 \\ 0 & 2 & -5 \end{vmatrix} = 15$$

所以

$$x_1 = \frac{D_1}{D} = -6,\quad x_2 = \frac{D_2}{D} = -5,\quad x_3 = \frac{D_3}{D} = -5$$

克拉默法则给出了线性方程组的解与其系数、常数项之间的重要关系. 但它只适用于方程个数与未知量个数相等，且系数行列式不等于零的线性方程组.

当线性方程组（1）的常数项全为零时，有

$$\begin{cases} a_{11}x_1 + a_{12}x_2 + \cdots + a_{1n}x_n = 0 \\ a_{21}x_1 + a_{22}x_2 + \cdots + a_{2n}x_n = 0 \\ \cdots\cdots\cdots\cdots \\ a_{n1}x_1 + a_{n2}x_2 + \cdots + a_{nn}x_n = 0 \end{cases} \tag{2}$$

称方程组（2）为齐次线性方程组；否则，称为非齐次线性方程组.

显然，$x_1 = x_2 = \cdots = x_n = 0$ 就是（2）式的一个解. 那么，它除了零解以外是否还有其他非零解呢?

由克拉默法则可以得出：若（2）式的系数行列式 $D \neq 0$，则方程组有唯一零解；若方程组有非零解，则系数行列式 D 必为零.

推论　齐次线性方程组有非零解的充分必要条件是 $D = 0$.

例 1.9　讨论方程组 $\begin{cases}\lambda x_1+x_2+x_3=0\\ x_1+\lambda x_2+x_3=0\\ 3x_1-x_2+x_3=0\end{cases}$ 解的情况.

解　因为

$$D=\begin{vmatrix}\lambda & 1 & 1\\ 1 & \lambda & 1\\ 3 & -1 & 1\end{vmatrix}=(\lambda-1)^2$$

所以，当 $\lambda=1$ 时，$D=0$，此时方程组有非零解；

当 $\lambda\neq1$ 时，$D\neq0$，此时方程组有唯一的零解.

习题 8.1

基础练习

1. 选择题.

（1）3 阶行列式 $D=\begin{vmatrix}0 & -1 & 1\\ 1 & 0 & -1\\ -1 & 1 & 0\end{vmatrix}$ 中元素 a_{21} 的代数余子式 $A_{21}=$（　　）.

A. 2　　B. 1　　C. −1　　D. −2

（2）已知 $\begin{vmatrix}a_{11} & a_{12} & a_{13}\\ a_{21} & a_{22} & a_{23}\\ a_{31} & a_{32} & a_{33}\end{vmatrix}=3$，那么 $\begin{vmatrix}2a_{11} & 2a_{12} & 2a_{13}\\ a_{21} & a_{22} & a_{23}\\ -2a_{31} & -2a_{32} & -2a_{33}\end{vmatrix}=$（　　）.

A. 24　　B. −12　　C. 6　　D. 12

（3）已知行列式 $\begin{vmatrix}1 & 2 & 5\\ 1 & 3 & -2\\ 2 & 5 & a\end{vmatrix}=0$，则数 $a=$（　　）.

A. −3　　B. 2　　C. 2　　D. 3

2. 填空题.

（1）设 3 阶行列式 D_3 的第 2 列元素分别为 $1,-2,3$，对应的代数余子式分别为 $-3,2,1$，则 $D_3=$________.

（2）已知行列 $\begin{vmatrix}a_1 & b_1 & c_1\\ a_2 & b_2 & c_2\\ a_3 & b_3 & c_3\end{vmatrix}=1$，则 $\begin{vmatrix}a_1 & a_1-b_1 & a_1-b_1+c_1\\ a_2 & a_2-b_2 & a_2-b_2+c_2\\ a_3 & a_3-b_3 & a_3-b_3+c_3\end{vmatrix}=$________.

提高练习

3. 用对角线算法计算下列行列式.

（1）$\begin{vmatrix}2 & 6\\ 5 & 3\end{vmatrix}$；　　（2）$\begin{vmatrix}\sin\alpha & \cos\alpha\\ \sin\beta & \cos\beta\end{vmatrix}$；　　（3）$\begin{vmatrix}1 & 2 & 3\\ 2 & 3 & 1\\ 3 & 1 & 2\end{vmatrix}$；

（4）$\begin{vmatrix} 1 & 2 & 2 \\ 3 & 7 & 4 \\ 2 & 3 & 5 \end{vmatrix}$；　（5）$\begin{vmatrix} 2 & 0 & 2 \\ 0 & 3 & 1 \\ 1 & 0 & 3 \end{vmatrix}$；　（6）$\begin{vmatrix} 1 & 1 & 1 \\ a & b & c \\ a^2 & b^2 & c^2 \end{vmatrix}$.

4. 计算下列行列式.

（1）$\begin{vmatrix} 5 & 0 & 4 & 2 \\ 1 & -1 & 2 & 1 \\ 4 & 1 & 2 & 0 \\ 1 & 1 & 1 & 1 \end{vmatrix}$；　（2）$\begin{vmatrix} 1 & 2 & 3 & 4 \\ 2 & 1 & 2 & 3 \\ 3 & 2 & 1 & 2 \\ 4 & 3 & 2 & 1 \end{vmatrix}$；

（3）$\begin{vmatrix} 0 & 1 & 0 & \cdots & 0 \\ 0 & 0 & 2 & \cdots & 0 \\ \vdots & \vdots & \vdots & & \vdots \\ 0 & 0 & 0 & \cdots & n-1 \\ n & 0 & 0 & \cdots & 0 \end{vmatrix}$；　（4）$\begin{vmatrix} 1 & 2 & 3 & \cdots & n \\ -1 & 1 & 0 & \cdots & 0 \\ -1 & 0 & 1 & \cdots & 0 \\ \vdots & \vdots & \vdots & & \vdots \\ -1 & 0 & 0 & \cdots & 1 \end{vmatrix}$.

5. 证明下列等式.

（1）$\begin{vmatrix} a & b & b \\ b & a & b \\ b & b & a \end{vmatrix} = (a+2b)(a-b)^2$；　（2）$\begin{vmatrix} a & b & c \\ d & e & f \\ g & h & k \end{vmatrix} = \begin{vmatrix} e & b & h \\ d & a & g \\ f & c & k \end{vmatrix}$.

拓展练习

6. 求解方程 $\begin{vmatrix} 1 & 1 & 1 & 1 \\ 1 & 1-x & 1 & 1 \\ 1 & 1 & 2-x & 1 \\ 1 & 1 & 1 & 3-x \end{vmatrix} = 0$.

7. 求解下列线性方程组：

（1）$\begin{cases} x_1 - x_2 + x_3 = 1 \\ x_1 + x_2 - 2x_3 = 1 \\ x_1 + x_2 = 2 \end{cases}$；　（2）$\begin{cases} x_1 - x_2 = -5 \\ 3x_1 + 2x_2 + x_3 = 6 \\ 4x_1 + x_2 + 2x_3 = 0 \end{cases}$.

8. 当 a 为何值时，齐次线性方程组 $\begin{cases} x_1 + 2x_2 + 5x_3 = 0 \\ x_1 + 3x_2 - 2x_3 = 0 \\ 2x_1 + 5x_2 + ax_3 = 0 \end{cases}$ 有非零解？

第二节　矩阵的概念及矩阵的运算

一、矩阵的概念

1. 矩阵的定义

定义 2.1　由 $m \times n$ 个数 $a_{ij}\,(i=1,2,\cdots,m;\ j=1,2,\cdots,n)$ 排成的 m 行 n 列的长方形数表，并用括弧“( )”括起来，形如

$$\begin{pmatrix} a_{11} & a_{12} & \cdots & a_{1n} \\ a_{21} & a_{22} & \cdots & a_{2n} \\ \vdots & \vdots & & \vdots \\ a_{m1} & a_{m2} & \cdots & a_{mn} \end{pmatrix}$$

的数表，我们称之为矩阵. 一般用大写英文字母 $\boldsymbol{A}, \boldsymbol{B}, \boldsymbol{C}$ 等来表示.

上面的矩阵也可以简记为 $\boldsymbol{A}_{m\times n}=(a_{ij})_{m\times n}$，其中 a_{ij} 称为矩阵第 i 行第 j 列的元素.

有些特殊矩阵是我们经常遇到的：

（1）当 $m=1$ 时，矩阵只有一行，形如 $\boldsymbol{A}=(a_{11} \quad a_{12} \quad \cdots \quad a_{1n})$，称为行矩阵.

（2）当 $n=1$ 时，矩阵只有一列，形如 $\boldsymbol{A}=\begin{pmatrix} a_{11} \\ a_{21} \\ \vdots \\ a_{m1} \end{pmatrix}$，称为列矩阵.

（3）当 $m=n$ 时，矩阵的行数等于列数，即

$$\boldsymbol{A}=\begin{pmatrix} a_{11} & a_{12} & a_{13} & \cdots & a_{1n} \\ a_{21} & a_{22} & a_{23} & \cdots & a_{2n} \\ a_{31} & a_{32} & a_{33} & \cdots & a_{3n} \\ \vdots & \vdots & \vdots & & \vdots \\ a_{n1} & a_{n2} & a_{n3} & \cdots & a_{nn} \end{pmatrix}$$

称为 n 阶方阵，记作 $\boldsymbol{A}_n$.

（4）我们把方阵左上角到右下角的对角线称为主对角线，右上角到左下角的对角线称为次对角线. 一个方阵除主对角线外其他元素均为零的称为对角矩阵；主对角线上方的元素全部为零的方阵称为下三角矩阵；主对角线下方的元素全部为零的方阵称为上三角矩阵；上三角矩阵和下三角矩阵统称为三角矩阵.

如矩阵 $\boldsymbol{A}=\begin{pmatrix} a_{11} & 0 & \cdots & 0 \\ * & a_{22} & \cdots & 0 \\ \vdots & \vdots & \ddots & \vdots \\ * & * & \cdots & a_{nn} \end{pmatrix}$，就是 n 阶下三角矩阵.

（5）主对角线上元素均为 1 的 n 阶对角矩阵 $\boldsymbol{E}_n=\begin{pmatrix} 1 & & & \boldsymbol{O} \\ & 1 & & \\ & & \ddots & \\ \boldsymbol{O} & & & 1 \end{pmatrix}$，称为 n 阶单位矩阵.

（6）所有元素全为零的矩阵称为零矩阵，记作 $\boldsymbol{O}_{m\times n}$.

例如 $\boldsymbol{O}_{2\times 3}=\begin{pmatrix} 0 & 0 & 0 \\ 0 & 0 & 0 \end{pmatrix}$.

（7）矩阵中元素全为零的行称为零行. 如果零行均排在矩阵的非零行的下面，且各行首非零元素前的零元素个数随行数增加而增加，这样的矩阵叫做阶梯形矩阵. 若每行首非零元素均为 1，且所在列的其他元素均为 0 的阶梯形矩阵，我们称为最简阶梯形矩阵.

例如，$A=\begin{pmatrix}1&-2&4&0&2\\0&2&3&-1&0\\0&0&0&5&4\\0&0&0&0&0\end{pmatrix}$就是一个阶梯形矩阵，$B=\begin{pmatrix}1&0&0\\0&1&0\\0&0&1\\0&0&0\\0&0&0\end{pmatrix}$就是一个最简阶梯形矩阵.

2. 矩阵相等与矩阵转置

定义 2.2　若两个矩阵 $A=(a_{ij})_{m\times n}$ 和 $B=(b_{ij})_{s\times t}$ 满足：

（1）$m=s,\ n=t$；

（2）$a_{ij}=b_{ij}(i=1,2,\cdots,m;\ j=1,2,\cdots,n)$，

则称矩阵 A 和 B 相等，记为 $A=B$.

例 2.1　已知 $A=B$，其中

$$A=\begin{pmatrix}3&x+y\\x-3y&a\end{pmatrix},\quad B=\begin{pmatrix}b+2a&7\\-5&2a-b-3\end{pmatrix}$$

试求出 x, y, a, b.

解　由矩阵相等得

$$\begin{cases}3=b+2a\\x+y=7\\x-3y=-5\\a=2a-b-3\end{cases}\Rightarrow\begin{cases}a=2\\b=-1\\x=4\\y=3\end{cases}$$

定义 2.3　将一个 $m\times n$ 矩阵

$$A=\begin{pmatrix}a_{11}&a_{12}&a_{13}&\cdots&a_{1n}\\a_{21}&a_{22}&a_{23}&\cdots&a_{2n}\\a_{31}&a_{32}&a_{33}&\cdots&a_{3n}\\\vdots&\vdots&\vdots&&\vdots\\a_{m1}&a_{m2}&a_{m3}&\cdots&a_{mn}\end{pmatrix}$$

的行和列互换得到一个 $n\times m$ 的矩阵，称为 A 的转置矩阵，记作 A^{T}，即

$$A^{\mathrm{T}}=\begin{pmatrix}a_{11}&a_{21}&a_{31}&\cdots&a_{m1}\\a_{12}&a_{22}&a_{32}&\cdots&a_{m2}\\a_{13}&a_{23}&a_{33}&\cdots&a_{m3}\\\vdots&\vdots&\vdots&&\vdots\\a_{1n}&a_{2n}&a_{3n}&\cdots&a_{mn}\end{pmatrix}$$

显然，矩阵的转置具有自反性：$(A^{\mathrm{T}})^{\mathrm{T}}=A$.

二、矩阵的运算

1. 矩阵的加（减）法与数乘运算

定义 2.4　把行数与列数分别相等的两个矩阵的对应元素相加（减）而得到的矩阵，称

为两矩阵的和（差）.

例 2.2　已知 $\boldsymbol{A}=\begin{pmatrix}3 & -2 & 8 & 0\\ -5 & 6 & 1 & -4\end{pmatrix}$，$\boldsymbol{B}=\begin{pmatrix}9 & -2 & 0 & 5\\ 8 & -6 & 2 & 6\end{pmatrix}$，求 $\boldsymbol{A}+\boldsymbol{B}$，$\boldsymbol{A}-\boldsymbol{B}$.

解

$$\boldsymbol{A}+\boldsymbol{B}=\begin{pmatrix}3 & -2 & 8 & 0\\ -5 & 6 & 1 & -4\end{pmatrix}+\begin{pmatrix}9 & -2 & 0 & 5\\ 8 & -6 & 2 & 6\end{pmatrix}=\begin{pmatrix}12 & -4 & 8 & 5\\ 3 & 0 & 3 & 2\end{pmatrix}$$

$$\boldsymbol{A}-\boldsymbol{B}=\begin{pmatrix}3 & -2 & 8 & 0\\ -5 & 6 & 1 & -4\end{pmatrix}-\begin{pmatrix}9 & -2 & 0 & 5\\ 8 & -6 & 2 & 6\end{pmatrix}=\begin{pmatrix}-6 & 0 & 8 & -5\\ -13 & 12 & -1 & -10\end{pmatrix}$$

定义 2.5　用一个数乘以矩阵的每一个元素而得到的矩阵，称为数乘矩阵.

例 2.3　已知 $\boldsymbol{A}=\begin{pmatrix}-2 & 4 & 6\\ 6 & -9 & 0\\ 3 & -5 & 1\\ 6 & 8 & 4\end{pmatrix}$，求 $5\boldsymbol{A}$.

解　$$5\boldsymbol{A}=5\begin{pmatrix}-2 & 4 & 6\\ 6 & -9 & 0\\ 3 & -5 & 1\\ 6 & 8 & 4\end{pmatrix}=\begin{pmatrix}-10 & 20 & 30\\ 30 & -45 & 0\\ 15 & -25 & 5\\ 30 & 40 & 20\end{pmatrix}.$$

2. 矩阵的乘法运算

定义 2.6　两个矩阵的乘积是将左边矩阵第 i 行的每一个元素乘以右边矩阵第 j 列的对应元素之积的和作为乘积矩阵中的第 i 行第 j 列元素，左边矩阵的每一行遍乘右边矩阵的每一列即可获得乘积矩阵，即设有 $\boldsymbol{A}=(a_{ik})_{m\times l}$，$\boldsymbol{B}=(b_{kj})_{l\times n}$，则

$$\boldsymbol{AB}=\boldsymbol{A}\times\boldsymbol{B}=(a_{ik})_{m\times l}\times(b_{kj})_{l\times n}=(c_{ij})_{m\times n}$$

其中

$$c_{ij}=a_{i1}b_{1j}+a_{i2}b_{2j}+\cdots+a_{il}b_{lj}=\sum_{k=1}^{l}a_{ik}b_{kj}\quad(i=1,2,\cdots,m;\ j=1,2,\cdots,n)$$

例 2.4　已知 $\boldsymbol{A}=\begin{pmatrix}1 & 3 & -2\\ 2 & 0 & 5\end{pmatrix}$，$\boldsymbol{B}=\begin{pmatrix}2 & -3\\ 1 & -1\\ 3 & 6\end{pmatrix}$，计算 $\boldsymbol{AB}$，$\boldsymbol{BA}$.

解　$$\boldsymbol{AB}=\begin{pmatrix}1 & 3 & -2\\ 2 & 0 & 5\end{pmatrix}\begin{pmatrix}2 & -3\\ 1 & -1\\ 3 & 6\end{pmatrix}$$

$$=\begin{pmatrix}1\times2+3\times1+(-2)\times3 & 1\times(-3)+3\times(-1)+(-2)\times6\\ 2\times2+0\times1+5\times3 & 2\times(-3)+0\times(-1)+5\times6\end{pmatrix}$$

$$=\begin{pmatrix}-1 & -18\\ 19 & 24\end{pmatrix};$$

$$
\boldsymbol{BA}=\begin{pmatrix}2&-3\\1&-1\\3&6\end{pmatrix}\begin{pmatrix}1&3&-2\\2&0&5\end{pmatrix}
$$

$$
=\begin{pmatrix}2\times1+(-3)\times2 & 2\times3+(-3)\times0 & 2\times(-2)+(-3)\times5\\1\times1+(-1)\times2 & 1\times3+(-1)\times0 & 1\times(-2)+(-1)\times5\\3\times1+6\times2 & 3\times3+6\times0 & 3\times(-2)+6\times5\end{pmatrix}
$$

$$
=\begin{pmatrix}-4&6&-19\\-1&3&-7\\15&9&24\end{pmatrix}.
$$

由此例可知，$\boldsymbol{AB}\neq\boldsymbol{BA}$．一般情况下，矩阵乘法不满足交换律，但矩阵乘法有如下运算律：

（1）结合律：$(\boldsymbol{AB})\boldsymbol{C}=\boldsymbol{A}(\boldsymbol{BC})$；

$$k(\boldsymbol{AB})=(k\boldsymbol{A})\boldsymbol{B}=\boldsymbol{A}(k\boldsymbol{B}).$$

（2）分配律：$(\boldsymbol{A}+\boldsymbol{B})\boldsymbol{C}=\boldsymbol{AC}+\boldsymbol{BC}$；

$$\boldsymbol{C}(\boldsymbol{A}+\boldsymbol{B})=\boldsymbol{CA}+\boldsymbol{CB}.$$

另外，根据矩阵运算的转置有如下性质：

（1）$(\boldsymbol{A}+\boldsymbol{B})^{\mathrm{T}}=\boldsymbol{A}^{\mathrm{T}}+\boldsymbol{B}^{\mathrm{T}}$.

（2）$(k\boldsymbol{A})^{\mathrm{T}}=k\boldsymbol{A}^{\mathrm{T}}$.

（3）$(\boldsymbol{AB})^{\mathrm{T}}=\boldsymbol{B}^{\mathrm{T}}\boldsymbol{A}^{\mathrm{T}}$.

3. 方阵的行列式

所谓方阵 $\boldsymbol{A}$ 的行列式，简单一点来讲，就是将矩阵的符号改成行列式的符号，其余不变，方阵 $\boldsymbol{A}$ 的行列式记做 $|\boldsymbol{A}|$ 或 $\det\boldsymbol{A}$.

例如，方阵 $\boldsymbol{A}=\begin{pmatrix}1&4\\2&3\end{pmatrix}$ 的行列式就是 $|\boldsymbol{A}|=\begin{vmatrix}1&4\\2&3\end{vmatrix}=-5$.

另外，方阵的行列式有如下性质：设 $\boldsymbol{A},\boldsymbol{B}$ 为 n 阶方阵，k 为数，则：

（1）$|\boldsymbol{A}^{\mathrm{T}}|=|\boldsymbol{A}|$.

（2）$|k\boldsymbol{A}|=k^n|\boldsymbol{A}|$.

（3）$|\boldsymbol{AB}|=|\boldsymbol{A}||\boldsymbol{B}|$.

三、矩阵的初等变换

定义 2.7　对矩阵的行实施如下 3 种变换，称为矩阵的初等行变换：

（1）互换变换：交换矩阵的两行（用 $r_i\leftrightarrow r_j$ 表示第 i 行与第 j 行互换）.

（2）倍乘变换：用一非零数遍乘矩阵的某一行（用 kr_i 表示用非零数 k 乘以第 i 行）.

（3）倍加变换：将矩阵的某一行遍乘数 k 后加到另一行（用 r_j+kr_i 表示第 i 行的 k 倍加到第 j 行）.

相应地，在初等行变换中将行改为列，称为初等列变换.

初等行变换与初等列变换统称为初等变换.

我们只需用到矩阵的初等行变换，并且有结论：矩阵经过初等行变换后，总能化为阶梯阵.

例 2.5　利用矩阵的初等行变换，将下列矩阵变换为阶梯矩阵.

（1）$\begin{pmatrix}1&2&4&1\\3&6&2&0\\2&4&8&2\end{pmatrix}$；　　（2）$\begin{pmatrix}2&2&0\\1&1&-1\\-1&-1&3\\3&3&-3\end{pmatrix}$.

解　（1）$\begin{pmatrix}1&2&4&1\\3&6&2&0\\2&4&8&2\end{pmatrix}\xrightarrow[r_3-2r_1]{r_2-3r_1}\begin{pmatrix}1&2&4&1\\0&0&-10&-3\\0&0&0&0\end{pmatrix}$

（2）$\begin{pmatrix}2&2&0\\1&1&-1\\-1&-1&3\\3&3&-3\end{pmatrix}\xrightarrow{r_1\leftrightarrow r_2}\begin{pmatrix}1&1&-1\\2&2&0\\-1&-1&3\\3&3&-3\end{pmatrix}\xrightarrow[\substack{r_3+r_1\\r_4-3r_1}]{r_2-2r_1}\begin{pmatrix}1&1&-1\\0&0&2\\0&0&2\\0&0&0\end{pmatrix}\xrightarrow{r_2\times(-1)+r_3}\begin{pmatrix}1&1&-1\\0&0&2\\0&0&0\\0&0&0\end{pmatrix}$.

四、矩阵的秩

定义 2.8　阶梯矩阵 $\boldsymbol{A}$ 中非零行的个数 r 称为阶梯矩阵的秩，记作

$$R(\boldsymbol{A})=r$$

定义 2.8 给出了阶梯矩阵的秩. 那么对于任意一个矩阵，其秩如何来求呢？

我们知道，任何一个矩阵都可以通过初等行变换把它变成一个阶梯矩阵. 如果我们能够确定在这些变换过程中矩阵的秩一直都没有改变的话，那么任何一个矩阵的秩也就很好求了. 事实上，在线性代数中，有这样一个结论：矩阵的初等变换不会改变矩阵的秩.

例 2.6　求矩阵 $\boldsymbol{A}=\begin{pmatrix}2&-4&3&-3&5\\1&-2&1&5&3\\1&-2&4&-34&0\end{pmatrix}$ 的秩.

解　只要将矩阵转换为阶梯矩阵即可找到矩阵的秩.

$$\boldsymbol{A}\xrightarrow{r_1\leftrightarrow r_2}\begin{pmatrix}1&-2&1&5&3\\2&-4&3&-3&5\\1&-2&4&-34&0\end{pmatrix}\xrightarrow[r_3-r_1]{r_2-2r_1}\begin{pmatrix}1&-2&1&5&3\\0&0&1&-13&-1\\0&0&3&-39&-3\end{pmatrix}$$

$$\xrightarrow{r_3-3r_2}\begin{pmatrix}1&-2&1&5&3\\0&0&1&-13&-1\\0&0&0&0&0\end{pmatrix}=\boldsymbol{B}$$

所以 $R(\boldsymbol{A})=R(\boldsymbol{B})=2$.

例 2.7　求例 2.6 中转置矩阵 $\boldsymbol{A}^{\mathrm{T}}$ 的秩.

解

$$A^{\mathrm{T}}=\begin{pmatrix}2&1&1\\-4&-2&-2\\3&1&4\\-3&5&-34\\5&3&0\end{pmatrix}\xrightarrow{\frac{1}{2}r_1}\begin{pmatrix}1&\frac{1}{2}&\frac{1}{2}\\-4&-2&-2\\3&1&4\\-3&5&-34\\5&3&0\end{pmatrix}\xrightarrow[r_5-5r_1]{\substack{r_2+4r_1\\r_4+r_3}}\begin{pmatrix}1&\frac{1}{2}&\frac{1}{2}\\0&0&0\\3&1&4\\0&6&-30\\0&\frac{1}{2}&-\frac{5}{2}\end{pmatrix}$$

$$\xrightarrow{r_3-3r_1}\begin{pmatrix}1&\frac{1}{2}&\frac{1}{2}\\0&0&0\\0&-\frac{1}{2}&\frac{5}{2}\\0&6&-30\\0&\frac{1}{2}&-\frac{5}{2}\end{pmatrix}\xrightarrow[r_5+r_3]{r_4+12r_3}\begin{pmatrix}1&\frac{1}{2}&\frac{1}{2}\\0&0&0\\0&-\frac{1}{2}&\frac{5}{2}\\0&0&0\\0&0&0\end{pmatrix}\xrightarrow{r_2\leftrightarrow r_3}\begin{pmatrix}1&\frac{1}{2}&\frac{1}{2}\\0&-\frac{1}{2}&\frac{5}{2}\\0&0&0\\0&0&0\\0&0&0\end{pmatrix}$$

所以 $R(A^{\mathrm{T}})=2$.

由例 2.6 和例 2.7 的结果可知：一个矩阵和它的转置矩阵具有相同的秩.

五、逆矩阵

我们知道，当 $m=n$ 时，矩阵 $A=(a_{ij})_{n\times n}$ 称为方阵．方阵除了具有一般矩阵的运算外，它还有特殊运算．一般的矩阵乘法是不满足交换律的，那么特殊情况下矩阵乘法是否满足交换律呢？回答是肯定的.

定义 2.9 对于 n 阶方阵 A，如果存在另一个 n 阶方阵 B，使

$$AB=BA=E$$

则称矩阵 A 可逆，B 为 A 的逆矩阵（简称逆阵），记作 $B=A^{-1}$.

显然，若 B 是 A 的逆矩阵，那么 A 也是 B 的逆矩阵，即 A 与 B 互为逆矩阵.

例 2.8 已知 $A=\begin{pmatrix}1&2&3\\2&1&2\\1&3&4\end{pmatrix}$，$B=\begin{pmatrix}-2&1&1\\-6&1&4\\5&-1&-3\end{pmatrix}$，验证 $B=A^{-1}$.

证明 由

$$AB=\begin{pmatrix}1&2&3\\2&1&2\\1&3&4\end{pmatrix}\begin{pmatrix}-2&1&1\\-6&1&4\\5&-1&-3\end{pmatrix}=\begin{pmatrix}1&0&0\\0&1&0\\0&0&1\end{pmatrix}=E$$

$$BA=\begin{pmatrix}-2&1&1\\-6&1&4\\5&-1&-3\end{pmatrix}\begin{pmatrix}1&2&3\\2&1&2\\1&3&4\end{pmatrix}=\begin{pmatrix}1&0&0\\0&1&0\\0&0&1\end{pmatrix}=E$$

可知 $AB=BA=E$，故 $B=A^{-1}$.

那么，是否所有的方阵都有逆矩阵呢？回答是否定的．对于方阵我们有如下结论：n 阶方阵的秩为 n 时必可逆，且逆矩阵是唯一的.

例 2.9　判断方阵 $\boldsymbol{A}=\begin{pmatrix}5&2&1\\4&1&8\\5&2&3\end{pmatrix}$ 是否有逆矩阵.

解　$$\boldsymbol{A}=\begin{pmatrix}5&2&1\\4&1&8\\5&2&3\end{pmatrix}\xrightarrow{r_3-r_1}\begin{pmatrix}5&2&1\\4&1&8\\0&0&2\end{pmatrix}\xrightarrow{r_1-r_2}\begin{pmatrix}1&1&-7\\4&1&8\\0&0&2\end{pmatrix}\xrightarrow{r_2-4r_1}\begin{pmatrix}1&1&-7\\0&-3&36\\0&0&2\end{pmatrix}$$

此为阶梯矩阵，故 $R(A)=3=n$，亦即此矩阵有逆矩阵.

如何求逆矩阵呢？下面我们用宽矩阵的方法来解决此问题：将一可逆矩阵右旁附带一同阶单位方阵，对此宽阵只实施初等行变换，将此矩阵变换为单位矩阵的同时右旁的单位矩阵即变换为原矩阵的逆矩阵，即 $(\boldsymbol{AE})\xrightarrow{\text{初等行变换}}(\boldsymbol{EA}^{-1})$.

例 2.10　求例 2.9 中矩阵的逆矩阵.

解　$$(\boldsymbol{A},\boldsymbol{E})=\left(\begin{array}{ccc|ccc}5&2&1&1&0&0\\4&1&8&0&1&0\\5&2&3&0&0&1\end{array}\right)\xrightarrow{r_3-r_1}\left(\begin{array}{ccc|ccc}5&2&1&1&0&0\\4&1&8&0&1&0\\0&0&2&-1&0&1\end{array}\right)$$

$$\xrightarrow{r_1-r_2}\left(\begin{array}{ccc|ccc}1&1&-7&1&-1&0\\4&1&8&0&1&0\\0&0&2&-1&0&1\end{array}\right)\xrightarrow{r_2-4r_1}\left(\begin{array}{ccc|ccc}1&1&-7&1&-1&0\\0&-3&36&-4&5&0\\0&0&2&-1&0&1\end{array}\right)$$

$$\xrightarrow[\frac{1}{2}r_3]{-\frac{1}{3}r_2}\left(\begin{array}{ccc|ccc}1&1&-7&1&-1&0\\0&1&-12&\frac{4}{3}&-\frac{5}{3}&0\\0&0&1&-\frac{1}{2}&0&\frac{1}{2}\end{array}\right)\xrightarrow{r_1-r_2}\left(\begin{array}{ccc|ccc}1&0&5&-\frac{1}{3}&\frac{2}{3}&0\\0&1&-12&\frac{4}{3}&-\frac{5}{3}&0\\0&0&1&-\frac{1}{2}&0&\frac{1}{2}\end{array}\right)$$

$$\xrightarrow[r_2+12r_3]{r_1-5r_3}\left(\begin{array}{ccc|ccc}1&0&0&\frac{13}{6}&\frac{2}{3}&-\frac{5}{2}\\0&1&0&-\frac{14}{3}&-\frac{5}{3}&6\\0&0&1&-\frac{1}{2}&0&\frac{1}{2}\end{array}\right)$$

所以

$$\boldsymbol{A}^{-1}=\begin{pmatrix}\frac{13}{6}&\frac{2}{3}&-\frac{5}{2}\\-\frac{14}{3}&-\frac{5}{3}&6\\-\frac{1}{2}&0&\frac{1}{2}\end{pmatrix}$$

例 2.11　已知矩阵方程 $\begin{pmatrix}1&-2\\3&-7\end{pmatrix}\boldsymbol{X}=\begin{pmatrix}3\\1\end{pmatrix}$，求矩阵 $\boldsymbol{X}$.

解 易得

$$\begin{pmatrix}1 & -2\\3 & -7\end{pmatrix}^{-1}=\begin{pmatrix}7 & -2\\3 & -1\end{pmatrix}$$

故方程两边同时左乘$\begin{pmatrix}1 & -2\\3 & -7\end{pmatrix}^{-1}$，得到

$$\begin{pmatrix}1 & -2\\3 & -7\end{pmatrix}^{-1}\begin{pmatrix}1 & -2\\3 & -7\end{pmatrix}\boldsymbol{X}=\begin{pmatrix}1 & -2\\3 & -7\end{pmatrix}^{-1}\begin{pmatrix}3\\1\end{pmatrix}\text{（注意：}\boldsymbol{EX}=\boldsymbol{XE}=\boldsymbol{X}\text{）}$$

所以

$$\boldsymbol{X}=\begin{pmatrix}1 & -2\\3 & -7\end{pmatrix}^{-1}\begin{pmatrix}3\\1\end{pmatrix}=\begin{pmatrix}7 & -2\\3 & -1\end{pmatrix}\begin{pmatrix}3\\1\end{pmatrix}=\begin{pmatrix}19\\8\end{pmatrix}$$

习题 8.2

基础练习

1. 选择题.

（1）若 $\boldsymbol{A}=\begin{bmatrix}3 & 1 & -2\\1 & 5 & 2\end{bmatrix}$，$\boldsymbol{B}=\begin{bmatrix}4 & 1\\-2 & 3\\2 & 1\end{bmatrix}$，$\boldsymbol{C}=\begin{bmatrix}0 & 2 & -1\\3 & -1 & 2\end{bmatrix}$，则下列矩阵运算的结果为 3×2 的矩阵是（ ）.

A. $\boldsymbol{ABC}$　　B. $\boldsymbol{AC}^{\mathrm{T}}\boldsymbol{B}^{\mathrm{T}}$　　C. $\boldsymbol{CBA}$　　D. $\boldsymbol{C}^{\mathrm{T}}\boldsymbol{B}^{\mathrm{T}}\boldsymbol{A}^{\mathrm{T}}$

（2）设 $\boldsymbol{A}$ 为 2 阶矩阵，若$|3\boldsymbol{A}|=3$，则$|2\boldsymbol{A}|=$（ ）.

A. $\dfrac{1}{2}$　　B. 1　　C. $\dfrac{4}{3}$　　D. 2

（3）设 $\boldsymbol{A}$、$\boldsymbol{B}$ 都是 n 阶方阵，且$|\boldsymbol{A}|=3$，$|\boldsymbol{B}|=-1$，则$|\boldsymbol{A}^{\mathrm{T}}\boldsymbol{B}^{-1}|=$（ ）.

A. -3　　B. $-\dfrac{1}{3}$　　C. $\dfrac{1}{3}$　　D. 3

（4）设 $\boldsymbol{A}, \boldsymbol{B}, \boldsymbol{C}$ 为同阶方阵，下面矩阵的运算中不成立的是（ ）.

A. $(\boldsymbol{A}+\boldsymbol{B})^{\mathrm{T}}=\boldsymbol{A}^{\mathrm{T}}+\boldsymbol{B}^{\mathrm{T}}$　　B. $|\boldsymbol{AB}|=|\boldsymbol{A}||\boldsymbol{B}|$

C. $\boldsymbol{A}(\boldsymbol{B}+\boldsymbol{C})=\boldsymbol{BA}+\boldsymbol{CA}$　　D. $(\boldsymbol{AB})^{\mathrm{T}}=\boldsymbol{B}^{\mathrm{T}}\boldsymbol{A}^{\mathrm{T}}$

2. 填空题.

（1）设 $\boldsymbol{A}=(1, 3, -1)$，$\boldsymbol{B}=(2, 1)$，则 $\boldsymbol{A}^{\mathrm{T}}\boldsymbol{B}=$________.

（2）两个矩阵 $\boldsymbol{A}_{m\times l}$ 与 $\boldsymbol{B}_{k\times n}$ 相乘要求 l ________ k.

（3）已知矩阵方程 $\boldsymbol{XA}=\boldsymbol{B}$，其中 $\boldsymbol{A}=\begin{pmatrix}1 & 0\\2 & 1\end{pmatrix}$，$\boldsymbol{B}=\begin{pmatrix}1 & -1\\1 & 0\end{pmatrix}$，则 $\boldsymbol{X}=$________.

提高练习

3. 设 $\boldsymbol{A}=\begin{pmatrix}2&4&1\\0&3&5\end{pmatrix}$，$\boldsymbol{B}=\begin{pmatrix}-1&3&1\\2&0&5\end{pmatrix}$，$\boldsymbol{C}=\begin{pmatrix}0&1&2\\-3&-1&3\end{pmatrix}$，求 $3\boldsymbol{A}-2\boldsymbol{B}+\boldsymbol{C}$.

4. 计算下列矩阵：

（1）$\begin{pmatrix}2\\1\\3\end{pmatrix}(1\quad 3\quad 2)$；　　（2）$\begin{pmatrix}1&0&0\\0&1&0\\0&0&1\end{pmatrix}\begin{pmatrix}2&1\\4&3\\7&9\end{pmatrix}$.

5. 求下列矩阵的秩.

（1）$\begin{pmatrix}3&1&0&2\\1&-1&2&-1\\1&3&-4&4\end{pmatrix}$；　　（2）$\begin{pmatrix}1&1&2&2&1\\0&2&1&5&-1\\2&0&3&-1&3\\1&1&0&4&-1\end{pmatrix}$.

6. 求下列矩阵的逆矩阵.

（1）$\begin{pmatrix}2&0\\0&3\end{pmatrix}$；　　（2）$\begin{pmatrix}1&2&3\\1&1&1\\3&1&1\end{pmatrix}$.

拓展练习

7. 解下列矩阵方程.

（1）$\begin{pmatrix}2&5\\1&3\end{pmatrix}\boldsymbol{X}=\begin{pmatrix}4&-6\\2&1\end{pmatrix}$；　　（2）$\begin{pmatrix}1&1&-1\\0&2&2\\1&-1&0\end{pmatrix}\boldsymbol{X}=\begin{pmatrix}1&-1&1\\1&1&0\\2&1&4\end{pmatrix}$.

第三节　线性方程组

一、线性方程组的基本概念和定理

所谓一般线性方程组是指形式为

$$\begin{cases}a_{11}x_1+a_{12}x_2+\cdots+a_{1n}x_n=b_1\\a_{21}x_1+a_{22}x_2+\cdots+a_{2n}x_n=b_2\\\cdots\cdots\cdots\cdots\\a_{s1}x_1+a_{s2}x_2+\cdots+a_{sn}x_n=b_s\end{cases}\tag{1}$$

的方程组，其中 $x_1,x_2,\cdots,x_n$ 代表 n 个未知量，s 是方程的个数，$a_{ij}(i=1,2,\cdots,s;\ j=1,2,\cdots,n)$ 称为线性方程组的系数，$b_j(j=1,2,\cdots,s)$ 称为常数项. 方程组中未知量的个数 n 与方程的个数 s 不一定相等. 系数 a_{ij} 的第一个指标 i 表示它在第 i 个方程，第二个指标 j 表示它是 x_j 的系数.

方程组（1）可写成矩阵的形式：

$$\boldsymbol{Ax}=\boldsymbol{b}$$

式中矩阵 $\boldsymbol{A}$ 是方程组的系数矩阵，矩阵 $\overline{\boldsymbol{A}}=[\boldsymbol{Ab}]$ 称为方程组的增广矩阵.

我们在第一节学习了当方程组的系数矩阵 $\boldsymbol{A}$ 为方阵时的情形，下面就来介绍如何解一般线性方程组.

定理 3.1（线性方程组有解判别定理） 已知线性方程组（1）的系数矩阵 $\boldsymbol{A}=\begin{pmatrix} a_{11} & a_{12} & \cdots & a_{1n} \\ a_{21} & a_{22} & \cdots & a_{2n} \\ \vdots & \vdots & & \vdots \\ a_{s1} & a_{s2} & \cdots & a_{sn} \end{pmatrix}$ 与增广矩阵 $\overline{\boldsymbol{A}}=\begin{pmatrix} a_{11} & a_{12} & \cdots & a_{1n} & b_1 \\ a_{21} & a_{22} & \cdots & a_{2n} & b_2 \\ \vdots & \vdots & & \vdots & \vdots \\ a_{s1} & a_{s2} & \cdots & a_{sn} & b_s \end{pmatrix}$ 的秩分别为 $R(\boldsymbol{A})$ 和 $R(\overline{\boldsymbol{A}})$，则

（1）当 $R(\boldsymbol{A})=R(\overline{\boldsymbol{A}})=r$ 时，方程组有解，此时也称方程组是相容的，且当 $r=n$ 时，方程组有唯一解；当 $r<n$ 时，方程组有无数组解.

（2）当 $R(\boldsymbol{A})\neq R(\overline{\boldsymbol{A}})$ 时，方程组无解，此时也称方程组是不相容的.

例 3.1 当 λ 取何值时，方程组

$$\begin{cases} x_1+2x_2+\lambda x_3=2 \\ 2x_1+\dfrac{4}{3}\lambda x_2+6x_3=4 \\ \lambda x_1+6x_2+9x_3=6 \end{cases}$$

（1）无解？（2）有唯一解？（3）有无穷多解？

解 将增广矩阵化为上阶梯形

$$\overline{\boldsymbol{A}}=\left(\begin{array}{ccc|c} 1 & 2 & \lambda & 2 \\ 2 & \frac{4}{3}\lambda & 6 & 4 \\ \lambda & 6 & 9 & 6 \end{array}\right)\longrightarrow\left(\begin{array}{ccc|c} 1 & 2 & \lambda & 2 \\ 0 & \frac{4}{3}\lambda-4 & 6-2\lambda & 0 \\ 0 & 6-2\lambda & 9-\lambda^2 & 6-2\lambda \end{array}\right)$$

$$\longrightarrow\left(\begin{array}{ccc|c} 1 & 2 & \lambda & 2 \\ 0 & \frac{4}{3}\lambda-4 & 6-2\lambda & 0 \\ 0 & 0 & (\lambda+6)(3-\lambda) & 2(3-\lambda) \end{array}\right)$$

由定理 3.1 可得出如下结论：

（1）当 $\lambda=-6$ 时，$R(\boldsymbol{A})<R(\overline{\boldsymbol{A}})$，故方程组无解.

（2）当 $\lambda\neq-6$，$\lambda\neq3$ 时，$R(\boldsymbol{A})=R(\overline{\boldsymbol{A}})=3$，方程组有唯一解.

（3）当 $\lambda=3$ 时，$R(\boldsymbol{A})=R(\overline{\boldsymbol{A}})=1$，有无穷多解.

二、线性方程组解的结构

当方程组（1）的 $b_1=0, b_2=0, \cdots, b_s=0$ 时，我们把方程组

$$\begin{cases} a_{11}x_1 + a_{12}x_2 + \cdots + a_{1n}x_n = 0 \\ a_{21}x_1 + a_{22}x_2 + \cdots + a_{2n}x_n = 0 \\ \cdots\cdots\cdots\cdots \\ a_{s1}x_1 + a_{s2}x_2 + \cdots + a_{sn}x_n = 0 \end{cases} \quad (2)$$

称为齐次线性方程组，否则称方程组为非齐次线性方程组.

对于齐次线性方程组，解的线性组合还是方程组的解. 这个性质说明，如果方程组有几个解，那么这些解的所有可能的线性组合就给出了很多的解. 基于这个事实，我们要问：齐次线性方程组的全部解是否能够通过它的有限的几个解的线性组合给出？

定义 3.1　齐次线性方程组（2）的一组解 $\boldsymbol{\alpha}_1,\boldsymbol{\alpha}_2,\cdots,\boldsymbol{\alpha}_t$ 称为（2）的一个基础解系，如果满足下面的两个条件：

（1）方程组（2）的任一个解 $\boldsymbol{\alpha}$ 都能表示成 $\boldsymbol{\alpha}_1,\boldsymbol{\alpha}_2,\cdots,\boldsymbol{\alpha}_t$ 的线性组合，即存在这样一组数 $k_1,k_2,\cdots,k_t$，使得 $\boldsymbol{\alpha}=k_1\boldsymbol{\alpha}_1+k_2\boldsymbol{\alpha}_2+\cdots+k_t\boldsymbol{\alpha}_t$.

（2）$t=n-r$，其中 r 为方程组（2）的系数矩阵的秩，n 为方程组（2）中未知数的个数.

我们把基础解系 $\boldsymbol{\alpha}_1,\boldsymbol{\alpha}_2,\cdots,\boldsymbol{\alpha}_t$ 的线性组合 $\boldsymbol{\alpha}=k_1\boldsymbol{\alpha}_1+k_2\boldsymbol{\alpha}_2+\cdots+k_t\boldsymbol{\alpha}_t$（其中 $k_1,k_2,\cdots,k_t$ 为任意常数）称为方程组的通解. 那么，如何去求方程组（2）的通解呢？由上面的讨论我们知道，要求通解，最重要的就是确定方程组（2）的基础解系. 下面就通过例题来说明如何去求基础解系.

例 3.2　求齐次线性方程组

$$\begin{cases} x_1 - x_2 + 5x_3 - x_4 = 0 \\ x_1 + x_2 - 2x_3 + 3x_4 = 0 \\ 3x_1 - x_2 + 8x_3 + x_4 = 0 \\ x_1 + 3x_2 - 9x_3 + 7x_4 = 0 \end{cases}$$

的一个基础解系和通解.

解　先用行初等变换将方程组的系数矩阵变为最简阶梯形矩阵.

$$\begin{pmatrix} 1 & -1 & 5 & -1 \\ 1 & 1 & -2 & 3 \\ 3 & -1 & 8 & 1 \\ 1 & 3 & -9 & 7 \end{pmatrix} \longrightarrow \begin{pmatrix} 1 & -1 & 5 & -1 \\ 0 & 2 & -7 & 4 \\ 0 & 2 & -7 & 4 \\ 0 & 4 & -14 & 8 \end{pmatrix} \longrightarrow \begin{pmatrix} 1 & -1 & 5 & -1 \\ 0 & 2 & -7 & 4 \\ 0 & 0 & 0 & 0 \\ 0 & 0 & 0 & 0 \end{pmatrix}$$

$$\longrightarrow \begin{pmatrix} 1 & -1 & 5 & -1 \\ 0 & 1 & -\frac{7}{2} & 2 \\ 0 & 0 & 0 & 0 \\ 0 & 0 & 0 & 0 \end{pmatrix} \longrightarrow \begin{pmatrix} 1 & 0 & \frac{3}{2} & 1 \\ 0 & 1 & -\frac{7}{2} & 2 \\ 0 & 0 & 0 & 0 \\ 0 & 0 & 0 & 0 \end{pmatrix}$$

然后将它还原成方程组的形式（可以通过严格的理论推导得出，它与原方程组同解）：

$$\begin{cases} x_1 = -\frac{3}{2}x_3 - x_4 \\ x_2 = \frac{7}{2}x_3 - 2x_4 \end{cases}$$

并将该方程组整理成如下形式：

$$\begin{cases} x_1=-\dfrac{3}{2}x_3-x_4 \\ x_2=\dfrac{7}{2}x_3-2x_4 \\ x_3=1x_3+0x_4 \\ x_4=0x_3+1x_4 \end{cases} \Rightarrow \begin{pmatrix} x_1 \\ x_2 \\ x_3 \\ x_4 \end{pmatrix}=x_3\begin{pmatrix} -\dfrac{3}{2} \\ \dfrac{7}{2} \\ 1 \\ 0 \end{pmatrix}+x_4\begin{pmatrix} -1 \\ -2 \\ 0 \\ 1 \end{pmatrix}$$

列矩阵 $\begin{pmatrix} -\dfrac{3}{2} \\ \dfrac{7}{2} \\ 1 \\ 0 \end{pmatrix}$ 和 $\begin{pmatrix} -1 \\ -2 \\ 0 \\ 1 \end{pmatrix}$ 就是我们所要求的一组基础解系．所以该方程组的通解为

$$\begin{pmatrix} x_1 \\ x_2 \\ x_3 \\ x_4 \end{pmatrix}=k_1\begin{pmatrix} -\dfrac{3}{2} \\ \dfrac{7}{2} \\ 1 \\ 0 \end{pmatrix}+k_2\begin{pmatrix} -1 \\ -2 \\ 0 \\ 1 \end{pmatrix}，其中 k_1,k_2\in \mathbf{R}$$

通过上面的例题，我们可以总结出解方程组（2）的步骤：

（1）先用初等行变换将系数矩阵化成最简阶梯形矩阵．

（2）将最简阶梯形矩阵改写成方程组的形式，并整理成列矩阵的形式．

（3）写出基础解系，并写出其通解．

三、非齐次线性方程组的解的结构

定理 3.2 如果 $\boldsymbol{\alpha}_0$ 是非齐次线性方程组（1）的一个特解，那么线性方程组（1）的任意一个解 $\boldsymbol{\gamma}$ 都可以表成 $\boldsymbol{\gamma}=\boldsymbol{\alpha}_0+\boldsymbol{\alpha}$，其中 $\boldsymbol{\alpha}$ 是方程组（1）对应的齐次方程组（2）的一个解．

由定理 3.2 知：要求解方程组（1）的通解 $\boldsymbol{\gamma}$，只要求出其一个特解 $\boldsymbol{\alpha}_0$ 和其对应的方程组（2）的通解 $\boldsymbol{\alpha}$，即 $\boldsymbol{\gamma}=\boldsymbol{\alpha}_0+\boldsymbol{\alpha}$．

我们已经知道如何去求方程组（2）的通解 $\boldsymbol{\alpha}$ 了，那么我们如何去求方程组（1）的特解呢？

下面，我们仍然用例题来加以说明．

例 3.3 求非齐次线性方程组

$$\begin{cases} x_1+2x_2-x_3+2x_4=1 \\ 2x_1+4x_2+x_3+x_4=5 \\ -x_1-2x_2-2x_3+x_4=-4 \end{cases}$$

的通解．

解 先用初等行变换将增广矩阵化成最简阶梯形矩阵．

$$\overline{A}=\begin{pmatrix}1&2&-1&2&1\\2&4&1&1&5\\-1&-2&-2&1&-4\end{pmatrix}\to\begin{pmatrix}1&2&-1&2&1\\0&0&3&-3&3\\0&0&-3&3&-3\end{pmatrix}$$

$$\to\begin{pmatrix}1&2&-1&2&1\\0&0&1&-1&1\\0&0&0&0&0\end{pmatrix}\to\begin{pmatrix}1&2&0&1&2\\0&0&1&-1&1\\0&0&0&0&0\end{pmatrix}$$

由于 $R(\overline{A})=R(A)=2$，所以方程组有解，将上面的最简阶梯形矩阵化成方程组的形式：

$$\begin{cases}x_1=-2x_2-x_4+2\\x_3=x_4+1\end{cases}$$

并将方程组写成如下形式：

$$\begin{cases}x_1=-2x_2-x_4+2\\x_2=1x_2+0x_4+0\\x_3=0x_2+x_4+1\\x_4=0x_2+1x_4+0\end{cases}\Rightarrow\begin{pmatrix}x_1\\x_2\\x_3\\x_4\end{pmatrix}=x_2\begin{pmatrix}-2\\1\\0\\0\end{pmatrix}+x_4\begin{pmatrix}-1\\0\\1\\1\end{pmatrix}+\begin{pmatrix}2\\0\\1\\0\end{pmatrix}$$

列矩阵 $\begin{pmatrix}2\\0\\1\\0\end{pmatrix}$ 就是方程组的一个特解，$\begin{pmatrix}-2\\1\\0\\0\end{pmatrix}$ 和 $\begin{pmatrix}-1\\0\\1\\1\end{pmatrix}$ 就是方程组对应的齐次线性方程组的基础解系. 所以，该方程组的通解为：

$$\begin{pmatrix}x_1\\x_2\\x_3\\x_4\end{pmatrix}=k_1\begin{pmatrix}-2\\1\\0\\0\end{pmatrix}+k_2\begin{pmatrix}-1\\0\\1\\1\end{pmatrix}+\begin{pmatrix}2\\0\\1\\0\end{pmatrix}，其中 k_1,k_2\in\mathbf{R}$$

习题 8.3

基础练习

1. 选择题.

（1）若四阶方阵的秩为 3，则（　　）.

A. $\boldsymbol{A}$ 为可逆阵　　B. 齐次方程组 $\boldsymbol{Ax}=\boldsymbol{0}$ 有非零解

C. 齐次方程组 $\boldsymbol{Ax}=\boldsymbol{0}$ 只有零解　　D. 非齐次方程组 $\boldsymbol{Ax}=\boldsymbol{b}$ 必有解

（2）设 $\boldsymbol{A}$ 为 $m\times n$ 矩阵，则 n 元齐次线性方程组 $\boldsymbol{Ax}=\boldsymbol{0}$ 有非零解的充分必要条件是（　　）.

A. $R(\boldsymbol{A})=n$　　B. $R(\boldsymbol{A})=m$　　C. $R(\boldsymbol{A})<n$　　D. $R(\boldsymbol{A})<m$

2. 填空题.

（1）已知 3 元非齐次线性方程组的增广矩阵为$\begin{pmatrix} 1 & -1 & 2 & 1 \\ 0 & a+1 & 0 & 1 \\ 0 & 0 & a+1 & 0 \end{pmatrix}$，若该方程组无解，则 a 的取值为________.

（2）3 元齐次线性方程组$\begin{cases} x_1 - x_2 = 0 \\ x_2 + x_3 = 0 \end{cases}$的基础解系中所含解向量的个数为________.

提高练习

3. 判断下列方程组是否有解，若有解，并求出其解.

（1）$\begin{cases} x_1 + x_2 + 4x_3 = -5 \\ 2x_1 + x_2 + 2x_3 = -1 \\ 3x_1 - 3x_2 + x_3 = -2 \end{cases}$；　　（2）$\begin{cases} x_1 + x_2 + x_3 + x_4 = 1 \\ x_1 + x_2 - x_3 - x_4 = 1 \\ x_1 - x_2 - x_3 - x_4 = 1 \\ x_1 - x_2 - x_3 + x_4 = 1 \end{cases}$.

4. 求齐次线性方程组$\begin{cases} 3x_1 + x_2 - x_3 = 0 \\ 3x_1 + 2x_2 + 3x_3 = 0 \\ x_2 + 4x_3 = 0 \end{cases}$的一个基础解系和它的通解.

拓展练习

5. 求方程组$\begin{cases} 2x_1 + x_2 - x_3 + x_4 = 1 \\ 4x_1 + 2x_2 - 2x_3 + x_4 = 2 \\ 2x_1 + x_2 - x_3 - x_4 = 1 \end{cases}$的通解.

*第四节　矩阵在图形变换中的应用

几何图形变换是计算机辅助图形设计中的最基本技术，有着很广泛的应用. 为了把二维、三维以及更高维度空间中的一个点集从一个坐标系变到另一个坐标系，要利用空间中点的齐次坐标表示. 所谓齐次坐标表示法就是将一个原本是 n 维的向量用一个 $n+1$ 维向量来表示.

例如：二维坐标点 $P(x, y)$ 的齐次坐标为: (hx, hy, h)，其中 h 是任一不为 0 的比例系数.通常为方便起见,我们取 h=1.

如果用 $\boldsymbol{P} = [x \quad y \quad 1]$表示 XY 平面上一个未被变换的点，用 $\boldsymbol{P}' = [x' \ \ y' \ \ 1]$表示 P 点经某种变换后的新点，用一个 3×3 矩阵 $\boldsymbol{T}$ 表示变换矩阵：

$$\boldsymbol{T} = \begin{bmatrix} a & b & c \\ d & e & f \\ g & h & i \end{bmatrix}$$

则图形变换可以统一表示为：

$$\boldsymbol{P}' = \boldsymbol{P} \times \boldsymbol{T}$$

一、常见的几种二维几何变换矩阵

1. 平移变换

平移是一种不产生变形而移动物体的刚体变换.

如图 8.2，假定从点 P 平移到点 P'，点 P 沿 X 方向的平移量为 m，沿 Y 方向的平移量为 n，则

$$\begin{cases} x' = x + m \\ y' = y + n \end{cases}$$

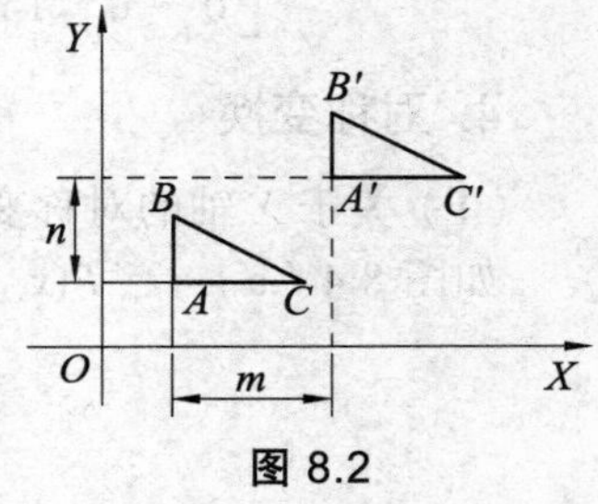

图 8.2

用齐次坐标可以表示为：

$$(x', y', 1) = (x, y, 1)\begin{bmatrix} 1 & 0 & 0 \\ 0 & 1 & 0 \\ m & n & 1 \end{bmatrix}$$

其中 $\boldsymbol{T} = \begin{bmatrix} 1 & 0 & 0 \\ 0 & 1 & 0 \\ m & n & 1 \end{bmatrix}$ 称为平移矩阵.

2. 旋转变换

基本的旋转变换是指将图形围绕圆心逆时针转动一个 θ 角度的变换.

假定从 P 点绕原点逆时针旋转 θ 角到 P' 点，则

$$\begin{cases} x' = x\cos\theta - y\sin\theta \\ y' = y\cos\theta + x\sin\theta \end{cases}$$

用齐次坐标可以表示为：

$$(x', y', 1) = (x, y, 1)\begin{bmatrix} \cos\theta & \sin\theta & 0 \\ -\sin\theta & \cos\theta & 0 \\ 0 & 0 & 1 \end{bmatrix}$$

其中 $\boldsymbol{R}(\theta) = \begin{bmatrix} \cos\theta & \sin\theta & 0 \\ -\sin\theta & \cos\theta & 0 \\ 0 & 0 & 1 \end{bmatrix}$ 为旋转距阵.

3. 比例变换

基本的比例变换是指图形相对于坐标原点，按比例系数(S_x, S_y)放大或缩小的变换.

如图 8.3，假定点 P 相对于坐标原点沿 X 方向放缩 S_x 倍，沿 Y 方向放缩 S_y 倍：

$$\begin{cases} x' = x \cdot S_x \\ y' = y \cdot S_y \end{cases}$$

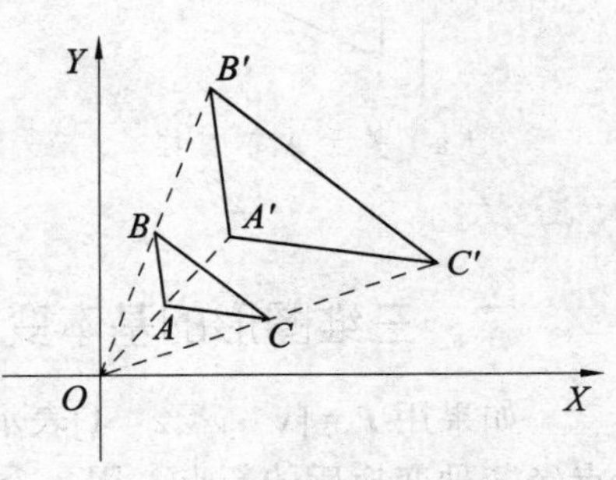

图 8.3

用齐次坐标表示为：

$$(x', y', 1) = (x, y, 1)\begin{bmatrix} S_x & 0 & 0 \\ 0 & S_y & 0 \\ 0 & 0 & 1 \end{bmatrix}$$

其中 $S(S_x, S_y) = \begin{bmatrix} S_x & 0 & 0 \\ 0 & S_y & 0 \\ 0 & 0 & 1 \end{bmatrix}$ 为变比矩阵.

4. 对称变换

（1）关于 X 轴的对称变换.

如图 8.4（a），点 $P(x, y)$ 关于 X 轴的对称点为 $P'(x, -y)$，构造对称矩阵 $\boldsymbol{T}$:

$$\boldsymbol{T} = \begin{bmatrix} 1 & 0 & 0 \\ 0 & -1 & 0 \\ 0 & 0 & 1 \end{bmatrix}$$

（2）关于 Y 轴的对称变换.

如图 8.4（b），点 $P(x,y)$ 关于 Y 轴的对称点为 $P'(-x, y)$，构造对称矩阵 $\boldsymbol{T}$:

$$\boldsymbol{T} = \begin{bmatrix} -1 & 0 & 0 \\ 0 & 1 & 0 \\ 0 & 0 & 1 \end{bmatrix}$$

（3）关于坐标原点的对称变换.

如图 8.4（c），点 $P(x,y)$ 关于坐标原点的对称点为 $P'(-x, -y)$，构造对称矩阵 $\boldsymbol{T}$:

$$\boldsymbol{T} = \begin{bmatrix} -1 & 0 & 0 \\ 0 & -1 & 0 \\ 0 & 0 & 1 \end{bmatrix}$$

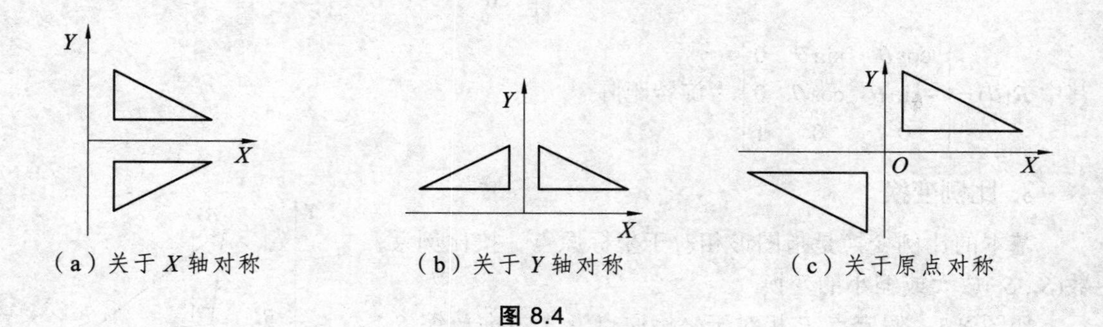

（a）关于 X 轴对称　（b）关于 Y 轴对称　（c）关于原点对称

图 8.4

二、三维图形的基本变换矩阵

如果用 $\boldsymbol{P} = [x \quad y \quad z \quad 1]$ 表示三维空间上一个未被变换的点，用 $\boldsymbol{P}' = [x' \quad y' \quad z' \quad 1]$ 表示 P 点经某种变换后的新点，用一个 4*4 矩阵 $\boldsymbol{T}$ 表示变换矩阵：

$$\boldsymbol{T}=\begin{bmatrix} a & b & c & p \\ d & e & f & q \\ g & h & i & r \\ l & m & n & s \end{bmatrix}$$

则图形变换可以统一表示为：

$$\boldsymbol{P}'=\boldsymbol{P}\cdot\boldsymbol{T}$$

1. 平移变换

假定从点 P 平移到点 P'，点 P 沿 X 方向的平移量为 l，点 P 沿 Y 方向的平移量为 m，沿 Z 方向的平移量为 n，可构造平移矩阵 $\boldsymbol{T}$：

$$\boldsymbol{T}(l,m,n)=\begin{bmatrix} 1 & 0 & 0 & 0 \\ 0 & 1 & 0 & 0 \\ 0 & 0 & 1 & 0 \\ l & m & n & 1 \end{bmatrix}$$

2. 变比变换

假定点 P 相对于坐标原点沿 X 方向放缩 S_x 倍，沿 Y 方向放缩 S_y 倍，沿 Z 方向放缩 S_z 倍，其中 S_x, S_y 和 S_z 称为比例系数，可构造比例矩阵：

$$S(S_x,S_y,S_z)=\begin{bmatrix} S_x & 0 & 0 & 0 \\ 0 & S_y & 0 & 0 \\ 0 & 0 & S_z & 0 \\ 0 & 0 & 0 & 1 \end{bmatrix}$$

3. 旋转变换

下面讨论的三种基本旋转变换，都是考虑在右手坐标系下，某点绕坐标轴逆时针旋转 θ 角的情况.

（1）绕 Z 轴旋转.

构造旋转矩阵：

$$\boldsymbol{R}_z(\theta)=\begin{bmatrix} \cos\theta & \sin\theta & 0 & 0 \\ -\sin\theta & \cos\theta & 0 & 0 \\ 0 & 0 & 1 & 0 \\ 0 & 0 & 0 & 1 \end{bmatrix}$$

（2）绕 X 轴旋转.

构造旋转矩阵 $\boldsymbol{T}$：

$$\boldsymbol{R}_x(\theta)=\begin{bmatrix} 1 & 0 & 0 & 0 \\ 0 & \cos\theta & \sin\theta & 0 \\ 0 & -\sin\theta & \cos\theta & 0 \\ 0 & 0 & 0 & 1 \end{bmatrix}$$

（3）绕 Y 轴旋转.

构造旋转矩阵 $\boldsymbol{T}$:

$$\boldsymbol{R}_y(\theta)=\begin{bmatrix}\cos\theta & 0 & -\sin\theta & 0\\ 0 & 1 & 0 & 0\\ \sin\theta & 0 & \cos\theta & 0\\ 0 & 0 & 0 & 1\end{bmatrix}$$

对于任何一个比较复杂的变换，都可以转换成若干个连续进行的基本变换. 这些基本几何变换的组合称为复合变换，也称为级联变换.设图形经过 n 次基本几何变换，其变换矩阵分别为 $\boldsymbol{T}_1, \boldsymbol{T}_2, \cdots, \boldsymbol{T}_n$，则称 $\boldsymbol{T}=\boldsymbol{T}_1\cdot\boldsymbol{T}_2\cdot\cdots\cdot\boldsymbol{T}_n$ 为复合变换矩阵.

例 4.1　试制作一个三角形沿一个圆周旋转的动画，要求旋转过程中三角形与圆的相对位置关系不变.

解　以圆周的圆心为原点，建立坐标系. 假设三角形的顶点坐标为(1,0), (1,1.5), (2.5,0), 则相应的齐次坐标为

$$(1,0,1)\quad (1,1.5,1)\quad (2.5,0,1)$$

设旋转角度为 θ，即相当于乘以齐次变换矩阵

$$\boldsymbol{R}(\theta)=\begin{bmatrix}\cos\theta & \sin\theta & 0\\ -\sin\theta & \cos\theta & 0\\ 0 & 0 & 1\end{bmatrix}$$

旋转过程中三角形与圆的相对位置关系不变，即要求三角形上的每个点都要旋转. 由于没变形，只要对三角形的各顶点旋转相应角度再连线就行了. 读者可以用编程语言来实现.

复习题八

一、选择题

1. 已知行列式$\begin{vmatrix}1 & 2 & 5\\1 & 3 & -2\\2 & 5 & a\end{vmatrix}=0$，则数$a=$（　　）.

A. -3　　B. -2　　C. 2　　D. 3

2. 设行列式$\begin{vmatrix}x & y & z\\4 & 0 & 3\\1 & 1 & 1\end{vmatrix}=1$，则行列式$\begin{vmatrix}2x & 2y & 2z\\\frac{4}{3} & 0 & 1\\1 & 1 & 1\end{vmatrix}=$（　　）.

A. $\frac{2}{3}$　　B. 1　　C. 2　　D. $\frac{8}{3}$

3. 行列式$\begin{vmatrix}0 & 1 & -1 & 1\\-1 & 0 & 1 & -1\\1 & -1 & 0 & 1\\-1 & 1 & -1 & 0\end{vmatrix}$第 2 行第 1 列元素的代数余子式$A_{21}=$（　　）.

A. -2　　B. -1　　C. 1　　D. 2

4. 设$\boldsymbol{A}$是4×6矩阵，$R(\boldsymbol{A})=2$，则齐次线性方程组$\boldsymbol{Ax}=\boldsymbol{0}$的基础解系中所含向量的个数是（　　）.

A. 1　　B. 2　　C. 3　　D. 4

二、填空题

1. 若$\begin{vmatrix}2 & 1 & 0\\1 & 3 & 1\\k & 2 & 1\end{vmatrix}=0$，则$k=$________.

2. 行列式$\begin{vmatrix}1 & 2 & 3\\4 & 5 & 9\\6 & 7 & 13\end{vmatrix}=$________.

3. 已知行列式$\begin{vmatrix}a_1+b_1 & a_1-b_1\\a_2+b_2 & a_2-b_2\end{vmatrix}=-4$，则$\begin{vmatrix}a_1 & b_1\\a_2 & b_2\end{vmatrix}=$________.

4. 设$\boldsymbol{\alpha}_1,\boldsymbol{\alpha}_2$是非齐次线性方程组$\boldsymbol{Ax}=\boldsymbol{b}$的解，则$\boldsymbol{A}(5\boldsymbol{\alpha}_2-4\boldsymbol{\alpha}_1)=$________.

5. 设$\boldsymbol{\alpha}=(1,1,-1)$，$\boldsymbol{\beta}=(-2,1,0)$，$\boldsymbol{\gamma}=(-1,-2,1)$，则$3\boldsymbol{\alpha}-\boldsymbol{\beta}+5\boldsymbol{\gamma}=$________.

6. 设齐次线性方程组$\boldsymbol{Ax}=\boldsymbol{0}$有解$\boldsymbol{\xi}$，而非齐次线性方程组$\boldsymbol{Ax}=\boldsymbol{b}$有解$\boldsymbol{\eta}$，则$\boldsymbol{\xi}+\boldsymbol{\eta}$是方程组________的解.

三、计算题

1. 计算下列二阶行列式.

（1）$\begin{vmatrix} 5 & 4 \\ 3 & 2 \end{vmatrix}$； （2）$\begin{vmatrix} 3 & 6 \\ -1 & 2 \end{vmatrix}$；

（3）$\begin{vmatrix} \cos x & -\sin x \\ \sin x & \cos x \end{vmatrix}$； （4）$\begin{vmatrix} x-1 & x^3 \\ 1 & x^2+x+1 \end{vmatrix}$.

2. 计算下列行列式.

（1）$\begin{vmatrix} 2 & 1 & 3 \\ 3 & -2 & -1 \\ 1 & 4 & 3 \end{vmatrix}$； （2）$\begin{vmatrix} x_1 & x_2 & 0 \\ y_1 & y_2 & 0 \\ 0 & 0 & z \end{vmatrix}$；

（3）$\begin{vmatrix} 4 & 3 & 2 & 1 \\ 3 & 2 & 1 & 4 \\ 2 & 1 & 4 & 3 \\ 1 & 4 & 3 & 2 \end{vmatrix}$； （4）$\begin{vmatrix} -1 & 2 & -3 & 1 \\ 2 & 0 & 0 & -1 \\ 2 & 3 & 0 & 2 \\ 3 & 1 & 5 & 1 \end{vmatrix}$；

（5）$\begin{vmatrix} 1 & -1 & 8 & -2 \\ 2 & 1 & -2 & 2 \\ 5 & 1 & 1 & -3 \\ -3 & 0 & 4 & 5 \end{vmatrix}$.

3. 用行列式的性质证明.

（1）$\begin{vmatrix} a^2 & ab & b^2 \\ 2a & a+b & 2b \\ 1 & 1 & 1 \end{vmatrix} = (a-b)^3$；

（2）$\begin{vmatrix} a_1+b_1 & b_1+c_1 & c_1+a_1 \\ a_2+b_2 & b_2+c_2 & c_2+a_2 \\ a_3+b_3 & b_3+c_3 & c_3+a_3 \end{vmatrix} = 2\begin{vmatrix} a_1 & b_1 & c_1 \\ a_2 & b_2 & c_2 \\ a_3 & b_3 & c_3 \end{vmatrix}$.

4. 试求下列方程的根.

（1）$\begin{vmatrix} \lambda-6 & 5 & 3 \\ -3 & \lambda+2 & 2 \\ -2 & 2 & \lambda \end{vmatrix} = 0$； （2）$\begin{vmatrix} 1 & 1 & 2 & 3 \\ 1 & 2-x^2 & 2 & 3 \\ 2 & 3 & 1 & 5 \\ 2 & 3 & 1 & 9-x^2 \end{vmatrix} = 0$.

5. 计算下列行列式.

（1）$\begin{vmatrix} 3 & -7 & 2 & 4 \\ -2 & 5 & 1 & -3 \\ 1 & -3 & -1 & 2 \\ 4 & -6 & 3 & 8 \end{vmatrix}$； （2）$\begin{vmatrix} -ab & ac & ae \\ bd & -cd & de \\ bf & cf & -ef \end{vmatrix}$.

6. 解下列方程组.

（1）$\begin{cases} 5x_1+2x_2+3x_3=-2 \\ 2x_1-2x_2+5x_3=0 \\ 3x_1+4x_2+2x_3=-10 \end{cases}$； （2）$\begin{cases} 2x_1-x_2-x_3=4 \\ 3x_1+4x_2-2x_3=11 \\ 3x_1-2x_2+4x_3=11 \end{cases}$.

7. 已知 $2\begin{pmatrix} 2 & 1 & -3 \\ 0 & -2 & 1 \end{pmatrix} + 3\boldsymbol{X} - \begin{pmatrix} 1 & -2 & 2 \\ 3 & 0 & -1 \end{pmatrix} = \boldsymbol{O}$，求矩阵 $\boldsymbol{X}$.

8. 计算下列矩阵.

（1）$(2\quad 1\quad 3)\begin{pmatrix}1\\3\\2\end{pmatrix}$；　（2）$\begin{pmatrix}2&1&4&3\\1&-1&3&4\end{pmatrix}\begin{pmatrix}1&3&1\\0&-1&2\\1&-3&1\\0&2&-2\end{pmatrix}$；

（3）$\begin{pmatrix}2\\-1\\3\end{pmatrix}(2\quad -1)\begin{pmatrix}1&-1\\3&-2\end{pmatrix}$.

9. 设 $\boldsymbol{A}=\begin{pmatrix}1&1&1\\-1&1&1\\1&-1&1\end{pmatrix}$，$\boldsymbol{B}=\begin{pmatrix}1&2&1\\1&3&-1\\2&1&2\end{pmatrix}$，求：（1）$\boldsymbol{AB}-3\boldsymbol{B}$；（2）$\boldsymbol{AB}-\boldsymbol{BA}$；（3）$(\boldsymbol{A}-\boldsymbol{B})(\boldsymbol{A}+\boldsymbol{B})$；（4）$\boldsymbol{A}^2-\boldsymbol{B}^2$.

10. 设

$$\boldsymbol{A}=\begin{pmatrix}1&2&-1\\3&-1&2\\0&2&0\end{pmatrix},\quad \boldsymbol{B}=\begin{pmatrix}1&-5&7\\-5&2&3\\7&3&-1\end{pmatrix}$$

试计算行列式 $|2(\boldsymbol{A}-\boldsymbol{B})^{\mathrm{T}}+\boldsymbol{B}|$ 的值.

11. 求矩阵的逆矩阵.

（1）$\boldsymbol{A}=\begin{pmatrix}1&2&-3\\0&1&2\\0&0&1\end{pmatrix}$；　（2）$\boldsymbol{A}=\begin{pmatrix}0&0&1\\0&-2&0\\\frac{1}{3}&0&0\end{pmatrix}$.

12. 解下列矩阵方程.

（1）$\begin{pmatrix}2&5\\1&3\end{pmatrix}\boldsymbol{X}=\begin{pmatrix}4&-6\\2&1\end{pmatrix}$；　（2）$\begin{pmatrix}1&1&-1\\0&2&2\\1&-1&0\end{pmatrix}\boldsymbol{X}=\begin{pmatrix}1&-1&1\\1&1&0\\2&1&4\end{pmatrix}$；

（3）$\begin{pmatrix}0&1&0\\1&0&0\\0&0&1\end{pmatrix}\boldsymbol{X}\begin{pmatrix}1&0&0\\0&0&1\\0&1&0\end{pmatrix}=\begin{pmatrix}1&-4&3\\2&0&-1\\1&-2&0\end{pmatrix}$.

13. 求下列矩阵的秩.

（1）$\begin{pmatrix}1&1&2&2&1\\0&2&1&5&-1\\2&0&3&-1&3\\1&1&0&4&-1\end{pmatrix}$；　（2）$\begin{pmatrix}1&0&1&0&0\\1&1&0&0&0\\0&1&1&0&0\\0&0&1&1&0\\0&1&0&1&1\end{pmatrix}$.

14. 问能否适当选取矩阵.

$$A=\begin{pmatrix}1&-2&-1&3\\3&-6&-3&9\\-2&4&2&k\end{pmatrix}$$

中的 k 的值，使：（1）$R(A)=1$；（2）$R(A)=2$；（3）$R(A)=3$.

15. 设 $A=\begin{pmatrix}1&2\\3&x\\4&y\end{pmatrix}$，$B=\begin{pmatrix}u&1\\v&3\\2&5\end{pmatrix}$，$C=\begin{pmatrix}2&w\\1&3\\t&2\end{pmatrix}$，且 $A+B=C$，求 x,y,u,v,w,t.

16. 求逆矩阵.

（1）$\begin{pmatrix}3&2&1\\3&1&5\\3&2&3\end{pmatrix}$；（2）$\begin{pmatrix}3&-2&0&-1\\0&2&2&1\\1&-2&-3&-2\\0&1&2&1\end{pmatrix}$.

17. 已知矩阵 $A=\begin{pmatrix}4&2&3\\1&1&0\\-1&2&3\end{pmatrix}$，

（1）设 $AX-2A+5E=O$，求 X.

（2）设 $AX=A+2X$，求 X.

18. 判断下列方程组是否有解，若有解，求出其解.

（1）$\begin{cases}2x_1+3x_2+x_3=4\\x_1-2x_2+4x_3=-5\\3x_1+8x_2-2x_3=13\\4x_1-x_2+9x_3=-6\end{cases}$；（2）$\begin{cases}2x_1+x_2-x_3+x_4=1\\3x_1-2x_2+x_3-3x_4=4\\x_1+2x_2-3x_3+3x_4=-2\end{cases}$.

19. 求齐次线性方程组

$$\begin{cases}3x_1-5x_2+x_3-2x_4=0\\2x_1+3x_2-5x_3+x_4=0\\-x_1+7x_2-4x_3+3x_4=0\\4x_1+15x_2-7x_3+9x_4=0\end{cases}$$

的通解.

20. 问 k 取何值时，线性方程组

$$\begin{cases}kx_1+x_2+x_3=1\\x_1+kx_2+x_3=k\\x_1+x_2+kx_3=k^2\end{cases}$$

无解？有唯一解？有无穷多个解？有解时请求出它的解.

21. 当 k 取何值时，线性方程组

$$\begin{cases}(k-2)x_1-3x_2-2x_3=0\\-x_1+(k-8)x_2-2x_3=0\\2x_1+14x_2+(k+3)x_3=0\end{cases}$$

有非零解？并求出它的一般解.

22. 求下列齐次线性方程组的一个基础解系和它的通解.

（1）$\begin{cases}2x_1-4x_2+5x_3+3x_4=0\\3x_1-6x_2+4x_3+2x_4=0\\4x_1-8x_2+17x_3+11x_4=0\end{cases}$；（2）$\begin{cases}2x_1-5x_2+x_3-3x_4=0\\-3x_1+4x_2-2x_3+x_4=0\\x_1+2x_2-x_3+3x_4=0\\-2x_1+15x_2-6x_3+13x_4=0\end{cases}$.

23. 求方程组

$$\begin{cases}2x_1-3x_2+x_3-5x_4=1\\-5x_1-10x_2-2x_3+x_4=-21\\x_1+4x_2+3x_3+2x_4=1\\2x_1-4x_2+9x_3-3x_4=-16\end{cases}$$

的通解.

*24. 在平面内，制作一个三角形沿一个正方形滑动一周的动画，要求滑动过程中三角形位于正方形之外.

学习自测题八

（时间：90 分钟　100 分）

一、选择题（本大题共 10 小题，每小题 3 分，共 30 分）

1. 下列矩阵中是单位矩阵的为（　　）.

A. $\begin{pmatrix} 1 & 0 & 0 \\ 0 & 1 & 0 \\ -1 & 0 & 1 \end{pmatrix}$　　B. $\begin{pmatrix} 1 & 0 & 0 \\ 0 & 1 & 0 \\ 1 & 0 & 1 \end{pmatrix}$

C. $\begin{pmatrix} 1 & 0 & 0 \\ 0 & 1 & 0 \\ 0 & 0 & 1 \end{pmatrix}$　　D. $\begin{pmatrix} 1 & 0 & 0 \\ 1 & 1 & 0 \\ 1 & 0 & 2 \end{pmatrix}$

2. 已知 $\begin{vmatrix} a_{11} & a_{12} & a_{13} \\ a_{21} & a_{22} & a_{23} \\ a_{31} & a_{32} & a_{33} \end{vmatrix}=3$，那么 $\begin{vmatrix} 2a_{11} & 2a_{12} & 2a_{13} \\ a_{21} & a_{22} & a_{23} \\ -2a_{31} & -2a_{32} & -2a_{33} \end{vmatrix}=$（　　）.

A. -24　　B. -12　　C. -6　　D. 12

3. 若 $\boldsymbol{A}=\begin{bmatrix} 3 & 1 & -2 \\ 1 & 5 & 2 \end{bmatrix}$，$\boldsymbol{B}=\begin{bmatrix} 4 & 1 \\ -2 & 3 \\ 2 & 1 \end{bmatrix}$，$\boldsymbol{C}=\begin{bmatrix} 0 & 2 & -1 \\ 3 & -1 & 2 \end{bmatrix}$，则下列矩阵运算结果为 3×2 矩阵的是（　　）.

A. $\boldsymbol{ABC}$　　B. $\boldsymbol{AC}^{\mathrm{T}}\boldsymbol{B}^{\mathrm{T}}$　　C. $\boldsymbol{CBA}$　　D. $\boldsymbol{C}^{\mathrm{T}}\boldsymbol{B}^{\mathrm{T}}\boldsymbol{A}^{\mathrm{T}}$

4. 行列式 $\begin{vmatrix} 0 & 1 & -1 & 1 \\ -1 & 0 & 1 & -1 \\ 1 & -1 & 0 & 1 \\ -1 & 1 & -1 & 0 \end{vmatrix}$ 第 2 行第 1 列元素的代数余子式 $A_{21}=$（　　）.

A. -2　　B. -1　　C. 1　　D. 2

5. 设 n 阶矩阵 $\boldsymbol{A},\boldsymbol{B},\boldsymbol{C}$ 满足 $\boldsymbol{ABC}=\boldsymbol{E}$，则 $\boldsymbol{C}^{-1}=$（　　）.

A. $\boldsymbol{AB}$　　B. $\boldsymbol{BA}$　　C. $\boldsymbol{A}^{-1}\boldsymbol{B}^{-1}$　　D. $\boldsymbol{B}^{-1}\boldsymbol{A}^{-1}$

6. 设 $\boldsymbol{A}$ 为 $m\times n$ 矩阵，则 n 元非齐次线性方程组 $\boldsymbol{Ax}=\boldsymbol{b}$ 有非零解的充分必要条件是（　　）.

A. $R(\boldsymbol{A}\vdots\boldsymbol{b})=n$　　B. $R(\boldsymbol{A})=m$

C. $R(\boldsymbol{A})=R(\boldsymbol{A}\vdots\boldsymbol{b})<n$　　D. $R(\boldsymbol{A})<m$

7. 设 $\boldsymbol{A}$ 为 2 阶矩阵，若 $|3\boldsymbol{A}|=3$，则 $|2\boldsymbol{A}|=$（　　）.

A. $\frac{1}{2}$　　B. 1　　C. $\frac{4}{3}$　　D. 2

8. 设 3 阶矩阵 $\boldsymbol{A}=\begin{pmatrix} 0 & 1 & 0 \\ 0 & 0 & 1 \\ 0 & 0 & 0 \end{pmatrix}$，则 $\boldsymbol{A}^2$ 的秩为（　　）.

A. 0　　B. 1　　C. 2　　D. 3

9. 设 $\boldsymbol{A},\boldsymbol{B},\boldsymbol{C}$ 为同阶方阵，下面矩阵的运算中不成立的是（　　）.

A. $(\boldsymbol{A}+\boldsymbol{B})^{\mathrm{T}}=\boldsymbol{A}^{\mathrm{T}}+\boldsymbol{B}^{\mathrm{T}}$　　B. $|\boldsymbol{AB}|=|\boldsymbol{A}||\boldsymbol{B}|$

C. $\boldsymbol{A}(\boldsymbol{B}+\boldsymbol{C})=\boldsymbol{BA}+\boldsymbol{CA}$　　D. $(\boldsymbol{AB})^{\mathrm{T}}=\boldsymbol{B}^{\mathrm{T}}\boldsymbol{A}^{\mathrm{T}}$

10. 设 $\boldsymbol{A}$ 为 $m\times n$ 矩阵，则 n 元齐次线性方程组 $\boldsymbol{Ax}=\boldsymbol{0}$ 有非零解的充分必要条件是(　　).

A. $R(\boldsymbol{A})<m$　　B. $R(\boldsymbol{A})=n$

C. $R(\boldsymbol{A})<n$　　D. $R(\boldsymbol{A})=m$

二、填空题（本大题共 5 小题，每小题 4 分，共 20 分）

1. 设 $\boldsymbol{A}=(1,3,-1)$，$\boldsymbol{B}=(2,1)$，则 $\boldsymbol{A}^{\mathrm{T}}\boldsymbol{B}=$____________.

2. 设 $\begin{vmatrix}2&1&0\\1&3&1\\k&2&1\end{vmatrix}=0$，则 $k=$__________.

3. 已知 3 元非齐次线性方程组的增广矩阵为 $\begin{pmatrix}1&-1&2&1\\0&a+1&0&1\\0&0&0&a-1\end{pmatrix}$，若该方程组有解，则 a 的取值为______.

4. 已知行列式 $\begin{vmatrix}a_1+b_1&a_1-b_1\\a_2+b_2&a_2-b_2\end{vmatrix}=-4$，则 $\begin{vmatrix}a_1&b_1\\a_2&b_2\end{vmatrix}=$______.

5. 设矩阵 $\boldsymbol{A}=\begin{pmatrix}1&0&0\\0&2&0\\0&0&3\end{pmatrix}$，则 $\boldsymbol{A}^{-1}=$______.

三、计算题（本大题前 5 小题，每小题 8 分，共 40 分；6 小题，10 分）

1. 设矩阵 $\boldsymbol{A}=\begin{pmatrix}2&1\\-1&2\end{pmatrix}$，$\boldsymbol{E}$ 为 2 阶单位矩阵，矩阵 $\boldsymbol{B}$ 满足 $\boldsymbol{BA}=\boldsymbol{B}+\boldsymbol{E}$，求 $|\boldsymbol{B}|$.

2. 已知 3 阶行列式 $|a_{ij}|=\begin{vmatrix}1&x&3\\x&2&0\\5&-1&4\end{vmatrix}$ 中元素 a_{12} 的代数余子式 $A_{12}=8$，求元素 a_{21} 的代数余子式 A_{21} 的值.

3. 计算行列式 $D=\begin{vmatrix}x+1&-1&1&-1\\1&x-1&1&-1\\1&-1&x+1&-1\\1&-1&1&x-1\end{vmatrix}$ 的值.

4. 已知 $\boldsymbol{A}=\begin{bmatrix}2&3\\1&0\end{bmatrix}$，$\boldsymbol{B}=\begin{bmatrix}-3&-1\\-2&1\end{bmatrix}$，$\boldsymbol{C}=\begin{bmatrix}0&-1&1\\1&2&0\end{bmatrix}$，$\boldsymbol{D}=\begin{bmatrix}1&2&0\\1&0&1\end{bmatrix}$，矩阵 $\boldsymbol{X}$ 满足方程 $\boldsymbol{AX}+\boldsymbol{BX}=\boldsymbol{D}-\boldsymbol{C}$，求 $\boldsymbol{X}$.

5. 已知矩阵$\begin{pmatrix} 1 & 2 & -1 & 2 & 2 \\ 1 & -2 & 1 & 1 & 0 \\ -2 & 4 & 3 & 2 & 0 \end{pmatrix}$，求矩阵的秩.

6. 已知 3 元齐次线性方程组

$$\begin{cases} ax_1 + x_2 + x_3 = 0 \\ x_1 + ax_2 + x_3 = 0 \\ x_1 + x_2 + ax_3 = 0 \end{cases}$$

确定当 a 为何值时，方程组有非零解？

第九章　离散数学初步

离散数学是“研究离散结构的数学分支”，又称为计算机数学，是现代数学的重要分支，是计算机专业课程中的核心基础课程之一．离散数学以研究离散量的结构和相互之间的关系为主要目标，其研究对象一般为：有限或可数个元素（例如：自然数、整数、真假值、有限个结点等），而离散性也是计算机科学的显著特点．离散数学与数据结构、操作系统、编译原理、算法分析、逻辑设计、系统结构、容错技术、人工智能等有密切的联系，它是这些课程的先导和基础课程．

本章主要介绍命题逻辑、代数结构、图论的基础知识，其知识结构图如下：

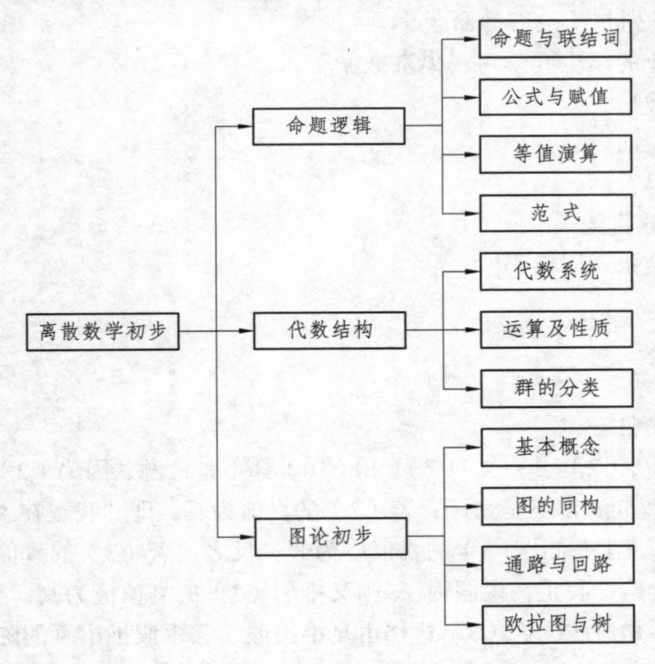

【学习能力目标】

- 理解命题逻辑的基本概念.
- 熟练运用联结词对命题符号化.
- 掌握命题公式化简的方法.
- 掌握求主范式及其互化的方法.
- 理解代数系统的基本概念.
- 掌握运算的基本性质.
- 熟练应用半群、含幺半群、群的判定.
- 理解图的基本概念.

- 掌握图的表示方法.
- 掌握欧拉图、哈密尔顿图、最小生成树的判定.

第一节　命题与联结词

一、命题的概念

数理逻辑研究的中心问题是推理，而推理就必然包含前提和结论. 前提和结论都是表达判断的陈述句，因而表达判断的陈述句就成为推理的基本要素. 在数理逻辑中，将能够判断真假的陈述句称为**命题**，而这个“真或假”的性质就可以称为命题的真值. 真值为真的命题称为**真命题**，真值为假的命题称为**假命题**. 真命题表达的判断正确，假命题表达的判断错误. 任何命题的真值都是唯一的.

判断句子是否为命题，有两个条件：① 是否为陈述句；② 真值是否唯一.

例 1.1　判断下列句子是否为命题.

（1）计算机专业的学生要学习《离散数学》.

（2）请保持安静！

（3）我正在说假话.

（4）你吃饭了吗？

（5）3000 年地球将毁灭.

（6）这难道不是张三同学吗？

（7）$1+1=10$.

（8）太阳上有人.

（9）$x+y>5$.

（10）大海真美啊！

解　10 个句子中，（2）（3）（4）（7）（9）（10）都不是命题，因为（2）是祈使句，（4）是疑问句，（10）是感叹句，都不是命题；若（3）的真值为真，即“我正在说假话”为真，也就是“我正在说真话”，则又推出（3）的真值应为假；反之，若（3）的真值为假，即“我正在说假话”为假，也就是“我正在说假话”，则又推出（3）的真值应为真. 于是（3）既不为真又不为假，因此它不是命题. 像（3）这样由真推出假，又由假推出真的陈述句称为悖论. 凡是悖论都不是命题；（7）中在二进制中为真，在十进制中为假，只有根据上下文才能确定真值；（9）根据 x, y 的取值不同，它可真可假，真值不唯一，因而不是命题. 余下的（1），（5），（6），（8）是命题.（1）为真命题；（5）和（8）虽然现在我们不知道真值，但它们的真值是客观存在的，而且是唯一的；（6）是反问句，但表示肯定语义.

二、复合命题与联结词

下面讨论由一些联结词组成的命题.

例 1.2　（1）如果今天下雨，那么我就不去上课了.

（2）燕子飞回来了，春天到了.

（3）2 不是偶数，或者 3 也不是奇数.

（4）电脑不但可以玩游戏，而且还可以看电影.

这些全是由多个句子构成的命题.

上述命题都是通过诸如“或者”“如果……，那么……”“不但……，而且……”等连词联结而成，我们把这类命题称为**复合命题**. 构成复合命题的不能再分的命题称为**原子命题或简单命题**. 例 1.2 中（4）就是由“电脑可以玩游戏”和“电脑可以看电影”两个原子命题构成.

通常用字母 $A, B, C, \cdots$，或 $p, q, r, \cdots$ 等表示命题，如 p：燕子飞回来了. 一个表示确定命题的标识符称为**命题常元**(或命题常项)；没有指定具体内容的命题标识符称为**命题变元**(或命题变项). 命题变元的真值情况不确定，因而命题变元不是命题. 只有给命题变元 p 具体的命题取代时，p 有了确定的真值，才成为命题.

定义 1.1　设 p 为命题，复合命题“非 p”（或“p 的否定”）称为 p 的否定，记作 $\neg p$，符号 $\neg$ 称为否定联结词. 并规定 $\neg p$ 为真当且仅当 p 为假. 我们用 T 或 1 表示真值为真，用 F 或 0 表示真值为假，构造其真值表 9.1：

表 9.1

p	$\neg p$
0	1
1	0

定义 1.2　设 p, q 为二命题，复合命题“p 并且 q”（或“p 与 q”）称为 p 与 q 的合取式，记作 $p\wedge q$，$\wedge$称为合取联结词. 并规定 $p\wedge q$ 为真当且仅当 p 与 q 同时为真. 真值表如表 9.2：

表 9.2

p	q	$p\wedge q$
0	0	0
0	1	0
1	0	0
1	1	1

常用的自然语言中“既……又……”“不但……而且……”“虽然……但是……”“一面……一面……”等联结而成的复合命题可为合取式.

定义 1.3　设 p, q 为二命题，复合命题“p 或 q”称为 p 与 q 的析取式，记作 $p\vee q$，$\vee$称为析取联结词. 并规定 $p\vee q$ 为假当且仅当 p 与 q 同时为假. 真值表如 9.3：

表 9.3

p	q	$p \vee q$
0	0	0
0	1	1
1	0	1
1	1	1

按定义 1.3 在析取式 $p \vee q$ 中，还可分为相容或与排斥或（排异或）.

例 1.3 将下列命题符号化.

（1）李四爱打篮球或爱看书.

（2）王五是男生或女生.

（3）天不下雨.

（4）阿凡达身体好且学习好.

解 在命题符号化时，先将原子命题符号化.

（1）设 p：李四爱打篮球.

q：李四爱看书.

（1）中“或”为相容或，即 p 与 q 可以同时为真，符号化为 $p \vee q$.

（2）设 r：王五是男生.

s：王五是女生.

显然，（2）中“或”应为排斥或，即 r 与 s 不能同时为真，因而也可以符号化为 $r \vee s$.

（3）设 t：天下雨.

由题意这是一个否定命题，所以可以符号化为 $\neg t$

（4）设 p：阿凡达身体好.

q：阿凡达学习好.

可以符号化为 $p \wedge q$.

定义 1.4 设 p, q 为二命题，复合命题“如果 p，则 q”称为 p 与 q 的蕴涵式，记作 $p \to q$，$\to$称为蕴涵联结词. 并规定 $p \to q$ 为假当且仅当 p 为真 q 为假. 真值表如表 9.4：

表 9.4

p	q	$p \to q$
0	0	1
0	1	1
1	0	0
1	1	1

$p \to q$ 的逻辑关系表示，p 是 q 的充分条件或 q 是 p 的必要条件.

在运用联结词“$\to$”时，要注意以下几点：

（1）在自然语言里，特别是在数学中，q 是 p 的必要条件有许多不同的叙述方式．例如，“只要 p，就 q”“因为 p，所以 q”“p 仅当 q”“只有 q 才 p”“除非 q 才 p”“除非 q，否则非 p”，等等．以上各种叙述方式表面看来有所不同，但都表达的是 q 是 p 的必要条件，因而所用联结词均应符号化为→，上述各种叙述方式都应符号化为 $p \to q$.

（2）在自然语言中，“如果 p，则 q”中的前件 p 与后件 q 往往具有某种内在联系，而在数理逻辑中，p 与 q 可以无任何内在联系.

（3）在数学或其他自然科学中，“如果 p，则 q”往往表达的是前件 p 为真，后件 q 也为真的推理关系．但在数理逻辑中，作为一种规定，当 p 为假时，无论 q 是真是假，$p \to q$ 均为真．也就是说，只有 p 为真 q 为假这一种情况使得复合命题 $p \to q$ 为假.

定义 1.5　设 p, q 为二命题，复合命题“p 当且仅当 q”称为 p 与 q 的等价式，记为 $p \leftrightarrow q$，↔称为等价联结词．并规定 $p \leftrightarrow q$ 为真当且仅当 p 与 q 同时为真或同时为假．真值表如表 9.5：

表 9.5

p	q	$p \leftrightarrow q$
0	0	1
0	1	0
1	0	0
1	1	1

$p \leftrightarrow q$ 的逻辑关系为 p 与 q 互为充要条件.

以上定义了五种最基本、最常用，也是最重要的联结词

$$\neg，\wedge，\vee，\to，\leftrightarrow$$

将它们组成一个集合 $\{\neg，\wedge，\vee，\to，\leftrightarrow\}$，称为一个联结词集．其中 ¬ 为一元联结词，其余的都是二元联结词．联结词可以嵌套使用，在嵌套使用时，规定如下优先顺序：

$$()，\neg，\wedge，\vee，\to，\leftrightarrow$$

对于同一优先级的联结词，先出现者先运算.

我们可以使用这些联结词将复杂命题表示成简单的符号公式.

例 1.4　将下列命题符号化.

（1）如果天晴，那么我就不去图书馆.

（2）天下雨当且仅当我去上学.

解　首先将原子命题符号化：

（1）p：天晴.

q：我去图书馆.

符号化为 $p \to \neg q$.

（2）r：天下雨.

s：我去上学.

符号化为 $p \leftrightarrow q$.

例 1.5 令 p：3 是奇数.

q：人总是要死的.

r：雪是黑色的.

求下列复合命题的真值：

（1）$((\neg p\wedge q)\vee(p\wedge\neg q))\rightarrow r$.

（2）$\neg((q\vee r)\rightarrow(p\rightarrow\neg r))$.

解 p, q, r 的真值分别为 1,1,0，运算可得（1），（2）的真值分别为 1,0.

习题 9.1

基础练习

1. 判断下列语句中哪些是命题？若是复合命题的，请指出其由哪些原子命题构成？

（1）计算机有空吗？

（2）中国的人口最多的省份是四川.

（3）我正在撒谎.

（4）123 是素数.

（5）123 是素数当且仅当天狗吃月亮.

（6）请勿吸烟！

（7）你难道不是王五吗？

（8）除非天下刀，否则我不去上学.

（9）$1+1=2$.

（10）今天天气好并且这张桌子是坏的.

（11）2 是质数或合数.

（12）豆沙包很好吃啊！

（13）吃一堑，长一智.

2. 试写出符合否定、合取式、析取式、蕴涵式、等价式的五个语句.

提高练习

3. 将下列命题符号化.

（1）小东跑得快，还聪明.

（2）王非要么在唱歌，要么在看电视.

（3）因为天气冷，所以我穿衬衣.

（4）张三同李四是同学.

（5）小强与秋香都学过英语.

拓展练习

4. 将下列命题符号化.

（1）他一面看书，一面听音乐，一边吃瓜子.

（2）只有天下大雨，他才乘班车上班.

（3）除非天晴，否则他乘班车上班.

（4）下雪路滑当且仅当 $2+2=5$.

第二节　命题公式与赋值

一、合式公式的定义

上节说明了命题可以表示为符号串，那么哪些符号串可以代表命题，下面给出合式公式的定义.

定义 2.1　（1）单个命题变项是合式公式，并称为原子命题公式.

（2）若 A 是合式公式，则$(\neg A)$也是合式公式.

（3）若 A, B 是合式公式，则$(A\wedge B)$，$(A\vee B)$，$(A\to B)$，$(A\leftrightarrow B)$也是合式公式.

（4）只有有限次地应用（1）~（3）形式的符号串才是合式公式.

合式公式也称为命题公式或命题形式，简称为公式.

如：$(p\to q)\wedge(q\leftrightarrow r)$，$(p\wedge q)\wedge\neg r$，$p\wedge(q\wedge\neg r)$等都是合式公式，而 $pq\to r$，（$p\to(r\to q)$等不是合式公式.

定义 2.1 给出的合式公式的定义方式称为归纳定义方式.

二、公式的赋值

合式公式代表命题，但真值是不确定的. 当将公式中出现的全部命题符号都解释成具体的命题之后，公式就成了真值确定的命题了.

比如，在公式$(p\wedge q)$中，若将 p 解释为：雪是黑的，q 解释成：$2m$ 是偶数，则 p 为假命题，q 是真命题，公式$(p\wedge q)$被解释成：雪是黑的且 $2m$ 是偶数. 这是一个假命题. 其实，我们也可直接将命题符号 p 的真值指定为 1，q 的真值指定为 1，公式$(p\wedge q)$的真值就为 1；反过来，若已知一个公式的真值为 0，那么如何才能知道 p, q 的真值，这就是下面要讨论的问题.

定义 2.2　设 $p_1, p_2, \cdots, p_n$ 是出现在公式 A 中的全部命题符号，给 $p_1, p_2, \cdots, p_n$ 各指定一个真值，称为对 A 的一个赋值或解释. 若指定的一组值使 A 的真值为 1，则称这组值为 A 的成真赋值；若使 A 的真值为 0，则称这组值为 A 的成假赋值.

对含 n 个命题变项的公式 A 的赋值情况做如下规定：

若 A 中出现的命题符号为 $p,q,r,\cdots$，给定 A 的赋值 $\alpha_1,\alpha_2,\alpha_3,\cdots$，是指 $p=\alpha_1,q=\alpha_2,r=\alpha_3,\cdots$. α_k 取值为 0 或 1，$k=1,2,\cdots,n$.

含 $n(n\geqslant 1)$ 个命题变元的公式共有 2^n 个不同的赋值.

例如，在公式$(\neg p_1\wedge\neg p_2\wedge\neg p_3)\vee(p_1\wedge p_2)$中，000($p_1=0$，$p_2=0$，$p_3=0$)，110($p_1=1$，$p_2=1$，$p_3=0$)都是成真赋值，而 001($p_1=0$，$p_2=0$，$p_3=1$)，011($p_1=0$，$p_2=1$，$p_3=1$)都是成假赋值. 在$(p\wedge\neg q)\to r$ 中，011($p_1=0$，$p_2=1$，$p_3=1$)为成真赋值，100($p_1=1$，$p_2=0$，$p_3=0$)为成假赋值.

三、真值表

为认清公式在赋值下的取值，通常构造“真值表”来讨论.

定义 2.3 将命题公式 A 在所有赋值下的取值情况列成表，称为 A 的真值表.

构造真值表的具体步骤如下：

（1）找出公式中所含的全体命题变项 $p_1, p_2, \cdots, p_n$（若无下角标就按字典顺序排列），列出 2^n 个赋值. 赋值从 $00\cdots0$ 开始，然后按二进制加法依次写出各赋值，直到 $11\cdots1$ 为止.

（2）按从低到高的顺序写出公式的各个层次.

（3）对应各个赋值计算出各层次的真值，直到最后计算出公式的真值.

例 2.1 求 $P\vee(P\wedge Q)$，$P\wedge\neg P$，$P\vee\neg P$ 的真值表.

解 构造三个公式的真值表 9.6、9.7、9.8.

表 9.6

P	Q	$P\wedge Q$	$P\vee(P\wedge Q)$
0	0	0	0
0	1	0	0
1	0	0	1
1	1	1	1

表 9.7

P	$\neg P$	$P\wedge\neg P$
0	1	0
1	0	0

表 9.8

P	$\neg P$	$P\vee\neg P$
0	1	1
1	0	1

例 2.2 求 $\neg(P\vee Q)\leftrightarrow\neg P\wedge\neg Q$ 的真值表.

解 构造其真值表 9.9.

表 9.9

P	Q	$P\vee Q$	$\neg(P\vee Q)$	$\neg P\wedge\neg Q$	$\neg(P\vee Q)\leftrightarrow\neg P\wedge\neg Q$
0	0	0	1	1	1
0	1	1	0	0	1
1	0	1	0	0	1
1	1	1	0	0	1

例 2.3 构造公式 $(\neg p\wedge q)\to\neg r$ 的真值表，并指出成真赋值和成假赋值.

解 它的真值表如表 9.10.

表 9.10

p	q	r	$\neg p \wedge q$	$(\neg p \wedge q) \to \neg r$
0	0	0	0	1
0	0	1	0	1
0	1	0	1	1
0	1	1	1	0
1	0	0	0	1
1	0	1	0	1
1	1	0	0	1
1	1	1	0	1

从表 9.10 中可知，公式的成假赋值为 011，其余 7 个赋值都是成真赋值.

定义 2.4　设 A 为任一命题公式.

（1）若 A 在它的各种赋值下取值均为真，则称 A 是重言式或永真式.

（2）若 A 在它的各种赋值下取值均为假，则称 A 是矛盾式或永假式.

（3）若 A 在它的各种赋值下至少有一个赋值为真，则称 A 是可满足式.

从定义不难看出以下几点：

（1）永真式一定是可满足式，但反之不一定成立.

（2）真值表的作用：可用来判断公式的类型：

① 若真值表得出公式的真值全为 1，则公式为重言式.

② 若真值表得出公式的真值全为 0，则公式为矛盾式.

③ 若真值表得出公式的真值中至少有一个 1，则公式为可满足式.

从表 9.6 ~ 9.10 可知，公式$(\neg p \wedge q) \to \neg r$为可满足式，公式$\neg(P \vee Q) \leftrightarrow \neg P \wedge \neg Q$为重言式，而公式$p \wedge \neg p$为矛盾式.

关于 n 个命题变元 $P_1, P_2, \cdots, P_n$，由于 n 个命题变元共产生 2^n 个不同赋值，在每个赋值下，公式的值只有 0 和 1 两个值．于是 n 个命题变元的真值表共有 2^{2^n} 种不同情况.

例 2.4　判断下列各公式的类型.

（1）$p \to q$；　　（2）$p \leftrightarrow p \wedge (p \vee q)$；

（3）$\neg(p \wedge \neg q)$；　　（4）$(p \to q) \wedge (q \to p)$.

解　构造真值表请读者自己给出，其中（2）$p \leftrightarrow p \wedge (p \vee q)$为永真式，其余的公式全为可满足式.

习题 9.2

基础练习

1．指出下列公式中哪些是合式公式.

（1）$(P(Q \vee R)) \leftrightarrow (P \to Q)(P \to R)$；　　（2）$(P \to Q \to P)) \leftrightarrow (P \to Q)$；

（3）$(P \to Q) \wedge (R \to Q) \leftrightarrow (P \vee R)$；　　（4）$P \to Q \vee \neg P)$；

（5）$(P \vee (Q \to R)) \leftrightarrow (P \vee \neg R)$.

提高练习

2. 用真值表判断下列公式的类型.

（1）$(p \to q) \leftrightarrow (r \leftrightarrow s)$.　　（2）$(p \to \neg q) \to \neg q$.

（3）$\neg (q \to r) \wedge r$.　　（4）$(p \to q) \to (\neg q \to \neg p)$.

（5）$(p \wedge r) \leftrightarrow (\neg p \wedge \neg q)$.　　（6）$((p \to q) \wedge (q \to r)) \to (p \to r)$.

第三节　等值式与等值演算

一、等值式的概念

从前面合式公式的讨论来看，现在我们已把公式抽象出来，不再关心它的具体意义，而只研究其真值情况即可. 若两个公式它们的真假取值完全相同，我们就认为它们是相同的命题，从真值上讲，它们是相同的.

设公式 A, B 共同含有 n 个命题变项，若 A 与 B 有相同的真值表，则说明在 $2n$ 个赋值的每个赋值下，A 与 B 的真值都相同，于是等价式 $A \leftrightarrow B$ 应为重言式.

定义 3.1　设 A, B 是两个命题公式，若 A, B 构成的等价式 $A \leftrightarrow B$ 为重言式，则称 A 与 B 是等值的，记作 $A \Leftrightarrow B$.

定义中给出的符号 $\Leftrightarrow$ 不是联结词，它是一种关系符，用来说明 A 与 B 等值的. 注意：要将它与 $\leftrightarrow$ 区别开来，同时也要注意它与一般数学等号“=”的区别.

判断等值式有真值表、等值演算、范式. 范式将在下节介绍.

二、用真值表判断公式的等值

例 3.1　判断下面两个公式是否等值：

（1）$\neg(\neg p \vee \neg q) \to r$ 与 $(p \to q) \to r$；

（2）$(p \wedge q) \to r$ 与 $p \to (q \to r)$.

解　列出真值表 9.11，不难看出 $\neg(\neg p \vee \neg q) \to r$ 与 $p \to (q \to r)$ 等值，即

$$\neg(\neg p \vee \neg q) \to r \Leftrightarrow (p \to (q \to r))$$

而 $(p \to q) \to r$ 与 $(p \wedge q) \to r$ 的真值表不同，因而它们不等值，即

$$(p \to q) \to r \not\Leftrightarrow (p \wedge q) \to r$$

表 9.11

p	q	r	$\neg(\neg p \vee \neg q) \to r$	$p \to (q \to r)$	$(p \to q) \to r$
0	0	0	1	1	0
0	0	1	1	1	1
0	1	0	1	1	0
0	1	1	1	1	1
1	0	0	1	1	1
1	0	1	1	1	1
1	1	0	0	0	0
1	1	1	1	1	1

三、等值演算

虽然用真值法可以判断任何两个命题公式是否等值，但当命题变项较多时，工作量是很大的. 下面给出一组用真值表验证的且又是很重要的重言式，以它们为基础进行公式之间的演算，并判断公式之间是否等值，可以简化计算.

（1）双重否定律：$P \Leftrightarrow \neg\neg P$.

（2）幂等律：$P \Leftrightarrow P \vee P$，$P \Leftrightarrow P \wedge P$.

（3）交换律：$P \vee Q \Leftrightarrow Q \vee P$，$P \wedge Q \Leftrightarrow Q \wedge P$.

（4）结合律：$(P \vee Q) \vee R \Leftrightarrow P \vee (Q \vee R)$；

$(P \wedge Q) \wedge R \Leftrightarrow P \wedge (Q \wedge R)$.

（5）分配律：$P \vee (Q \wedge R) \Leftrightarrow (P \vee Q) \wedge (P \vee R)$（$\vee$对$\wedge$的分配律）；

$P \wedge (Q \vee R) \Leftrightarrow (P \wedge Q) \vee (P \wedge R)$（$\wedge$对$\vee$的分配律）.

（6）德摩根律：$\neg(P \vee Q) \Leftrightarrow \neg P \wedge \neg Q$；

$\neg(P \wedge Q) \Leftrightarrow \neg P \vee \neg Q$.

（7）吸收律：$P \vee (P \wedge Q) \Leftrightarrow P$；

$P \wedge (P \vee Q) \Leftrightarrow P$.

（8）零律：$P \vee 1 \Leftrightarrow 1$；

$P \wedge 0 \Leftrightarrow 0$.

（9）同一律：$P \vee 0 \Leftrightarrow P$；

$P \wedge 1 \Leftrightarrow P$.

（10）排中律：$P \vee \neg P \Leftrightarrow 1$.

（19）矛盾律：$P \wedge \neg P \Leftrightarrow 0$.

（12）蕴涵等值式：$P \to Q \Leftrightarrow \neg P \vee Q$.

（13）等价等值式：$(P \leftrightarrow Q) \Leftrightarrow (P \to Q) \wedge (Q \to P)$.

（14）假言易位：$P \to Q \Leftrightarrow \neg Q \to \neg P$.

（15）等价否定等值式：$P \leftrightarrow Q \Leftrightarrow \neg P \leftrightarrow \neg Q$.

（16）归谬论：$(P \to Q) \wedge (P \to \neg Q) \Leftrightarrow \neg P$.

以上 16 组等值式包含了 24 个重要等值式. 由于 P, Q, R 可以代表任意的公式，这样，等值式模式就可以给出无穷多个同类型的具体的等值式. 例如，当取 $P = p \vee q$，$Q = p \wedge q$ 时，得等值式

$$(p \vee q) \to (p \wedge q) \Leftrightarrow \neg(p \vee q) \vee (p \wedge q)$$

这些具体的等值式都被称为原来的等值式模式的代入实例.

由已知的等值式可以推演出更多的等值式，其推理简单快速，但还需要一些保持等值性的规则.

置换规则　设 $\Phi(A)$是含公式 A 的命题公式，$\Phi(B)$是用公式 B 置换了 $\Phi(A)$中所有的 A 后得到的命题公式，若 $B \Leftrightarrow A$，则 $\Phi(B) \Leftrightarrow \Phi(A)$.

此置换规则的正确性，可用归纳法证明.

例如，在公式$(p \to q) \to r$ 中，可用$\neg p \vee q$ 置换其中的 $p \to q$，由蕴涵等值式可知，

$$p \to q \Leftrightarrow \neg p \vee q$$

所以，

$$(p \to q) \to r \Leftrightarrow (\neg p \vee q) \to r$$

在这里，使用了置换规则．如果再一次地用蕴涵等值式及置换规则，又会得到

$$(\neg p \vee q) \to r \Leftrightarrow \neg(\neg p \vee q) \vee r$$

如果再用德摩根律及置换规则，又会得到

$$\neg(\neg p \vee q) \vee r \Leftrightarrow (p \wedge \neg q) \vee r$$

再用分配律及置换规则，又会得到

$$(p \wedge \neg q) \vee r \Leftrightarrow (p \vee r) \wedge (\neg q \vee r)$$

公式之间的等值关系具有自反性、对称性和传递性，所以上述演算中得到的 5 个公式彼此之间都是等值的．在演算的每一步都可用置换规则．

例 3.2 证明 $p \to (q \to r) \Leftrightarrow (p \wedge q) \to r$.

证明 $p \to (q \to r) \Leftrightarrow \neg p \vee (\neg q \vee r)$

$\Leftrightarrow (\neg p \vee \neg q) \vee r$

$\Leftrightarrow \neg(p \wedge q) \vee r$

$\Leftrightarrow (p \wedge q) \to r.$

例 3.3 用等值演算判断下列公式的类型.

（1）$((p \to q) \wedge p \to q) \vee p$；　　（2）$(p \to (p \vee q)) \wedge s$.

解 （1）$((p \to q) \wedge p \to q) \vee p$

$\Leftrightarrow ((\neg p \vee q) \wedge p \to q) \vee p$

$\Leftrightarrow (\neg((\neg p \vee q) \wedge p) \vee q) \vee p$

$\Leftrightarrow ((\neg(\neg p \vee q) \vee \neg p) \vee q) \vee p$

$\Leftrightarrow (((p \wedge \neg q) \vee \neg p) \vee q) \vee p$

$\Leftrightarrow (((p \vee \neg p) \wedge (\neg q \vee \neg p)) \vee q) \vee p$

$\Leftrightarrow ((1 \wedge (\neg q \vee \neg p)) \vee q) \vee p$

$\Leftrightarrow (\neg q \vee q) \vee \neg p \vee p$

$\Leftrightarrow 1 \vee 1$

$\Leftrightarrow 1.$

所以公式（1）是重言式.

（2）　$(p \to (p \vee q)) \wedge s$

$\Leftrightarrow (\neg p \vee p \vee q) \wedge s$

$\Leftrightarrow 1 \wedge s$

$\Leftrightarrow s.$

所以公式（2）是可满足式.

例 3.4 化简 $\neg(p \to q) \wedge r \wedge q$.

解 $\neg(p \to q) \wedge r \wedge q$

$\Leftrightarrow \neg(\neg p \vee q) \wedge q \wedge r$

$\Leftrightarrow p \wedge (\neg q \wedge q) \wedge r$

$\Leftrightarrow p \wedge 0 \wedge r$

$\Leftrightarrow 0.$

习题 9.3

基础练习

1. 设 A, B, C 为任意的命题公式.

（1）已知 $A \vee C \Leftrightarrow B \vee C$，问：$A \Leftrightarrow B$ 一定成立吗？

（2）已知 $A \wedge C \Leftrightarrow B \wedge C$，问：$A \Leftrightarrow B$ 一定成立吗？

（3）已知 $\neg A \Leftrightarrow \neg B$，问：$A \Leftrightarrow B$ 一定成立吗？

提高练习

2. 分别用等值演算法和真值表法判断下列公式的类型，求出成假赋值.

（1）$(p \vee q) \to (p \wedge r)$.　　（2）$(p \to (p \vee q)) \vee (p \to r)$.

（3）$\neg(p \wedge q \to q)$.

3. 用等演算法证明下面等值式.

（1）$(\neg p \vee q) \wedge (p \to r) \Leftrightarrow (p \to (q \wedge r))$.

（2）$(p \wedge q) \vee \neg(\neg p \vee q) \Leftrightarrow p$.

拓展练习

4. 判断下列公式的类型.

（1）$(p \to q) \to (\neg q \to \neg p)$.　　（2）$(p \to q) \wedge \neg p$.

第四节　范　式

从前面可以看出，逻辑公式在等值演算下有各种相互等价的表达形式，为了把它规范化、标准化，我们引入一种标准形式，即范式.

一、简单合取式和简单析取式

定义 4.1　仅有有限个命题变项及其否构成的析取式称作**简单析取式**. 仅有有限个命题变项及其否构成的合取式称作**简单合取式**.

例如，$p \vee \neg p$，$\neg p \vee q$ 等为 2 个变元的简单析取式，$\neg p \vee \neg q \vee r$，$p \vee \neg q \vee r$ 等为 3 个变元构成的简单析取式；$\neg p \wedge p$，$p \wedge \neg q$ 等为 2 个变元的简单合取式，$p \wedge q \wedge \neg r$，$\neg p \wedge p \wedge r$ 等为 3 个变元的简单合取式.

定理 4.1（1）一个简单析取式是重言式当且仅当它同时含某个命题变项及它的否定式.

（2）一个简单合取式是矛盾式当且仅当它同时含有某个命题变项及它的否定式.

证明　设 A_i 是含 n 个变元的简单析取式，若 A_i 中既含有某个命题变项 p_j，又含有它的否定式 $\neg p_j$，由交换律、排中律和零律可知，A_i 为重言式. 反之，若 A_i 为重言式，则它必同时含某个命题变项及它的否定式，否则，若将 A_i 中的不带否定号的命题变项都取 0，带否定号的命题变项都取 1，此赋值为 A_i 的成假赋值，这与 A_i 是重言式相矛盾.

类似的讨论可知，若 A_i 是含 n 个命题变项的简单合取式，且 A_i 为矛盾式，则 A_i 中必同时含有某个命题变项及它的否定式，反之亦然.

如：$p\vee\neg p$，$p\vee\neg p\vee r$ 都是重言式. $\neg p\vee q$，$\neg p\vee\neg q\vee r$ 都不是重言式.

二、析取范式

定义 4.2　由有限个简单合取式构成的析取式称为析取范式.

设 $A_i(i=1,2,\cdots,s)$ 为简单合取式，则 $A=A_1\vee A_2\vee\cdots\vee A_s$ 为析取范式. 例如，$A_1=p\wedge q$，$A_2=\neg p\wedge\neg r$，$A_3=s$，则由 A_1,A_2,A_3 构造的析取范式为

$$A=A_1\vee A_2\vee A_3=(p\wedge q)\vee(\neg q\wedge\neg r)\vee s$$

形如 $p\wedge q\wedge r$ 的公式可以看成一个简单合取式构成的析取范式.

定理 4.2　一个析取范式是矛盾式当且仅当它的每个简单合取式都是矛盾式.

定理 4.3（范式存在定理）任一非永假式的命题公式都存在着与之等值的析取范式.

据此定理，求范式可使用如下步骤：

（1）用 $\{\neg\vee\wedge\}$ 来表示命题公式.

（2）利用德摩根律把 $\neg$ 内移到命题变元上.

（3）利用 $\wedge$ 对 $\vee$ 的分配律求析取范式.

例 4.1　求 $\neg P\to(P\to Q)$ 的析取范式.

解　$\neg P\to(P\to Q)$

$$\begin{aligned}&\Leftrightarrow\neg\neg P\vee(\neg P\vee Q)\\&\Leftrightarrow P\vee(\neg P\vee Q)\\&\Leftrightarrow(P\vee\neg P)\vee Q\\&\Leftrightarrow T\vee Q\\&\Leftrightarrow T\\&\Leftrightarrow P\vee\neg P.\end{aligned}$$

例 4.2　求下列公式的析取范式：$(p\to q)\leftrightarrow r$.

解　为了清晰和无误，演算中利用交换律，使得每个简单析取式或合取式中命题变项的出现都是按字典顺序，这对求主范式更为重要.

$$\begin{aligned}&(p\to q)\leftrightarrow r\\&\Leftrightarrow(\neg p\vee q)\leftrightarrow r\\&\Leftrightarrow((\neg p\vee q)\to r)\wedge(r\to(\neg p\vee q))\\&\Leftrightarrow((p\wedge\neg q)\vee r)\wedge(\neg p\vee q\vee\neg r)\\&\Leftrightarrow(p\wedge\neg q\wedge\neg p)\vee(p\wedge\neg q\wedge q)\vee(p\wedge\neg q\wedge\neg r)\vee(r\wedge\neg p)\vee(r\wedge q)\vee(r\wedge\neg r)\\&\Leftrightarrow(p\wedge\neg q\wedge\neg r)\vee(\neg p\wedge r)\vee(q\wedge r)\end{aligned}$$

在以上演算中，第 4 步和第 5 步结果都是析取范式，这说明命题公式的析取范式是不唯一的.

三、主范式

上述范式不唯一，下面讨论主范式，它是唯一存在的.

定义 4.3　在含有 n 个命题变项的简单合取式中，若每个命题变项和它的否定式不同时出现，而二者之一必出现且仅出现一次，且第 i 个命题变项或它的否定式出现在从左算起的第 i 位上（若命题变项无角标，就按字典顺序排列），称这样的简单合取式为**极小项**.

由于每个命题变项在极小项中以原形或否定式形式出现且仅出现一次，因而 n 个命题变项共可产生 2^n 个不同的极小项. 其中每个极小项都有且仅有一个成真赋值. 若成真赋值所对应的二进制数转换为十进制数 i，就将所对应极小项记作 m_i.

为了便于记忆，将 p, q 与 p, q, r 形成的极小项分别列在表 9.12 和 9.13 上.

表 9.12

2 个变元的极小项			
成真赋值		公式	标识
0	0	$\neg p\wedge\neg q$	m_0
0	1	$\neg p\wedge q$	m_1
1	0	$p\wedge\neg q$	m_2
1	1	$p\wedge q$	m_3

表 9.13

3 个变元的极小项				
成真赋值			公式	标识
0	0	0	$\neg p\wedge\neg q\wedge\neg r$	m_0
0	0	1	$\neg p\wedge\neg q\wedge r$	m_1
0	1	0	$\neg p\wedge q\wedge\neg r$	m_2
0	1	1	$\neg p\wedge q\wedge r$	m_3
1	0	0	$p\wedge\neg q\wedge\neg r$	m_4
1	0	1	$p\wedge\neg q\wedge r$	m_5
1	1	0	$p\wedge q\wedge\neg r$	m_6
1	1	1	$p\wedge q\wedge r$	m_7

定义 4.4　设由 n 个命题变项的公式等值式中，若仅由极小项的析取构成，则称该式为原公式的主析取范式.

定理 4.4 任何命题公式都存在着与之等值的主析取范式，并且是唯一的.

证明　首先证明存在性. 设 A 是任一含 n 个命题变项的公式. 存在与 A 等值的析取范式 A'，即

$$A\Leftrightarrow A'$$

若 A'的某个简单合取式 A_i 中既不含命题变项 p_j，也不含它的否定式 $\neg p_j$，则将 A_i 展成如下形式：

$$A_i \Leftrightarrow A_i \wedge 1 \Leftrightarrow A_i \wedge (p_j \vee \neg p_j) \Leftrightarrow (A_i \wedge p_j) \vee (A_j \wedge \neg p_j)$$

继续这一过程，直到所有的简单合取式都含任意命题变项或它的否定式.

若在演算过程中重复出现命题变项以及极小项和矛盾式时，都应“消去”：如用 p 代替 $p \wedge p$，m_i 代替 $m_i \vee m_i$，0 代替矛盾式等. 最后就将 A 化成与之等值的主析取范式 A''.

下面再证明唯一性. 假设某一命题公式 A 存在两个与之等值的主析取范式 B 和 C，即

$$A \Leftrightarrow B \text{ 且 } A \Leftrightarrow C$$

则

$$B \Leftrightarrow C$$

由于 B 和 C 是不同的主析取范式，不妨设极小项 m_i 只出现在 B 中而不出现在 C 中. 于是，角标 i 的二进制表示为 B 的成真赋值，而为 C 的成假赋值. 这与 $B \Leftrightarrow C$ 矛盾，因而 B 与 C 必相同.

求主析取范式的步骤：

（1）将公式 A 变换为等价的析取范式 A'；

（2）除去 A'中所有永假析取项；

（3）合并相同的合取项和相同的变元；

（4）对公式 A_i' 补入没有出现的变元 X，即 $A_i' \wedge (X \vee \neg X)$，然后用分配律展开公式的项，如果需要的话再用交换律、结合律、幂等律等合并相同的极小项.

为了醒目和便于记忆，求出某公式的主析取范式，将极小项都用标识写出，并且按极小项的角标由小到大顺序排列，用 $\sum$ 表示出来.

例 4.3 求 $(\neg P \wedge Q) \vee (P \wedge \neg Q)$ 主析取范式.

解 $(\neg P \wedge Q) \vee (P \wedge \neg Q)$ 已是主范式的形式，所以只需找出其标识即可

$$\begin{aligned}&(\neg P \wedge Q) \vee (P \wedge \neg Q)\\ \Leftrightarrow\ & m_1 \vee m_2\\ \Leftrightarrow\ & \sum(1,2)\end{aligned}$$

例 4.4 求$(p \to q) \leftrightarrow r$ 主析取范式.

解 由例 4.2 中求得的析取范式，即

$$(p \to q) \leftrightarrow r \Leftrightarrow (p \wedge \neg q \wedge \neg r) \vee (\neg p \wedge r) \vee (q \wedge r)$$

在此析取范式中，简单合取式 $\neg p \wedge r$，$q \wedge r$ 都不是极小项. 下面分别求出它们派生的极小项. 注意，因为公式含 3 个命题变项，所以极小项均由 3 个变元组成.

$$\begin{aligned}&(\neg p \wedge r)\\ \Leftrightarrow\ & \neg p \wedge (\neg q \vee q) \wedge r\\ \Leftrightarrow\ & (\neg p \wedge \neg q \wedge r) \vee (\neg p \wedge q \wedge r)\\ \Leftrightarrow\ & m_1 \vee m_3\end{aligned}$$

$$
\begin{aligned}
& q \wedge r \\
\Leftrightarrow & (\neg p \vee p) \wedge q \wedge r \\
\Leftrightarrow & (\neg p \wedge q \wedge r) \vee (p \wedge q \wedge r) \\
\Leftrightarrow & m_3 \vee m_7
\end{aligned}
$$

而简单合取式 $p \wedge \neg q \wedge \neg r$ 已是极小项 m_4. 于是

$$
\begin{aligned}
& (p \to q) \leftrightarrow r \\
\Leftrightarrow & m_1 \vee m_3 \vee m_4 \vee m_7 \\
\Leftrightarrow & \sum(1,3,4,7)
\end{aligned}
$$

总结主析取范式的作用:

（1）求公式的成真赋值与成假赋值.

若公式 A 中含 n 个命题变项，A 的主析取范式含 $s(0 \leqslant s \leqslant 2n)$ 个极小项，则 A 有 s 个成真赋值，它们是所含极小项角标的二进制表示，其余 $2n-s$ 个赋值都是成假赋值.

（2）判断公式的类型.

设公式 A 中含 n 个命题变项，容易看出：

① A 为重言式当且仅当 A 的主析取范式含全部 $2n$ 个极小项.

② A 为矛盾式当且仅当 A 的主析取范式不含任何极小项. 此时，记 A 的主析取范式为 0.

③ A 为可满足式当且仅当 A 的主析取范式至少含一个极小项.

（3）判断两个命题公式是否等值.

设公式 A,B 共含有 n 个命题变项，按 n 个命题变项求出 A 与 B 的主析取范式 A' 与 B'. 若 $A'=B'$，则 $A \Leftrightarrow B$；否则，$A \not\Leftrightarrow B$.

习题 9.4

基础练习

1. 设 A 与 B 均为含 n 个命题变项的公式，判断下列命题是否为真?

（1）$A \Leftrightarrow B$ 当且仅当 $A \leftrightarrow B$ 是可满足式.

（2）$A \Leftrightarrow B$ 当且仅当 A 与 B 有相同的主析取范式.

（3）若 A 为重言式，则 A 的主析取范式中含有 2^n 个极小项.

（4）若 A 为矛盾式，则 A 的主析取范式为 1.

提高练习

2. 求下列公式的析取范式.

（1）$(\neg P \wedge Q) \to R$；（2）$P \wedge (P \to Q)$；

（3）$\neg(P \wedge Q) \wedge (P \vee Q)$；（4）$(P \to Q) \to R$.

3. 求下列公式的主析取范式.

（1）$Q \wedge (P \vee \neg Q)$；（2）$P \vee (\neg P \to (Q \vee (\neg Q \to R))$；

（3）$(\neg P \vee \neg Q) \to (P \leftrightarrow \neg Q)$.

拓展练习

4. 用主析取范式法判断公式的类型，并求公式的成真赋值.

（1）$(p\to q)\wedge\neg p$；（2）$\neg(p\to q)\wedge r\wedge q$；

（3）$(p\to q)\to(\neg q\to\neg p)$.

第五节　代数结构初步

一、代数系统的概念

在我们生活的这个世界中，各种事物的联系都可以用运算来表示. 比如，我们上班，工作取得绩效，得到应得的工资，就可以表示为

$$\text{上班}*\text{绩效}=\text{工资}$$

这里的运算是一个普遍概念，由此得到下面的定义.

定义 5.1　设 A 和 B 都是非空集合，n 是一个正整数，若 Φ 是 A^n 到 B 的一个映射，则称 Φ 是 A 到 B 的一个 n 元运算. 当 $B=A$ 时，称 Φ 是 A 上的 n 元运算（n-ary operation），简称 **A 上的运算**，并称该 n 元运算在 A 上是**封闭的**.

例如，f: $\mathbf{N}\times\mathbf{N}\to\mathbf{N}$, $f(<x,y>)=x+y$ 就是自然数集合 $\mathbf{N}$ 上的二元运算，即普通的加法运算. 普通的减法不是自然数集合 $\boldsymbol{N}$ 上的二元运算，因为两个自然数相减可能得到负数，而负数不是自然数，这时也称 $\boldsymbol{N}$ 对减法运算不封闭. 验证一个运算是否为集合 S 上的二元运算主要考虑两点：

（1）S 中任何两个元素都可以进行这种运算，且运算的结果是唯一的.

（2）S 中任何两个元素的运算结果都属于 S，即 S 对该运算是封闭的.

例 5.1　（1）整数集合 $\mathbf{Z}$ 上的加法、减法和乘法都是 $\mathbf{Z}$ 上的二元运算，而除法不是.

（2）求一个数的倒数是非零实数集 $\mathbf{R}^*$ 上的一元运算.

（3）非零实数集 $\mathbf{R}^*$ 上的乘法和除法都是 $\mathbf{R}^*$ 上的二元运算，而加法和减法不是，因为两个非零实数相加或相减可能得 0.

（4）空间直角坐标系中求点 (x, y, z) 的坐标在 x 轴上的投影可以看作实数集 $\mathbf{R}$ 上的三元运算 $f(x, y, z)=x$，因为参加运算的是有序的 3 个实数，而结果也是实数.

通常用等 $\circ$, $\cdot$, $*$, ……表示二元运算，称为算符. 若 f: $S\times S\to S$ 是集合 S 上的二元运算，对任意 $x, y\in S$，如果 x 与 y 运算的结果是 z，即 $f(x, y)=z$，可利用运算 $\circ$ 简记为

$$x\circ y=z$$

类似于二元运算，也可以使用算符来表示 n 元运算. 如 n 元运算 $f(a_1, a_2, \cdots, a_n)=b$ 可简记为

$$\circ(a_1, a_2, \cdots, a_n)=b$$

$n=1$ 时，$\circ(a_1)=b$ 是一元运算；

$n=2$ 时，$\circ(a_1, a_2)=b$ 是二元运算；

$n=3$ 时，$\circ(a_1,a_2,a_3)=b$ 是三元运算.

这些相当于前缀表示法，但对于二元运算用得较多的还是 $a_1\circ a_2=b$，以下所涉及的 n 元运算主要是一元运算和二元运算.

若集合 $X=\{x_1, x_2, \cdots, x_n\}$ 是有限集，X 上的一元运算和二元运算也可用运算表给出. 表 9.14 和 9.15 分别是一元运算和二元运算的一般形式.

表 9.14

S_i	$*(S_i)$
S_1	$*(S_1)$
S_2	$*(S_2)$
…	…
S_n	$*(S_n)$

表 9.15

$*$	S_1	S_2	…	S_n
S_1	S_1*S_1	S_1*S_2	…	S_1*S_n
S_2	S_2*S_1	S_2*S_2	…	S_2*S_n
…	…	…	…	…
S_n	S_n*S_1	S_n*S_2	…	S_n*S_n

定义 5.2　一个非空集合 A 连同若干个定义在该集合上的运算 $f_1, f_2, \cdots, f_k$ 所组成的系统称为一个代数系统. 记作

$$<A, f_1, f_2, \cdots, f_k>$$

如果对集合 S，由 S 的幂集 $P(S)$以及该幂集上的运算“∪”“∩”“～”组成一个代数系统$<P(S),\cup,\cap,\sim>$，$S_1\in P(S)$，S_1 的补集 $\sim S_1=S-S_1$ 也常记为 $\overline{S_1}$. 又如，整数集 **Z** 以及 **Z** 上的普通加法“+”组成一个系统$<\mathbf{Z},+>$. 值得注意的是，虽然代数系统有许多不同的形式，但它们可能有一些共同的运算.

二、代数系统的运算及其性质

对一个非空集合，我们可以任意地在这个集合上规定运算，使它成为代数系统. 但我们所关注的是其运算有某些性质的代数系统. 下面主要讨论二元运算的一些性质.

定义 5.3　设$*$是定义在集合 S 上的二元运算，如果对于任意的 $x, y\in S$，都有

$$x*y=y*x$$

则称二元运算$*$是可交换的或称运算$*$满足交换律.

例 5.2　设 **Z** 是整数集，$\Delta,*$分别是 **Z** 上的二元运算，其定义为，对任意的 $a, b\in$ Z，

$$a\triangle b=ab-a-b，a*b=ab-a+b$$

问 Z 上的运算$\triangle,*$分别是否可交换？

解　因为对 **Z** 中任意元素 a, b

$$a\triangle b=ab-a-b=ba-b-a=b\triangle a$$

成立，所以运算$\triangle$是可以交换的.

又因为对 **Z** 中的数 0,1

$$0*1=0\times1-0+1=1，1*0=1\times0-1+0=-1$$

所以 $$0*1\neq 1*0$$
从而运算*是不可交换的.

定义 5.4　设*是定义在集合 S 上的二元运算，如果对于 S 上中的任意元素 x, y, z 都有

$$(x*y)*z=x*(y*z)$$

则称二元运算*是可以结合的或称运算*满足结合律.

例 5.3　设 $\mathbf{Q}$ 是有理数集合，∘,*分别是 $\mathbf{Q}$ 上的二元运算，其定义为，对于任意的 $a, b\in\mathbf{Q}$，

$$a\circ b=a,\ a*b=a-2b$$

证明运算∘是可结合的，并说明运算*不满足结合律.

证明　因为对任意的 $a, b, c\in\mathbf{Q}$，

$$(a\circ b)\circ c=a\circ c=a$$

$$a\circ(b\circ c)=a\circ b=a$$

所以 $$(a\circ b)\circ c=a\circ(b\circ c)$$
即得运算∘是可以结合的.

又因为对 $\mathbf{Q}$ 中的元 0,1

$$(0*0)*1=0*1=0-2=2$$
$$0*(0*1)=0*(-2)=0-2\times(-2)=4$$

所以 $$(0*0)*1\neq 0*(0*1)$$
从而运算*不满足结合律.

对于满足结合律的二元运算，在一个只有该种运算的表达式中，可以去掉标记运算顺序的括号. 例如，实数集上的加法运算是可结合的，所以表达式 $(x+y)+(u+v)$ 可简写为 $x+y+u+v$.

若 $<S,*>$ 是代数系统，其中*是 S 上的二元运算且满足结合律，n 是正整数，$a\in S$，那么，$a*a*a\cdots*a$ 是 S 中的一个元素，称其为 a 的 n 次幂，记为 a^n.

关于 a 的幂，用数学归纳法不难证明以下公式：

（1）$a^m*a^n=a^{m+n}$；

（2）$(a^m)^n=a^{mn}$.

其中 m, n 为正整数.

定义 5.5　设∘,*是定义在集合 S 上的两个二元运算，如果对于任意的 $x, y, z\in S$，都有

$$x\circ(y*z)=(x\circ y)*(x\circ z)$$

$$(y*z)\circ x=(y\circ x)*(z\circ x)$$

则称运算∘对运算*是可分配的，也称∘对运算*满足分配律.

例 5.4　设集合 $A=\{0,1\}$，在 A 上定义两个二元运算∘和*如表 9.16 和表 9.17 所示. 试问运算*对运算∘和运算∘对运算*分别是否是可分配的？

表 9.16

$\circ$	0	1
0	0	1
1	1	0

表 9.17

$*$	0	1
0	0	0
1	0	1

解　容易验证运算$*$对运算$\circ$是可分配的，但运算$\circ$对运算$*$是不满足分配律的. 因为

$$1\circ(0*1)=1\circ 0=1$$

而

$$(1\circ 0)*(1\circ 1)=1*0=0$$

所以，$\circ$对$*$不满足分配律.

定义 5.6　设$\circ$和$*$是集合 S 上的两个可交换的二元运算，如果对任意的 $x,y\in S$，都有

$$x*(x\circ y)=x，x\circ(x*y)=x$$

则称运算$\circ$和$*$满足吸收律.

例 5.5　设 $P(S)$是集合 S 上的幂集，集合的并“$\cup$”和交“$\cap$”是 $P(S)$上的两个二元运算，验证运算$\cap$和运算$\cup$满足吸收律.

解　对任意 $A, B\in P(S)$，由集合相等及$\cap$和$\cup$的定义可得

$$A\cup(A\cap B)=A，A\cap(A\cup B)=A$$

因此，$\cup$和$\cap$满足吸收律.

定义 5.7　设$*$是集合 S 上的二元运算，如果对于任意的 $x\in S$，都有

$$x*x=x$$

则称运算$*$是等幂的，或称运算$*$满足幂等律.

例 5.6　设 $\mathbf{Z}$ 是整数集，在 $\mathbf{Z}$ 上定义两个二元运算$\circ$和$*$，对于任意 $x, y\in\mathbf{Z}$，

$$x\circ y=\max(x, y)，x*y=\min(x, y)$$

验证运算$*$和$\circ$都是幂等的.

解　对于任意的 $x\in\mathbf{Z}$，有

$$x\circ x=\max(x, x)=x；x*x=\min(x, x)=x$$

因此运算$*$和运算$\circ$都是等幂的.

定义 5.8　设$\circ$是定义在集合 S 上的一个二元运算，如果有一个元素 $e_l\in S$，使得对于任意元素 $x\in S$，都有

$$e_l\circ x=x$$

则称 e_l 为 S 中关于运算$\circ$的左幺元；如果有一个元素 $e_r\in S$，使对于任意的元 $x\in S$ 都有

$$x\circ e_r=x$$

则称 e_r 为 S，中关于运算$\circ$的右幺元；如果 S 中有一个元素 e，它既是左幺元又是右幺元，则

称 e 是 S 中关于运算∘的幺元.

在实数集 $\mathbf{R}$ 中，加法的幺元是 0，乘法的幺元是 1；设 S 是集合，在 S 的幂集 $P(S)$中，运算∪的幺元是∅，运算∩的幺元是 S.

对给定的集合和运算，有些存在幺元，有些不存在幺元.

例如，$\mathbf{R}^*$是非零实数的集合，∘是 $\mathbf{R}^*$上如下定义的二元运算，对任意的元素 $a,b\in\mathbf{R}^*$，$a\circ b=b$，则 $\mathbf{R}^*$中不存在右幺元；但对任意的 $a\in\mathbf{R}^*$，对所有的 $b\in\mathbf{R}^*$，都有 $a\circ b=b$，所以，$\mathbf{R}^*$的任一元素 a 都是运算∘的左幺元，$\mathbf{R}^*$中的运算∘有无穷多个左幺元，没有右幺元和幺元.

又如，在偶数集合中，普通乘法运算没有左幺元、右幺元和幺元.

定理 5.1　设∗是定义在集合 S 上的二元运算，e_l 和 e_r 分别是 S 中关于运算∗的左幺元和右幺元，则有 $e_l=e_r=e$，且 e 为 S 上关于运算∗的唯一的幺元.

证明　因为 e_l 和 e_r 分别是 S 中关于运算∗的左幺元和右幺元，所以

$$e_l=e_l*e_r=e_r$$

把 $e_l=e_r$ 记为 e，假设 S 中存在 e_1，则有

$$e_1=e*e_1=e$$

所以，e 是 S 中关于运算∗的唯一幺元.

定义 5.9　设∗是定义在集合 S 上的一个二元运算，如果有一个元 $\theta_l\in S$，使得对于任意的元素 $x\in A$ 都有

$$\theta_l*x=\theta_l$$

则称 θ_l 为 S 中关于运算∗的左零元；如果有一元素 $\theta_r\in S$，使得对于任意的元素 $x\in S$，都有

$$x*\theta_r=\theta_r$$

则称 θ_r 为 S 中关于运算∗的右零元；如果 S 中有一元素 θ，它既是左零元又是右零元，则称 θ 为 S 中关于运算∗的零元.

例如，整数集 $\mathbf{Z}$ 上普通乘法的零元是 0，加法没有零元；S 是集合，在 S 的幂集 $P(S)$中，运算∪的零元是 S，运算∩的零元是∅；在非零的实数集 $\mathbf{R}^*$上定义运算∗，使对于任意的元素 $a,b\in\mathbf{R}^*$，有 $a*b=a$，那么，$\mathbf{R}^*$的任何元素都是运算∗的左零元，而 $\mathbf{R}^*$中运算∗没有右零元，也没有零元.

定理 5.2　设∘是集合 S 上的二元运算，θ_l 和 θ_r 分别是 S 中运算∘的左零元和右零元，则有 $\theta_l=\theta_r=\theta$，且 θ 是 S 上关于运算∘的唯一的零元.

这个定理的证明与**定理 5.1** 类似.

定理 5.3　设<S, ∗>是一个代数系统，其中∗是 S 上的一个二元运算，且集合 S 中的元素个数大于 1，若这个代数系统中存在幺元 e 和零元 θ，则 $e\neq\theta$.

证明（用反证法）　若 $e=\theta$，那么对于任意的 $x\in S$，必有

$$x=e*x=\theta*x=\theta=e$$

于是 S 中所有元素都是相同的，即 S 中只有一个元素，这与 S 中元素大于 1 矛盾. 所以，$e\neq\theta$.

定义 5.10　设<S, ∗>是代数系统，其中∗是 S 上的二元运算，$e\in S$ 是 S 中运算∗的幺元. 对

于 S 中任一元素 x，如果有 S 中元素 y_l 使

$$y_l*x=e$$

则称 y_l 为 x 的左逆元；若有 S 中元素 y_r 使

$$x*y_r=e$$

则称 y_r 为 x 的右逆元；如果有 S 中的元素 y，它既是 x 的左逆元，又是 x 右逆元，则称 y 是 x 的逆元.

例如，自然数集关于加法运算有幺元 0，且只有 0 有逆元，0 的逆元是 0，其他的自然数都没有加法逆元. 设 **Z** 是整数集合，则 **Z** 中乘法幺元为 1，且只有 –1 和 1 有逆元，分别是 –1 和 1；**Z** 中加法的幺元是 0；关于加法，对任何整数 x，x 的逆元是它的相反数 $-x$，因为 $(-x)+x=0=x+(-x)$.

例 5.7 设集合 $A=\{a_1, a_2, a_3, a_4, a_5, a_6\}$，定义在 A 上的一个二元运算$*$如表 9.18 所示，试指出代数系统 $<A, *>$ 中各元素的左、右逆元的情况.

表 9.18

*	a_1	a_2	a_3	a_4	a_5
a_1	a_1	a_2	a_3	a_4	a_5
a_2	a_2	a_4	a_1	a_1	a_4
a_3	a_3	a_1	a_2	a_3	a_1
a_4	a_4	a_3	a_1	a_4	a_3
a_5	a_5	a_4	a_2	a_3	a_5

解 由表可知，a_1 是幺元，a_1 的逆元是 a_1；a_2 的左逆元和右逆元都是 a_3，即 a_2 和 a_3 互为逆元；且 a_2 有两个右逆元 a_3 和 a_4，a_3 有两个右逆元 a_2 和 a_5，有两个左逆元 a_2 和 a_4；a_4 的左逆元是 a_2，而右逆元是 a_3； a_5 有左逆元 a_3，但 a_5 没有右逆元.

一般地，对给定的集合和其上的一个二元运算来说，左逆元、右逆元、逆元和幺元、零元不同，如果幺元和零元存在，一定是唯一的；而左逆元、右逆元、逆元是与集合中某个元素相关的，一个元素的左逆元不一定是右逆元，一个元素的左（右）逆元可以不止一个，但一个元素若有逆元则是唯一的.

定理 5.4 设 $\langle S, *\rangle$ 是一个代数系统，其中$*$是定义在 S 上的一个可结合的二元运算，e 是该运算的幺元，对于 $x\in S$，如果存在左逆元 y_l 和右元素 y_r，则有 $y_l=y_r=y$，且 y 是 x 的唯一的逆元.

证明 $$y_l=y_l*e=y_l*(x*y_r)=(y_l*x)*y_r=e*y_r=y_r$$

令 $y_l=y_r=y$，则 y 是 x 的逆元.

假设 $y_1\in S$ 也是 x 的逆元，则有

$$y_1=y_1*e=y_1*(x*y)=(y_1*x)*y=e*y=y$$

所以，y 是 x 的唯一的逆元.

由这个定理可知，对于可结合的二元运算来说，元素 x 的逆元如果存在则是唯一的，通

常把 x 的唯一的逆元记为 x^{-1}.

例如，若 **N** 和 **Z** 分别表示自然数集和整数集，× 为普通乘法，则代数系统<**N**, ×>中只有幺元 1 有逆元，<**Z**, ×>中只有 –1 和 1 有逆元，若 + 为普通的加法，则代数系统<**Z**, +>中所有元素都有逆元.

例5.8　设 **Q** 为有理数集合，*运算定义如下：$\forall x, y\in \mathbf{Q}$,

$$x*y = x + y - xy$$

求其单位元、零元和所有可逆元素的逆元

解　设*运算的单位元为 e，零元为θ，$\forall x\in \mathbf{Q}$，x 的逆元为 y. 根据交换性，e 只需对一切有理数 x 满足

$$x*e = x$$

即

$$x+e-xe = x \Rightarrow e(1-x) = 0$$

由 x 的任意性得 $e = 0$.

类似地有

$$x+\theta-x\theta = \theta \Rightarrow x(1-\theta) = 0$$

由 x 的任意性得$\theta= 1$.

因为 $x+y-xy=0$，所以

$$y = x/(x-1)(x \neq 1)$$

从而得单位元 $e=0$，零元 $\theta=1$，当 $x\neq 1$ 时，$x^{-1} = x/(x-1)$.

若<S, ∘>是代数系统，其中 ∘ 是有限非空集合 S 上的二元运算，那么该运算的部分性质可以从运算表直接看出. 例如，

（1）运算表中每个元素都属于 S 中，运算 ∘ 具有封闭性.

（2）运算表关于主对角线对称时，运算 ∘ 具有可交换性.

（3）运算表的主对角线上的元素与它所在行（列）的表头相同时，运算 ∘ 具有幂等性.

（4）S 关于运算 ∘ 有幺元 e，当且仅当表头 e 所在的列与左边一列相同且表中左边一列 e 所在的行与表头一行相同.

（5）S 关于运算 ∘ 有零元θ，当且仅当表头θ所在的列和表中左边一列θ所在的行都是θ.

（6）设 S 关于运算 ∘ 有幺元，当且仅当位于 a 所在的行与 b 所在的列交叉点上的元素以及 b 所在的行与 a 所在的列交叉点上的元素都是幺元时，a 与 b 互逆元.

代数系统<S, ∘>中一个元素是否有左逆元或右逆元也可从运算表中观察出来，但运算是否满足结合律在运算表上一般不易直接观察出来.

三、半群、含幺半群与群

半群、含幺元群及群是特殊的代数系统，在计算机科学领域中，如形式语言、自动化理论等方面，它们已得到了非常广泛的应用.

定义 5.11　设<S, *>是一个代数系统，*是 S 上的一个二元运算，如果运算*是封闭的、可结合的，则称代数系统<S, *>为半群.

由定义易得，$<\mathbf{N},+>$，$<\mathbf{N},\times>$是半群，其中 $\mathbf{N}$ 是自然数集，“+”“×”分别是普通的加法和乘法. A 是任一集合，$P(A)$是 A 的幂集，则$<P(A),\cup>$，$<P(A),\cap>$都是半群.

例 5.9　设 $S=\{a,b,c\}$，S 上的一个二元运算$\circ$的定义如表 9.19 所示，验证$<S,\circ>$是半群.

表 9.19

$\circ$	a	b	c
a	a	b	c
b	a	b	c
c	a	b	c

解　由表 9.19 知，运算$\circ$在 S 上是封闭的，而且对任意 $x_1,x_2\in S$，有

$$x_1\circ x_2=x_2$$

所以$<S,\circ>$是代数系统，且 a,b,c 都是左幺元. 从而对任意的 $x,y,z\in S$，都有

$$x\circ(y\circ z)=x\circ z=z=y\circ z=(x\circ y)\circ z$$

因此，运算$\circ$是可结合的，所以$<S,\circ>$是半群.

例 5.10　设 k 是一个非负整数，集合定义为 $S_k=\{x\mid x\text{ 是整数且 }x\geqslant k\}$，那么$<S_k,+>$是半群，其中 + 是普通的加法运算.

解　因为 k 是非负整数，易知运算 + 在 S_k 上是封闭的，而且普通加法运算是可结合的，所以$<S_k,+>$是半群.

易知，代数系统$<\mathbf{Z},->$，$<\mathbf{R}-\{0\},/>$都不是半群，这里“−”和“/”分别是普通的减法和除法.

定义 5.12　若半群$<S,\circ>$的运算$\circ$满足交换律，则称$<S,\circ>$是一个可交换半群. 若含有幺元，则称为含幺半群或独异点.

例如，若 $\mathbf{R}$ 是实数集，$\cdot$ 是普通乘法，代数系统$<\mathbf{R},\cdot>$是含幺半群，因为$<\mathbf{R},\cdot>$是半群，且 1 是 $\mathbf{R}$ 关于运算 $\cdot$ 的幺元. 设集合 $A=\{1,2,3,\cdots\}$，则$<A,+>$是半群，但不含幺元，所以它不是含幺半群.

定理 5.5　设$<S,\circ>$是含幺半群，对于任意的 $x,y\in S$，当 x,y 均有逆元时，有

（1）$(x^{-1})^{-1}=x$；

（2）$x\circ y$ 有逆元，且 $(x\circ y)^{-1}=y^{-1}\circ x^{-1}$.

证明　（1）因 x^{-1} 是 x 的逆元，所以

$$x^{-1}\circ x=x\circ x^{-1}=e$$

从而由逆元的定义及唯一性得

$$(x^{-1})^{-1}=x$$

（2）因为

$$(x\circ y)\circ(y^{-1}\circ x^{-1})=x\circ(y\circ y^{-1})\circ x^{-1}=x\circ e\circ x^{-1}=x\circ x^{-1}=e$$

同理可证
$$(y^{-1}\circ x^{-1})\circ(x\circ y)=e$$
所以，由逆元的定义及唯一性得
$$(x\circ y)^{-1}=y^{-1}\circ x^{-1}$$

例 5.11 设 **Z** 是整数集合，m 是任意正整数，Z_m 是由模 m 的同余类组成的集合，在 Z_m 上分别定义两个二元运算 $+_m$ 和 $\times_m$ 如下：对任意的 $[i],[j]\in Z_m$，
$$[i]+_m[j]=[(i+j)(\bmod m)]$$
$$[i]\times_m[j]=[(i\times j)(\bmod m)]$$
试证明 $m>1$ 时，$<Z_m,+_m>$、$<Z_m,\times_m>$ 都是含幺半群.

证明 考察非空集合 Z_m 上二元运算 $+_m$ 和 $\times_m$.

（1）由运算 $+_m$ 和 $\times_m$ 的定义易得，运算 $+_m$ 和 $\times_m$ 在 Z_m 上都是封闭的，且都是可结合的，所以，$<Z_m,+_m>$，$<Z_m,\times_m>$ 都是半群.

（2）因为
$$[0]+_m[i]=[i]=[i]+_m[0]$$
所以 $[0]$ 是 $<Z_m,+_m>$ 中的幺元；因为
$$[1]\times_m[i]=[i]=[i]\times_m[1]$$
所以 $[1]$ 是 $<Z_m,\times_m>$ 中的幺元.

由上可知，代数系统 $<Z_m,+_m>$，$<Z_m,\times_m>$ 都是含幺半群.

表 9.20 和表 9.21 分别给出 $m=3$ 时，“+”和“×”的运算表，在这两个运算表中没有两行或两列是相同的.

表 9.20

$+_3$	[0]	[1]	[2]
[0]	[0]	[1]	[2]
[1]	[1]	[2]	[0]
[2]	[2]	[0]	[1]

表 9.21

$\times_3$	[0]	[1]	[2]
[0]	[0]	[0]	[0]
[1]	[0]	[1]	[2]
[2]	[0]	[2]	[1]

定义 5.13　设$<G,\circ>$是一个代数系统，其中 G 是非空集合，$\circ$是 G 上的一个二元运算，如果

（1）运算$\circ$是封闭的；

（2）运算$\circ$是可结合的；

（3）有幺元 e；

（4）对每个元素 $a\in G$，G 中存在 a 的逆元 a^{-1}，

则称$<G,\circ>$是一个群，简称 G 是群.

由定义可得群一定是含幺半群，反之不一定成立.

例 5.12　实数集 $\mathbf{R}$ 关于普通加法构成群$<\mathbf{R},+>$，幺元是 0，若 a 是任意实数，逆元是 $-a$；类似地，若 $\mathbf{Z}$ 是整数集，则$<\boldsymbol{Z},+>$是群；但自然数集 $\mathbf{N}$，$<\mathbf{N},+>$是半群而不是群，因为除 0 以外每一个自然数都没有逆元.

例 5.13　设 $\mathbf{Z}$ 为整数集，任意 $x,y\in\mathbf{Z}$，

$$x\cdot y=x+y-2$$

证明 $\mathbf{Z}$ 关于 · 运算构成群.

证明　显然封闭性成立. 下面验证结合律. 任取 $x,y,z\in\mathbf{Z}$，有

$$(x\cdot y)\cdot z=(x+y-2)\cdot z=x+y-2=x+y+z-4$$

$$x\cdot(y\cdot z)=x\cdot(y+z-2)=x+(y+z-2)=x+y+z-4$$

单位元是 2，x 的逆元是 $4-x$，因为有

$$x\cdot 2=x+2-2=x$$

同理有

$$2\cdot x=2+x-2=x$$

$$x\cdot(4-x)=x+(4-x)-2=2$$

$$(4-x)\cdot x=(4-x)+x-2=2$$

所以，$<\mathbf{Z},\cdot>$能够构成群.

习题 9.5

基础练习

1. 设 $\mathbf{N}$ 是自然数集，问下面定义的二元运算$*$在集合上封闭的有哪些？

（1）$x*y=|x-y|$；　　（2）$x*y=x-y$；

（3）$x*y=\max(x,y)$；　　（4）$x*y=\min(x,y)$；

（5）$x*y=z$，其中 z 为 xy 的倒数.

2. 在自然数集 $\mathbf{N}$ 上，下列运算可结合的是（　　）.

A. $a*b=a-2b$　　B. $a*b=\min\{a,b\}$

C. $a*b=-a-b$ D. $a*b=|a-b|$

3. 判断下述二元运算是否满足交换律.

（1）有理数集合 $\mathbf{Q}$ 上的除法.

（2）n 阶实矩阵集合 $M_n(\mathbf{R})$上的矩阵加法.

（3）设集合 S 至少有两个元素，任给 $a, b\in S, a\circ b=b$.

4. 判断下述二元运算是否满足结合律.

（1）整数集合 $\mathbf{Z}$ 上的减法.

（2）n 阶实矩阵集合 $M_n(\mathbf{R})$上的矩阵加法.

（3）任给 $a,b\in \mathbf{Z}, a\circ b=ab$.

（4）设集合 S 至少有两个元素，任给 $a, b\in S, a\circ b=a$.

提高练习

5. 设 $\mathbf{Q}$ 为有理数集合，$\forall x, y\in \mathbf{Q}$，$x*y=x+y-xy$，说明其不满足幂等律.

6. 对于由以下几个表所确定的运算，试分别讨论它们的交换性、幂等性以及是否有幺元. 如果有幺元，那么每个元素是否有逆元.

（1）

*	a	b	c
a	a	b	c
b	b	c	a
c	c	a	b

（2）

∘	a	b	c
a	a	b	c
b	a	b	c
c	a	b	c

（3）

·	a	b	c
a	a	b	c
b	b	b	b
c	c	b	c

拓展练习

7. 下列集合 S 和运算是否构成代数系统？构成哪一类代数系统？

（1）$S=\{1, 1/2, 2, 1/3, 3, 1/4, 4\}$；*是普通乘法.

（2）$S=\{a_1, a_2, a_3, \cdots, a_n\}$；$a_i*a_j=a_i$；$1\leqslant i, j\leqslant n$，其中 $n\geqslant 2$.

（3）$S=\{0,1\}$；*是普通乘法.

8. 设 $\mathbf{R}$ 是实数集，$G=\mathbf{R}\times\mathbf{R}$，$G$ 上的二元运算“+”定义为：

$$(x_1,y_1)+(x_2,y_2)=(x_1+x_2,y_1+y_2)$$

证明 $<G,+>$ 是一个群.

第六节　图论初步

一、图的基本概念

1. 图的定义

定义 6.1　一个无向图是一个有序的二元组 $<V, E>$，记作 G，其中

（1）$V\neq\varnothing$ 称为顶点集，其元素称为顶点或结点.

（2）E 称为边集，其元素称为无向边，简称边.

定义 6.2　一个**有向图**是一个有序的二元组 $\langle V, E\rangle$，记作 D，其中

（1）$V \neq \varnothing$ 称为顶点集，其元素称为顶点或结点.

（2）E 为边集，其元素称为有向边，简称边.

上面给出了无向图和有向图的集合定义，但人们总是用图形来表示它们，即用小圆圈（或实心点）表示顶点，用顶点之间的连线表示无向边，用有方向的连线表示有向边.

例 6.1　一个无向图 $G_1 = \langle V, E\rangle$，其中点集

$$V = \{v_1, v_2, v_3, v_4, v_5, v_6\}$$

边集

$$E = \{(v_1,v_2),(v_1,v_2),(v_2,v_3),(v_4,v_5),(v_5,v_5),(v_1,v_6)\}$$

一个有向图 G_2，其中

$$V = \{v_1, v_2, v_3, v_4, v_5\}$$

$$E = \{\langle v_1,v_1\rangle,\langle v_1,v_2\rangle,\langle v_2,v_3\rangle,\langle v_3,v_2\rangle,\langle v_2,v_4\rangle,\langle v_3,v_4\rangle\}$$

画出图形.

解　其图形如图 9.1 所示.

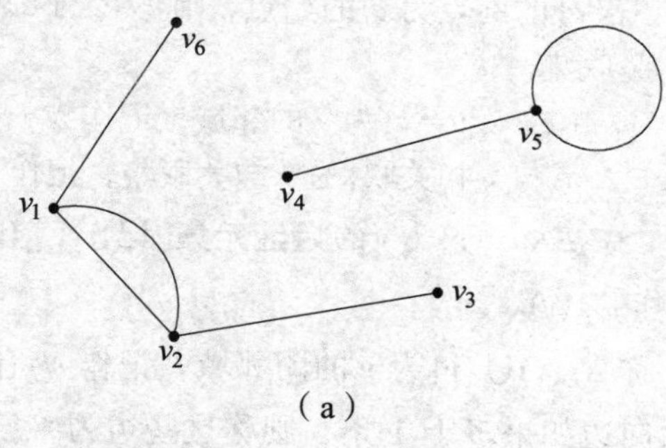

（a）

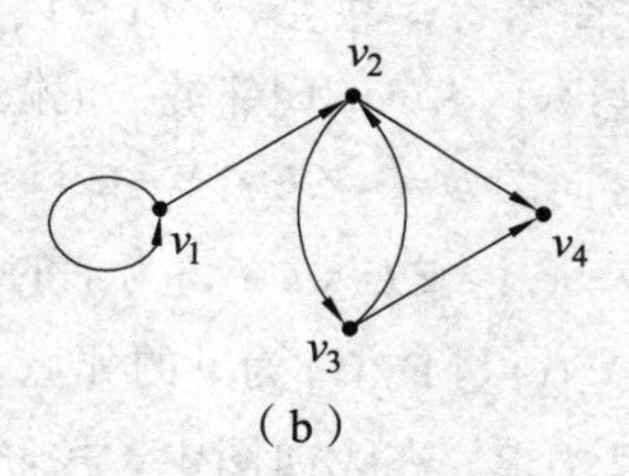

（b）

图 9.1

2. 图的相关概念和规定

（1）n 阶图.

在图的定义中，用 G 表示无向图，D 表示有向图，但有时用 G 泛指图(无向的或有向的)，可是 D 只能表示有向图. 另外，为方便起见，有时用 $V(G)$，$E(G)$分别表示 G 的顶点集和边集，若$|V(G)|=n$，则称 G 为 **n 阶图**. 对有向图可做类似规定.

（2）有限图.

若$|V(G)|$与$|E(G)|$均为有限数，则称 G 为**有限图**.

（3）n 阶零图与平凡图.

在图 G 中，若边集 $E(G)=\varnothing$，则称 G 为**零图**. 此时，又若 G 为 n 阶图，则称 G 为 **n 阶零图**，记作 N_n. 特别地，称 N_1 为**平凡图**.

（4）空图.

在图的定义中规定顶点集 V 为非空集，但在图的运算中可能产生顶点集为空集的运算结果，为此规定顶点集为空集的图为**空图**，并将空图记为 $\varnothing$.

（5）标定图与非标定图、基图.

将图的集合定义转化成图形表示之后，常用 e_k 表示无向边 (v_i,v_j)（或有向边 $<v_i, v_j>$），并称顶点或边用字母标定的图为**标定图**，否则称为**非标定图**. 另外将有向图各有向边均改成无向边后的无向图称为原来图的**基图**. 易知，标定图与非标定图是可以相互转化的，任何无向图 G 的各边均加上箭头就可以得到以 G 为基图的有向图.

（6）关联与关联次数、环、孤立点.

设 $G=<V,E>$ 为无向图，$e_k=(v_i,v_j)\in E$，则称 v_i, v_j 为 e_k 的端点，e_k 与 v_i 或 e_k 与 v_j 是彼此相**关联**的. 若 $v_i\neq v_j$，则称 e_k 与 v_i 或 e_k 与 v_j 的**关联次数**为 1；若 $v_i=v_j$，则称 e_k 与 v_i 的关联次数为 2，并称 e_k 为**环**. 任意的 $v_l\in V$，若 $v_l\neq v_i$ 且 $v_l\neq v_j$，则称 e_k 与 v_l 的关联次数为 0.

设 $D=<V,E>$ 为有向图，$e_k=<v_i,v_j>\in E$，称 v_i, v_j 为 e_k 的端点，若 $v_i=v_j$，则称 e_k 为 D 中的环. 无论在无向图中还是在有向图中，无边关联的顶点均称**孤立点**.

（7）相邻与邻接.

设无向图 $G=<V, E>$，$v_i, v_j\in V$，$e_k, e_l\in E$. 若 $\exists\, e_t\in E$，使得 $e_t=(v_i,v_j)$，则称 v_i 与 v_j 是**相邻**的. 若 e_k 与 e_l 至少有一个公共端点，则称 e_k 与 e_l 是相邻的.

设有向图 $D=<V, E>$，$v_i, v_j\in V$，$e_k, e_l\in E$. 若 $\exists\, e_t\in E$，使得 $e_t=<v_i, v_j>$，则称 v_i 为 e_t 的始点，v_j 为 e_t 的终点，并称 v_i **邻接到** v_j，v_j **邻接于** v_i. 若 e_k 的终点为 e_l 的始点，则称 e_k 与 e_l 相邻.

（8）邻域与闭邻域、先驱元集与后继元集、关联集.

设无向图 $G=<V,E>$，$\forall\, v\in V$，则称 $\{u|u\in V\wedge(u,v)\in E\wedge u\neq v\}$ 为 v 的**邻域**，记作 $N_G(v)$；并称 $N_G(v)\cup\{v\}$ 为 v 的**闭邻域**，记做 $\bar{N}_G(v)$；称 $\{e|e\in E\wedge e$ 与 v 相关联$\}$ 为 v 的**关联集**，记作 $I_G(v)$.

设有向图 $D=<V,E>$，$\forall v\in V$，称 $\{u|u\in V\wedge<v, u>\in E\wedge u\neq v\}$ 为 v 的**后继元集**，记作 $\Gamma_D^-(v)$. 称 $\{u|u\in V\wedge<u, v>\in E\wedge u\neq v\}$ 为 v 的**先驱元集**，记作 $\Gamma_D^-(v)$.

称 $\Gamma_D^+(v)\cup\Gamma_D^-(v)$ 为 v 的邻域，记作 $N_D(v)$. 称 $N_D(v)\cup\{v\}$ 为 v 的闭邻域，记作 $\bar{N}_D(v)$.

定义 6.3 在无向图中，关联一对顶点的无向边如果多于 1 条，则称这些边为**平行边**，平行边的条数称为**重数**. 在有向图中，关联一对顶点的有向边如果多于 1 条，并且这些边的始点和终点相同（也就是它们的方向相同），则称这些边为**平行边**. 含平行边的图称为多重图，既不含平行边也不含环的图称为简单图.

在图 9.1 中，$<v_1, v_2>$ 的两条边就是平行边，$<v_5, v_5>$ 就是环，此图不是简单图.

二、顶点的度数与握手定理

1. 顶点的度数

定义 6.4 设 $G=<V, E>$ 为一无向图，$\forall\, v\in V$，称 v 作为边的端点次数之和为 v 的**度数**，简称为度，记作 $d(v)$. 设 $D=<V, E>$ 为有向图，$\forall\, v\in V$，称 v 作为边的始点次数之和为 v 的**出度**，记作 $d^+(v)$. 称 v 作为边的终点次数之和为 v 的**入度**，记作 $d^-(v)$；称 $d^+(v)+d^-(v)$ 为 v 的度数，记作 $d(v)$.

在图 9.1 中，$d(v_5)=3$，$d(v_6)=1$.

2. 握手定理

定理 6.1（握手定理）　设 $G=<V,E>$为任意无向图，$V=\{v_1, v_2,\cdots, v_n\}$，$|E|=e$，则

$$\sum_{i=1}^{n} d(v_i)=2e$$

证明　G 中每条边（包括环）均有两个端点：所以在计算 G 的各顶点度数之和时，每条边均计算 2 度，由于有 e 条边，所以共有 $2e$ 度.

定理 6.2（握手定理）　设 $D=<V, E>$为任意有向图，$V=\{v_1, v_2,\cdots, v_n\}$，$|E|=e$，则

$$\sum_{i=1}^{n} d(v_i)=2e,\quad \sum_{i=1}^{n} d^+(v_i)=e=\sum_{i=1}^{n} d^-(v_i)$$

证明　G 中每条有向边（包括环）均有两个端点：起点和终点，所以在计算 G 的各顶点度数之和时，每条边均计算 1 次出度和 1 次入度，所以出度和及度的总和是相等的.

推论　任何图(无向的或有向的)中，奇度顶点的个数是偶数.

证明　设 $G=<V, E>$为任意一图，令

$$V_1=\{v|v\in V\wedge d(v)\text{为奇数}\},\quad V_2=\{v|v\in V\wedge d(v)\text{为偶数}\}$$

则

$$V_1\cup V_2=V,\quad V_1\cap V_2=\varnothing.$$

由握手定理可知

$$\sum_{v_1} d(v_i)+\sum_{v_2} d(v_i)=\sum_{i=1}^{n} d(v_i)=2e$$

由于 $2e, \sum_{v_2} d(v_i)$ 均为偶数，所以 $\sum_{v_1} d(v_i)$ 为偶数，但 V_1 中顶点度数都为奇数，所以 V_1 中的顶点个数必为偶数.

下面给出与顶点度数有关的概念.

（1）无向图 G 中的最大度和最小度.

在无向图 G 中，令

$$\triangle(G)=\max\{d(v)|v\in V(G)\}$$
$$\delta(G)=\min\{d(v)|v\in V(G)\}$$

称 $\triangle(G), \delta(G)$ 分别为 G 的最大度和最小度. 在不引起混淆的情况下，将 $\triangle(G), \delta(G)$ 分别简记为 $\triangle$ 和 δ.

（2）有向图 D 中的最大度、最大出度、最大入度与最小度、最小出度、最小入度.

在有向图 D 中，类似无向图，可以定义最大度 $\triangle(D)$，最小度 $\delta(D)$，另外，令

$$\triangle^+(D)=\max\{d^+(v)|v\in V(D)\}$$
$$\delta^+(D)=\min\{d^+(v)|v\in V(D)\}$$
$$\triangle^-(D)=\max\{d^-(v)|v\in V(D)\}$$

$$\delta^-(D) = \min\{d^-(v)|v \in V(D)\}$$

分别称为 D 的最大出度、最小出度、最大入度、最小入度. 以上记号可分别简记为$\triangle, \delta, \triangle^+$, $\delta^+, \triangle^-, \delta^-$.

（3）悬挂顶点与悬挂边，奇度顶点与偶度顶点.

称度数为 1 的顶点为**悬挂顶点**，与它关联的边称为**悬挂边**. 度数为偶数(奇数)的顶点称为**偶度（奇度）顶点**.

在图 9.1 的无向图中，$d(v_1) = 3$，$\triangle = 3$，$\delta = 1$，v_3, v_6 是悬挂顶点. 有向图中，$\triangle^+ = 2$，$\delta^- = 2$.

三、图的同构、完全图与补图

1. 图的同构

定义 6.5 设 $G_1 = \langle V_1, E_1\rangle$，$G_2 = \langle V_2, E_2\rangle$为两个无向图(两个有向图)，若存在双射函数：$f$：$V_1 \to V_2$，对 $\forall\, v_i$，$v_j \in V_1$，

$$(v_i, v_j) \in E_1(\langle v_i, v_j\rangle \in E_1)\text{当且仅当}(f(v_i), f(v_j)) \in E_2(\langle f(v_i), f(v_j)\rangle \in E_2)$$

并且$(v_i, v_j)(\langle v_i, v_j\rangle)$与$(f(v_i), f(v_j))(\langle f(v_i), f(v_j)\rangle)$的重数相同，则称 G_1 与 G_2 是**同构**的，记作 $G_1 \cong G_2$.

在图 9.2 中，（a）为**彼得松（Peterson）**图，（b）与（a）同构.（c）（d）图不同构.

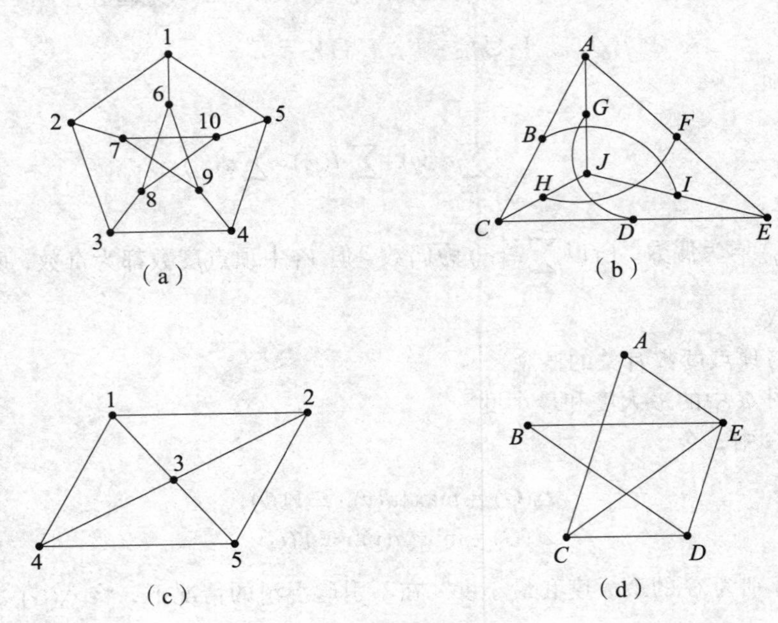

图 9.2

关于图之间的同构问题还应该指出以下两点：

（1）到目前为止，人们还没有找到判断两个图是否同构的好的算法，这还只能根据定义看是否能找到满足条件的双射函数，显然这是很困难的.

（2）需要注意的是，不要将两个图同构的必要条件当成充分条件. 若 $G_1 \cong G_2$，则它们的阶数相同、边数相同、度数列相同，等等. 破坏这些必要条件的任何一个，两个图就不会同

构，但以上列出的条件都满足，两个图也不一定同构.

例 6.2　判断图 9.3 所示的两个图之间的同构关系.

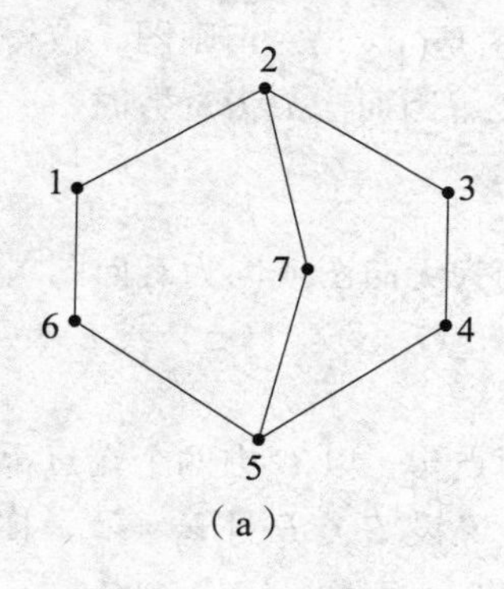

（a）

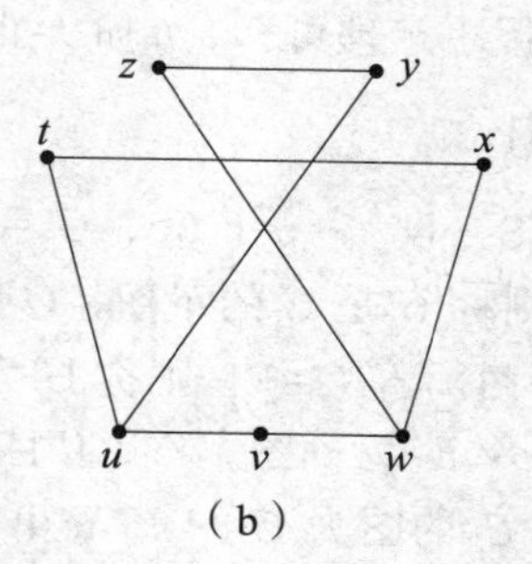

（b）

图 9.3

解　图（a）与（b）的顶点数相等，边数相等，都具有 5 个 2 度顶点和 3 个 3 度顶点，所以有一定的理由猜测它们是同构的，于是我们来试着找出一个同构映射.

建立两个图之间的映射 ϕ，顶点之间的一一对应为：

$$\phi(1)=z\ ,\ \ \phi(2)=w\ ,\ \ \phi(3)=x\ ,\ \ \phi(4)=t\ ,\ \ \phi(5)=u\ ,\ \ \phi(6)=y\ ,\ \ \phi(7)=v$$

容易验证两个图的边也一一对应，并且

$$\phi(i,j)=(\phi(i),\phi(j))$$

因此两个图是同构的.

2. 完全图

定义 6.6　设 G 为 n 阶无向简单图，若 G 中每个顶点均与其余的 $n-1$ 个顶点相邻，则称 G 为 **n 阶无向完全图**，简称 n 阶完全图，记做 $K_n(n\geqslant 1)$.

设 D 为 n 阶有向简单图，若 D 中每对结点间均有一对方向相反的边相连，则称 D 是 **n 阶有向完全图**.

下面给出几个完全图的例子. 如图 9.4 所示，由完全图的定义可知，无向完全图 K_n 的边数为 $|E(K_n)|=\dfrac{1}{2}n(n-1)$，而有向完全图的边数为 $|E(D_n)|=n(n-1)$.

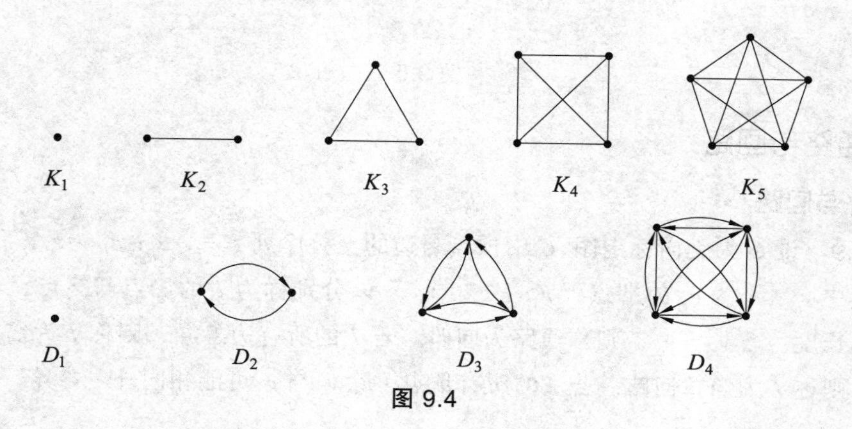

图 9.4

3. 正则图

定义 6.7 设 G 为 n 阶无向简单图，若 $\forall v \in V(G)$，均有 $d(v)=k$，则称 G 为 **k-正则图**.

由定义可知，n 阶零图是 0-正则图，n 阶无向完全图是 $(n-1)$-正则图，彼得森图是 3-正则图. 由握手定理可知，n 阶 k-正则图中，边数 $e=kn/2$，因而当 k 为奇数时，n 必为偶数.

4. 子图

定义 6.8 设 $G=<V,E>$，$G'=<V',E'>$为两个图（同为无向图或同为有向图），若 $V'\subseteq V$ 且 $E'\subseteq E$，则称 G'是 G 的**子图**，G 为 G'的**母图**，记作 $G'\subseteq G$. 又若 $V'\subset V$ 或 $E'\subset E$，则称 G' 为 G 的**真子图**. 若 $V'=V$，则称 G'为 G 的**生成子图**.

设 $G=<V,E>$为一图，$V_1\subset V$ 且 $V_1\neq\varnothing$，称以 V_1 为顶点集，以 G 中两个端点都在 V_1 中的边组成边集 E_1 的图为 G 的 **V_1 导出的子图**，记作 $G[V_1]$. 又设 $E_1\subset E$ 且 $E_1\neq\varnothing$，称以 E_1 为边集，以 E_1 中边关联的顶点为顶点集 V_1 的图为 G 的 E_1 导出的子图，记作 $G[E_1]$.

例 6.3 在图 9.5 中，G_1, G_2, G_3 均是 G 的真子图，其中 G_1 是 G 的生成子图，G_2 是由 $V_2=\{a,b,c,f\}$ 导出的导出子图 $G[V_2]$，G_3 是由 $E_3=\{e_2,e_3,e_4\}$ 导出的边导出子图 $G[E_3]$.

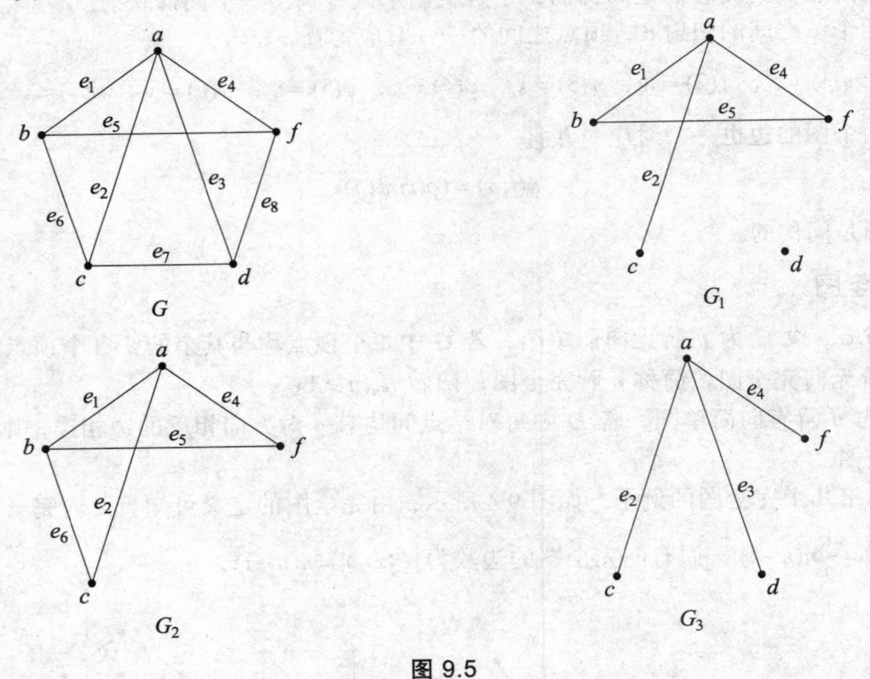

图 9.5

四、通路与回路

1. 通路与回路

定义 6.9 设 G 为无向标定图，G 中顶点与边的交替序列 $\Gamma=v_{i_0}e_{j_1}v_{i_1}e_{j_2}\cdots e_{j_t}v_{i_t}$ 称为 v_{i_0} 到 v_{i_t} 的**通路**，其中 $v_{i_{r-1}}, v_{i_r}$ 为 e_{j_r} 的端点，$r=1,2,\cdots,v_{i_0}$，v_{i_t} 分别称为 Γ 的始点与终点，Γ 中边的条数称为它的长度. 若 $v_{i_0}=v_{i_t}$，则称通路为**回路**. 若 Γ 的所有边各异，则称 Γ 为**简单通路**；又若 $v_{i_0}=v_{i_t}$，则称 Γ 为**简单回路**. 若 Γ 的所有顶点（除 v_{i_0} 与 v_{i_t} 可能相同外）各异，所有边也各

异，则称 Γ 为**初级通路或路径**；此时又若 $v_{i_0}=v_{i_l}$，则称 Γ 为**初级回路或圈**. 将长度为奇数的圈称为**奇圈**，长度为偶数的圈称为**偶圈**.

注意，在初级通路与初级回路的定义中，仍将初级回路看成初级通路（路径）的特殊情况，只是在应用中初级通路（路径）都是始点与终点不相同的；长为 1 的圈只能由环生成，长为 2 的圈只能由平行边生成，因而在简单无向图中，圈的长度至少为 3.

另外，若 Γ 中有边重复出现，则称 Γ 为**复杂通路**；又若 $v_{i_0}=v_{i_l}$，则称 Γ 为**复杂回路**.

在有向图中，通路、回路及分类的定义与无向图中非常相似，只是要注意有向边方向的一致性.

在以上的定义中，将回路定义成通路的特殊情况，即回路也是通路，又称初级通路（回路）为简单通路（回路），但反之不真.

用顶点与边的交替序列定义了通路与回路，但还可以用更简单的表示法表示通路与回路.

（1）只用边的序列表示通路（回路）. 定义 6.9 中的 Γ 可以表示成 $e_{j_1}e_{j_2}\cdots e_{j_l}$.

（2）在简单图中也可以只用顶点序列表示通路（回路）. 定义 6.9 中的 Γ 也可以表示成 $v_{i_0}v_{i_1}\cdots v_{i_l}$.

（3）为了写出非标定图中的通路（回路），可以先将非标定图标成标定图，再写出通路与回路.

（4）在非简单标定图中，当只用顶点序列表示不出某些通路（回路）时，可在顶点序列中加入一些边（这些边是平行边或环），可称这种表示法为**混合表示法**.

例 6.4　有向图 $D=\langle V,E\rangle$ 如下图所示：

在图 9.6 中，

（1）$p_1=v_1e_4v_5e_5v_4e_6v_1e_1v_2$ 是一条通路.

（2）$p_2=v_4e_7v_2e_2v_2e_3v_3e_8v_4$ 是一回路.

（3）$p_3=v_4e_6v_1e_1v_2e_3v_3$ 是一条简单通路.

（4）$p_4=v_4e_6v_1e_1v_2e_3v_3e_8v_4$ 是一圈.

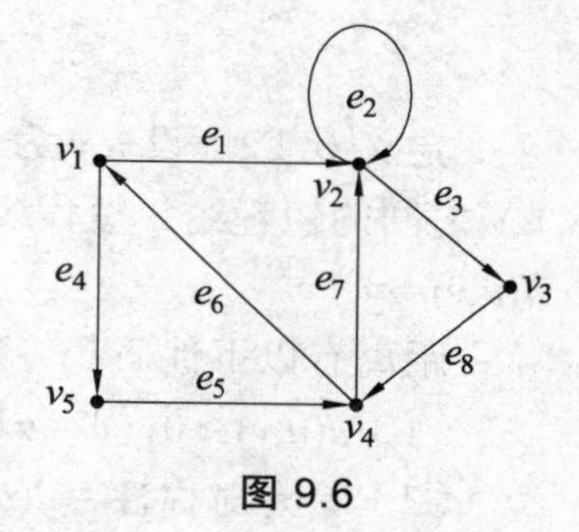

图 9.6

2. 通路与回路的性质

定理 6.3　在 n 阶图 G 中，若从顶点 v_i 到 $v_j(v_i\neq v_j)$ 存在通路，则从 v_i 到 v_j 存在长度小于或等于 $(n-1)$ 的通路.

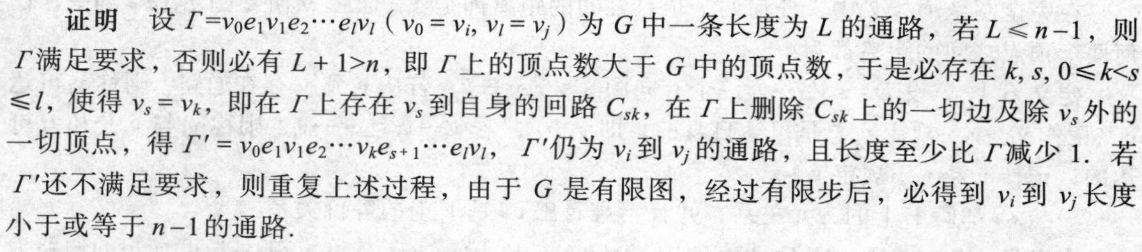

证明　设 $\Gamma=v_0e_1v_1e_2\cdots e_lv_l$（$v_0=v_i,v_l=v_j$）为 G 中一条长度为 L 的通路，若 $L\leqslant n-1$，则 Γ 满足要求，否则必有 $L+1>n$，即 Γ 上的顶点数大于 G 中的顶点数，于是必存在 $k,s,0\leqslant k<s\leqslant l$，使得 $v_s=v_k$，即在 Γ 上存在 v_s 到自身的回路 C_{sk}，在 Γ 上删除 C_{sk} 上的一切边及除 v_s 外的一切顶点，得 $\Gamma'=v_0e_1v_1e_2\cdots v_ke_{s+1}\cdots e_lv_l$，$\Gamma'$ 仍为 v_i 到 v_j 的通路，且长度至少比 Γ 减少 1. 若 Γ' 还不满足要求，则重复上述过程，由于 G 是有限图，经过有限步后，必得到 v_i 到 v_j 长度小于或等于 $n-1$ 的通路.

推论　在 n 阶图 G 中，若从顶点 v_i 到 $v_j(v_i\neq v_j)$ 存在通路，则 v_i 到 v_j 一定存在长度小于或等于 $n-1$ 的初级通路（路径）.

类似可证明下面的定理和推论.

定理 6.4　在一个 n 阶图 G 中，若存在 v_i 到自身的回路，则一定存在 v_i 到自身长度小于或等于 n 的回路.

推论 在一个 n 阶图 G 中，若存在 v_i 到自身的简单回路，则一定存在 v_i 到自身长度小于或等于 n 的初级回路.

3. 图的连通性

定义 6.10 设无向图 $G=<V,E>, \forall u,v\in V$，若 u,v 之间存在通路，则称 u,v 是**连通的**，记作 $u\sim v$. $\forall v\in V$，规定 $v\sim v$.

由定义不难看出，无向图中顶点之间的连通关系

$$\sim=\{(u,v)|u,v\in V \text{ 且 } u \text{ 与 } v \text{ 之间有通路}\}$$

是自反的，对称的，传递的，因而 $\sim$ 是 V 上的等价关系.

定义 6.11 设无向图 $G=<V,E>$，V 关于顶点之间的连通关系 $\sim$ 的商集 $V/\sim=\{V_1, V_2, \cdots, V_k\}$，$V_i$ 为等价类，称导出子图 $G[V_i](i=1,2,\cdots,k)$ 为 G 的**连通分支**，连通分支数 k 常记为 $p(G)$.

由定义可知，若 G 为连通图，则 $p(G)=1$；若 G 为非连通图，则 $p(G)\geqslant 2$；在所有的 n 阶无向图中，n 阶零图是连通分支最多的，$p(N_n)=n$.

又如，在图 9.7 中，$p(G_1)=1$，$p(G_2)=3$.

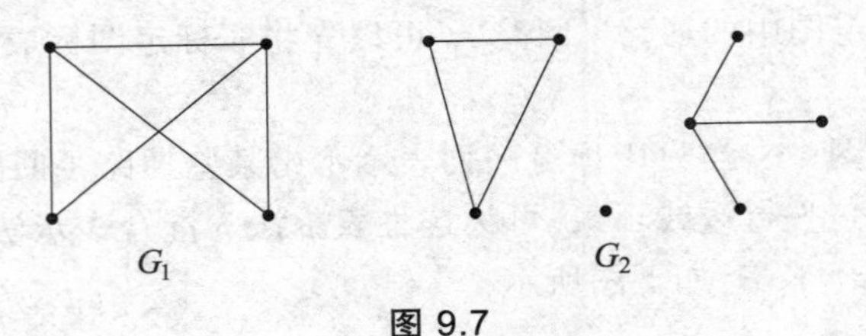

图 9.7

定义 6.12 设 u,v 为无向图 G 中任意两个顶点，若 $u\sim v$，称 u,v 之间长度最短的通路为 u,v 之间的**短程线**，短程线的长度称为 u,v 之间的**距离**，记作 $d(u,v)$. 当 u,v 不连通时，规定 $d(u,v)=\infty$.

距离有以下性质：

（1）$d(u,v)\geqslant 0$，$u=v$ 时，等号成立.

（2）具有对称性，$d(u,v)=d(v,u)$.

（3）满足三角不等式：$\forall u,v,w\in V(G)$，则 $d(u,v)+d(v,w)\geqslant d(u,w)$.

在完全图 $K_n(n\geqslant 2)$ 中，任何两个顶点之间的距离都是 1，而在 n 阶零图 $N_n(n\geqslant 2)$ 中，任何两个顶点之间的距离都为 ∞.

定义 6.13 设 $D=<V,E>$ 为一个有向图. $\forall v_i,v_j\in V$，若从 v_i 到 v_j 存在通路，则称 v_i **可达** v_j，记作 $v_i\to v_j$. 规定 v_i 总是可达自身的，即 $v_i\to v_i$. 若 $v_i\to v_j$ 且 $v_j\to v_i$，则称 v_i 与 v_j 是**相互可达的**，记作 $v_i\leftrightarrow v_j$. 规定 $v_i\leftrightarrow v_i$.

$\to$ 与 $\leftrightarrow$ 都是 V 上的二元关系，并且不难看出 $\leftrightarrow$ 是 V 上的等价关系.

定义 6.14 设 $D=<V,E>$ 为有向图，$\forall v_i,v_j\in V$，若 $v_i\to v_j$，称 v_i 到 v_j 长度最短的通路为 v_i 到 v_j 的**短程线**，短程线的长度为 v_i 到 v_j 的距离，记作 $d<v_i,v_j>$.

与无向图中顶点 v_i 与 v_j 之间的距离 $d(v_i,v_j)$ 相比，$d<v_i,v_j>$ 除无对称性外，具有 $d(v_i,v_j)$ 所具有的一切性质.

定义 6.15 设 $D=<V,E>$ 为一个有向图. 若 D 的基图是连通图，则称 D 是**弱连通图**，简

称为**连通图**. 若 $\forall v_i, v_j \in V$, $v_i \to v_j$ 与 $v_j \to v_i$ 至少成立其一, 则称 D 是**单向连通图**. 若均有 $v_i \leftrightarrow v_j$, 则称 D 是**强连通图**.

例如，在图 9.8 中，G_1 是弱连通的，G_2 是单向连通的，G_3 是强连通的.

注意，强连通一定是单向连通图，单向连通一定是弱连通图. 但反之不真.

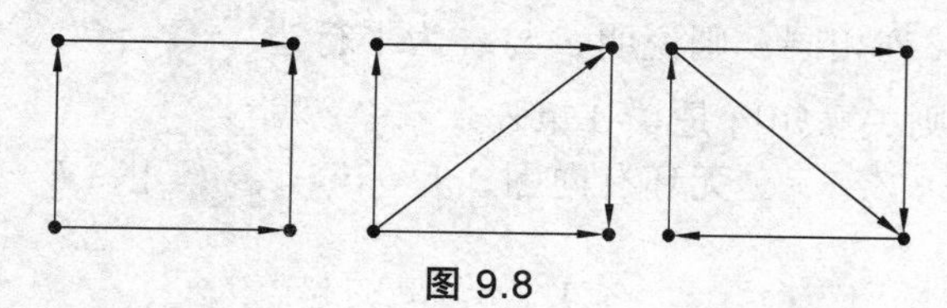

图 9.8

定理 6.5 设有向图 $D=\langle V, E\rangle$，$D=\{v_1,v_2,\cdots,v_n\}$. D 是强连通图当且仅当 D 中存在经过每个顶点至少一次的回路.

证明 充分性显然. 下面证明必要性. 由 D 的强连通性可知,

$$v_i \to v_{i+1}, \quad i=1,2,\cdots,n-1$$

设 Γ_i 为 v_i 到 v_{i+1} 的通路. 又因为 $v_n \to v_1$，设 Γ_n 为 v_n 到 v_1 的通路，则 $\Gamma_1, \Gamma_2, \cdots, \Gamma_{n-1}, \Gamma_n$ 所围成的回路经过 D 中每个顶点至少一次.

五、图的矩阵表示

图可以用集合来定义，但大多数情况是用图形来表示，此外，还可以用矩阵来表示. 用矩阵表示图，便于用代数方法研究图的性质，也便于计算机处理. 用矩阵表示图之前，必须将图的顶点或边标定顺序，使其成为标定图. 本节中主要讨论无向图及有向图的关联矩阵及有向图的邻接矩阵和可达矩阵.

定义 6.16 设无向图 $G=\langle V,E\rangle$，$V=\{v_1,v_2,\cdots,v_n\}$，$E=\{e_1,e_2,\cdots,e_m\}$，令

$$m_{ij}=\begin{cases}0, & \text{若}v_i\text{与}e_j\text{不关联}\\ 1, & \text{若}v_i\text{是}e_j\text{的端点}\\ 2, & \text{若}e_j\text{是关联}v_i\text{的一个环}\end{cases}$$

则称 $(m_{ij})_{n\times m}$ 为 G 的**关联矩阵**，记作 $\boldsymbol{M}(G)$.

例 6.5 图 9.9 中的图 G 的关联矩阵是

$$\boldsymbol{M}(G)=\begin{bmatrix}1&1&1&1&0&0\\1&1&0&0&0&0\\0&0&1&0&2&1\\0&0&0&1&0&1\\0&0&0&0&0&0\end{bmatrix}$$

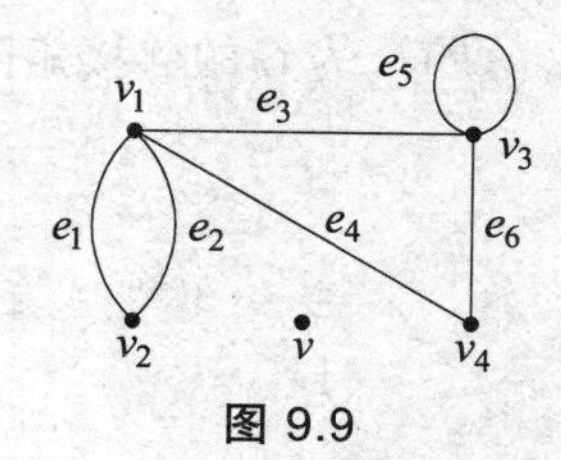

图 9.9

不难看出，关联矩阵 $\boldsymbol{M}(G)$ 有以下性质：

（1）$\sum_{i=1}^{n} m_{ij}=2(j=1,2,\cdots,m)$，即 $\boldsymbol{M}(G)$ 每列元素的和为 2，因为每边恰有两个端点（若为简单图，则每列恰有两个 1）.

（2）$\sum_{j=1}^{m} m_{ij} = d(v_i)$（第 i 行元素之和为 v_i 的度）.

（3）$\sum_{j=1}^{m} m_{ij} = 0$ 当且仅当 v_i 为孤立点.

（4）若第 j 列与第 k 列相同，则说明 e_j 与 e_k 为平行边.

如果图是简单图，则关联矩阵是 $0-1$ 矩阵.

定义 6.17 设 $D=<V,E>$ 是无环有向图，$V=\{v_1,v_2,\cdots,v_n\}$，$E=\{e_1,e_2,\cdots,e_m\}$，令

$$m_{ij}=\begin{cases}1, & v_i\text{为}e_j\text{的起点}\\ 0, & v_i\text{与}e_j\text{不关联}\\ -1, & v_i\text{为}e_j\text{的终点}\end{cases}$$

则称 $(m_{ij})_{n\times m}$ 为 D 的关联矩阵，记作 $\boldsymbol{M}(D)$.

例如，$\boldsymbol{M}(D)$ 是图 9.10 的关联矩阵.

$$\boldsymbol{M}(D)=\begin{bmatrix}-1 & 1 & 0 & 0 & 0\\ 1 & 0 & 1 & -1 & 0\\ 0 & -1 & -1 & 1 & 1\\ 0 & 0 & 0 & 0 & -1\end{bmatrix}$$

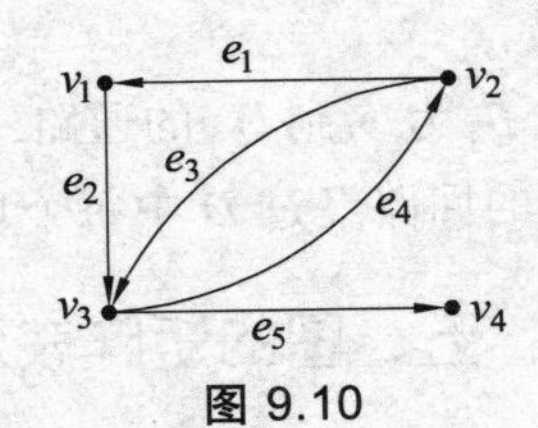

图 9.10

$\boldsymbol{M}(D)$有如下各条性质：

（1）$\sum_{i=1}^{n} m_{ij} = 0$，$j=1,2,\cdots,m$，从而 $\sum_{j=1}^{m}\sum_{i=1}^{n} m_{ij} = 0$，这说明 $\boldsymbol{M}(D)$中所有元素之和为 0.

（2）$\boldsymbol{M}(D)$中，负 1 的个数等于正 1 的个数，都等于边数 m，这正是有向图握手定理的内容.

（3）第 i 行中，正 1 的个数等于 $d^+(v_i)$，负 1 的个数等于 $d^-(v_i)$.

（4）平行边所对应的列相同.

定义 6.18 设 $G=<V,E>$ 是有向图，$V=\{v_1,v_2,\cdots,v_n\}$，令

$$a_{ij}^{(1)}=\begin{cases}k, & \text{从}v_i\text{邻接到}v_j\text{的边有}k\text{条}\\ 0, & \text{没有}v_i\text{到}v_j\text{的边}\end{cases}$$

则称 $(a_{ij}^{(1)})_{n\times n}$ 为 G 的**邻接矩阵**，记作 $\boldsymbol{A}(G)$，简记 $\boldsymbol{A}$.

$$\boldsymbol{A}=\begin{bmatrix}1 & 0 & 1 & 0\\ 0 & 0 & 1 & 0\\ 0 & 1 & 0 & 1\\ 0 & 0 & 1 & 0\end{bmatrix}$$

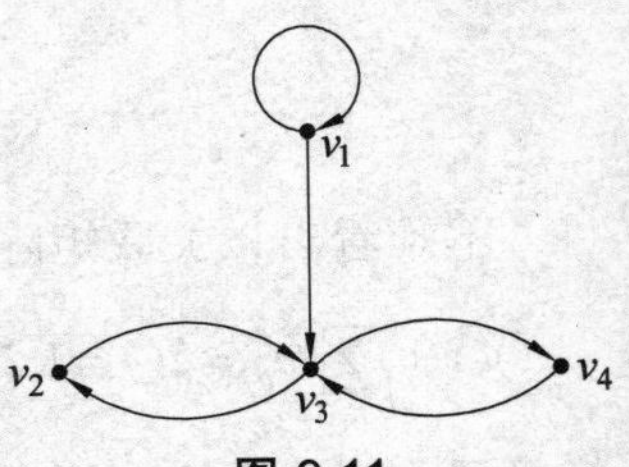

图 9.11

矩阵 $\boldsymbol{A}$ 是图 9.11 的邻接矩阵. 不难看出，图的邻接矩阵有如下性质：

（1）$\sum_{j=1}^{n} a_{ij}^{(1)} = d^+(v_i)$ (第 i 行元素的和为 v_i 的出度)，因此，

$$\sum_{i=1}^{n}\sum_{j=1}^{n}a_{ij}^{(1)}=\sum_{i=1}^{n}d^{+}(v_i)=m$$

（2）$\sum_{i=1}^{n}a_{ij}^{(1)}=d^{-}(v_j)$（第 j 列元素的和为 v_j 的入度），因此，

$$\sum_{j=1}^{n}\sum_{i=1}^{n}a_{ij}^{(1)}=\sum_{j=1}^{n}d^{-}(v_j)=m$$

（3）A 中所有元素的和是 G 中长度为 1 的通路的数目，而 $\sum_{i=1}^{n}a_{ii}^{(1)}$ 为 G 中长度为 1 的回路（环）的数目.

下面考察 A^l 的元素的意义，这里 $A^l=(a_{ij}^{(l)})_{n\times n}(l\geqslant 2)$，其中 $a_{ij}^{(l)}=\sum_{k}a_{ik}^{(l-1)}\cdot a_{kj}^{(l)}$，则

（4）$a_{ij}^{(l)}$ 为结点 v_i 到 v_j 长度为 l 的通路的数目，$a_{ii}^{(l)}$ 为始于（终于）v_i 长度为 l 的回路的数目.

（5）A^l 中所有元素的和 $\sum_{i=1}^{n}\sum_{j=1}^{n}a_{ij}^{(l)}$ 为 G 中长为 l 的通路的总数，而 A^l 对角线上元素之和 $\sum_{i=1}^{n}a_{ii}^{(l)}$ 为 G 始于（终于）各结点的长为 l 的回路总数.

在图 9.11 中计算 A^2,A^3,A^4 得：

$$A^2=\begin{bmatrix}1&1&1&1\\0&1&0&1\\0&0&2&0\\0&1&0&1\end{bmatrix},\quad A^3=\begin{bmatrix}1&1&3&1\\0&0&2&0\\0&2&0&2\\0&0&2&0\end{bmatrix},\quad A^4=\begin{bmatrix}1&3&3&3\\0&2&0&2\\0&0&4&0\\0&2&0&2\end{bmatrix}$$

由以上各矩阵得，$a_{13}^{(2)}=1,a_{13}^{(3)}=3,a_{13}^{(4)}=3$，即 G 中 v_1 到 v_3 长为 $2,3,4$ 的通路分别为 1 条、3 条、3 条. 而 $a_{11}^{(2)}=a_{11}^{(3)}=a_{11}^{(4)}=1$，则 G 中以 v_1 为起点（终点）的长为 $2,3,4$ 的回路各有一条. 由于 $\sum_{i=1}^{n}\sum_{j=1}^{n}a_{ij}^{(2)}=10$，所以 G 中长度为 2 的通路总数为 10，其中长为 2 的回路总数为 5.

（6）若令 $B_r=A+A^2+\cdots+A^r=(b_{ij}^{(r)})(r\geqslant 1)$，则 $b_{ij}^{(r)}$ 表示从结点 v_i 到 v_j 长度小于或等于 r 的通路总数，而 $b_{ii}^{(r)}$ 表示以 v_1 为起点（终点）长度小于或等于 r 的回路总数.

例如，与图 9.11 对应的矩阵为

$$B_4=\begin{bmatrix}4&5&8&5\\0&3&3&3\\0&3&6&3\\0&3&3&3\end{bmatrix}$$

于是，我们得到下面的定理.

定理 6.6　设 A 为有向图 D 的邻接矩阵，$V=\{v_1,v_2,\cdots,v_n\}$为 D 的顶点集，则 A 的 l 次幂 A^l（$l\geqslant 1$）中元素 $a_{ij}^{(l)}$ 为 D 中 v_i 到 v_j 长度为 l 的通路数，其中 $a_{ii}^{(l)}$ 为 v_i 到自身长度为

l 的回路数，而 $\sum_{i=1}^{n}\sum_{j=1}^{n}a_{ij}^{(l)}$ 为 D 中长度为 l 的通路总数，其中 $\sum_{i=1}^{n}a_{ii}^{(l)}$ 为 D 中长度为 l 的回路总数.

推论　设 $\boldsymbol{B}_l=\boldsymbol{A}+\boldsymbol{A}^2+\cdots+\boldsymbol{A}^l$（$l\geqslant 1$），则 $\boldsymbol{B}_l$ 中元素 $\sum_{i=1}^{n}\sum_{j=1}^{n}b_{ij}^{(l)}$ 为 D 中长度小于或等于 l 的通路数，其中 $\sum_{i=1}^{n}b_{ii}^{(l)}$ 为 D 中长度小于或等于 l 的回路数.

对无向图可类似地定义邻接矩阵. 对有向图的邻接矩阵得到的结论，可平行地运用到无向图上. 这里我们只介绍无向简单图的邻接矩阵.

定义 6.19　设 $G=<V,E>$ 是简单无向图，$V=\{v_1,v_2,\cdots,v_n\}$，令

$$a_{ij}=\begin{cases}1, & (v_i,v_j)\in E\\0, & (v_i,v_j)\notin E\end{cases}$$

则称 $(a_{ij})_{n\times n}$ 为 G 的**邻接矩阵**，记作 $\boldsymbol{A}(G)$，简记 $\boldsymbol{A}$.

例如，图 9.12 的邻接矩阵为

$$\boldsymbol{A}=\begin{bmatrix}0&1&1&1&0\\1&0&0&0&0\\1&0&0&1&0\\1&0&1&0&0\\0&0&0&0&0\end{bmatrix}$$

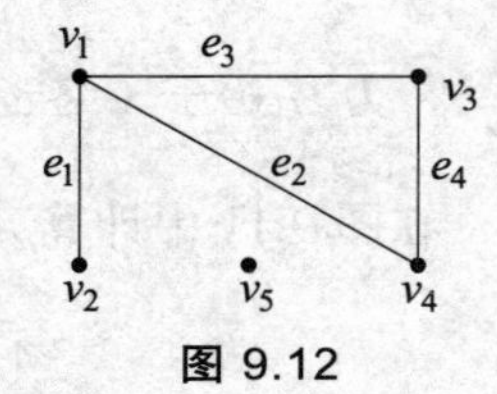

图 9.12

无向图的邻接矩阵与有向图的邻接矩阵的最大不同在于它是对称的. 且矩阵的每行（每列）元素的和等于对应结点的度. 其他性质都是类似的.

定义 6.20　设 $G=<V,E>$ 是有向图，$V=\{v_1,v_2,\cdots,v_n\}$，令

$$p_{ij}=\begin{cases}1, & v_i\text{可达}v_j,\\0, & \text{否则},\end{cases}\quad (i\neq j),\ p_{ii}=1, i=1,2,\cdots,n$$

则称 $(p_{ij})_{n\times n}$ 为 G 的**可达矩阵**，记作 $\boldsymbol{P}(G)$，简记 $\boldsymbol{P}$.

图 9.11 所示有向图 G 的可达矩阵为

$$\boldsymbol{P}=\begin{bmatrix}1&1&1&1\\0&1&1&1\\0&1&1&1\\0&1&1&1\end{bmatrix}$$

因为

$$\boldsymbol{B}=\boldsymbol{E}+\boldsymbol{A}+\boldsymbol{A}^2+\cdots+\boldsymbol{A}^{n-1}=(b_{ij})_{n\times n}$$

则可达矩阵 P 中的元素可按如下的方式得到：

$$p_{ij}=\begin{cases}1, & b_{ij}\neq 0\\0, & \text{否则}\end{cases}$$

即可由邻接矩阵求可达矩阵.

六、欧拉图、哈密尔顿图与树

1. 欧拉图

18 世纪，普鲁士的哥尼斯堡（Königsberg）城中有一条普雷格尔（Pregel）河，河上架设的 7 座桥连接着两岸及河中的两个小岛（如图 9.13（a））. 城里的人们喜欢散步，更期望能通过每个桥一次且仅一次再回到出发地，但谁都没能成功. 于是哥尼斯堡的人们将这个问题写信告诉了瑞士著名的数学家欧拉（L.Euler）. 欧拉在 1736 年证明了这样的散步是不可能的. 他用点代表岛和两岸的陆地，用线表示桥，得到该问题的数学模型（见图 9.13（b）），使“七桥问题”转化为图论问题. 因此，后来将上述“七桥问题”作为图论的起点，并将欧拉作为图论的创始人.

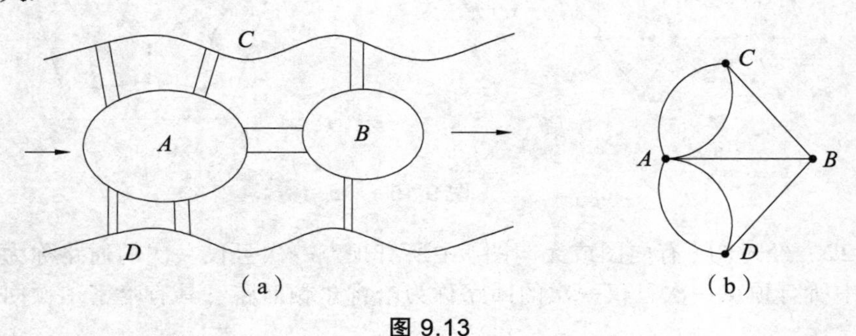

图 9.13

定义 6.21　通过图（无向图或有向图）中所有边一次且仅一次的通路称为**欧拉通路**，通过图中所有边一次并且仅一次行遍所有顶点的回路称为**欧拉回路**. 具有欧拉回路的图称为**欧拉图**.

例 6.6　图 9.14 中哪些图是欧拉图？哪些图不是欧拉图？哪些图可以一笔画出？

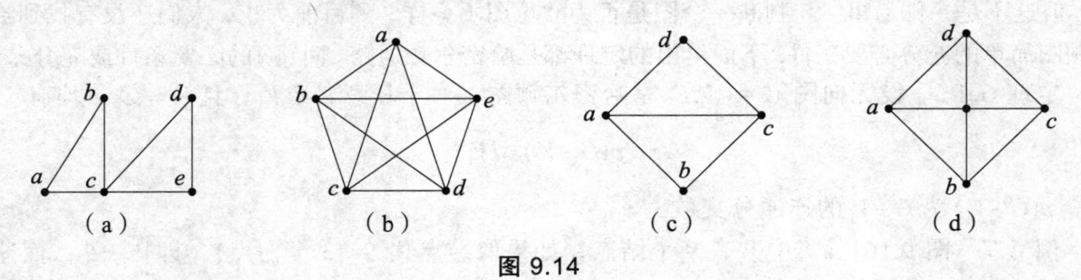

图 9.14

此例中，图（a），（b）是欧拉图，（c），（d）不是欧拉图，（a），（b），（c）可以一笔画出.

定理 6.7　无向图 G 具有欧拉通路当且仅当 G 是连通的，且 G 中恰有两个奇度顶点或没有奇度顶点.

一笔画问题可归结为图中有没有欧拉通路.

定理 6.8　无向图 G 是欧拉图当且仅当 G 是连通图，且 G 中所有结点度数都是偶数.

定理 6.9　有向图 D 有欧拉通路当且仅当 D 是单向连通的，且 D 中恰有两个奇度顶点，其中一个的入度比出度大 1，另一个的出度比入度大 1，而其余顶点的入度都等于出度.

定理 6.10　有向图 D 是欧拉图当且仅当 D 是强连通的且每个顶点的入度都等于出度.

2. 哈密尔顿图

爱尔兰数学家哈密尔顿（William Hamilton）爵士 1859 年提出了一个“周游世界”的游戏. 这个游戏把一个正十二面体的二十个顶点看成地球上的二十个城市. 棱线看成是连接城市的航路（航空、航海线或陆路交通线），要求游戏者沿棱线走，寻找一条经过所有结点（即城市）一次且仅一次的回路，如图 9.15（a）所示. 也就是在图 9.15（b）中找一条包含所有结点的圈. 图（b）中的粗线所构成的圈就是这个问题的答案.

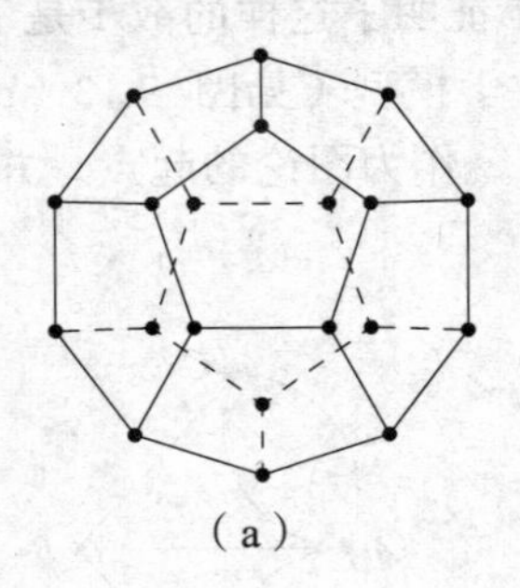

（a）

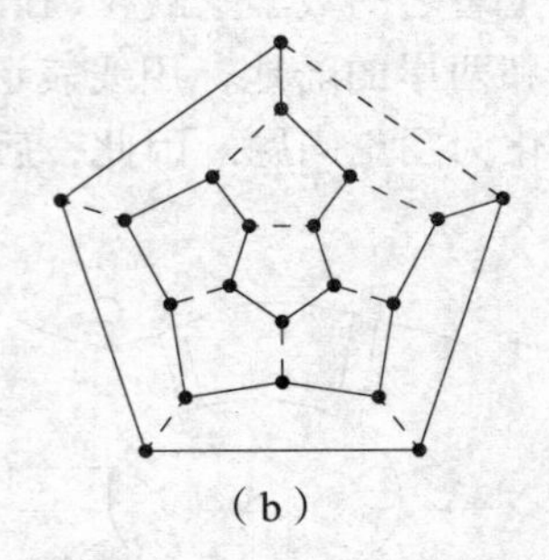

（b）

图 9.15

定义 6.22 经过图（有向图或无向图）中所有顶点一次且仅一次的通路称为**哈密尔顿通路**. 经过图中所有顶点一次且仅一次的回路称为**哈密尔顿回路**. 具有哈密尔顿回路的图称为**哈密尔顿图**.

图 9.14 中（b）(c)（d）三个无向图都有哈密尔顿回路，所以都是哈密尔顿图. 而（a）中虽有哈密尔顿通路，但无哈密尔顿回路，因而不是哈密尔顿图.

从定义可以看出，哈密尔顿通路是图中生成的初级通路，而哈密尔顿回路是生成的初级回路. 判断一个图是否为哈密尔顿图，就是判断能否将图中所有顶点都放置在一个初级回路（圈）上，但这不是一件易事. 与判断一个图是否为欧拉图不一样，到目前为止，人们还没有找到哈密尔顿图简单的充分必要条件. 下面给出的定理都是哈密尔顿通路（回路）的必要条件或充分条件.

定理 6.11 设无向图 $G=\langle V,E\rangle$是哈密尔顿图，对于任意 $V_1 \subset V$，且 $V_1 \neq \varnothing$，均有

$$p(G-V_1) \leqslant |V_1|$$

其中 $p(G-V_1)$ 为 $G-V_1$ 的连通分支数.

例 6.7 图 9.16（a）中共有 9 个结点，如果取结点集 S={3 个白点}，即 $|S|=3$，而这时 $\omega(G-S)=4$（如图 9.16（b）)，这说明图 9.16（a）不是哈密尔顿图. 但要注意若一个图满足定理 6.15 的条件也不能保证这个图一定是哈密尔顿图，如图 9.16（c）的彼得森图.

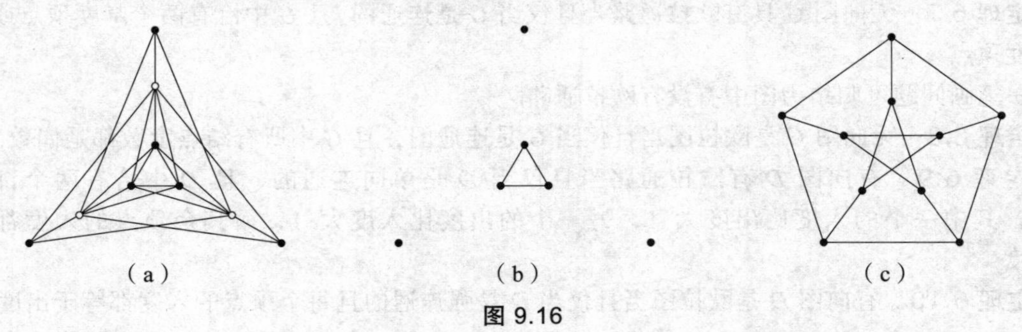

（a）（b）（c）

图 9.16

下面介绍一下无向图具有哈密尔顿通路与回路的充分条件.

定理 6.12　设 G 是 n 阶无向简单图，若对于 G 中任意不相邻的顶点 v_i, v_j，均有

$$d(v_i)+d(v_j)\geqslant n-1$$

则 G 中存在哈密尔顿通路.

定理 6.13　设 G 为 $n(n\geqslant 3)$阶无向简单图，若对于 G 中任意两个不相邻的顶点 v_i, v_j，均有

$$d(v_i)+d(v_j)\geqslant n$$

则 G 中存在哈密尔顿回路，从而 G 为哈密尔顿图.

需要注意的是，以上定理只是充分条件，若不满足定理条件时，也可能存在哈密尔顿路（回路）.

例如，图 9.17 中，任意两点的度数之和小于 7，但显然存在哈密尔顿回路.

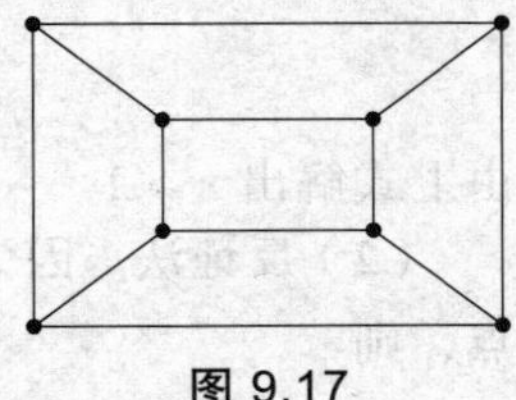

图 9.17

例 6.8　在某次国际会议的预备会议中，共有 8 人参加，他们来自不同的国家. 已知他们中任何两个无共同语言的人中的每一个，与其余有共同语言的人数之和大于或等于 8,问能否将这 8 个人排在圆桌旁，使其任何人都能与两边的人交谈？

解　设 8 人分别为 $v_1,v_2,\cdots,v_8$，作无向简单图 $G=\langle V,E\rangle$，其中

$$V=\{v_1,v_2,\cdots,v_8\},\ \forall v_i,v_j\in V,\ 且\ i\neq j$$

若 v_i 与 v_j 由共同语言，就在 v_i,v_j 之间连无向边(v_i,v_j)，由此组成边集合 E，则 G 为 8 阶无向简单图，$\forall v_i\in V$，$d(v_i)$为与 v_i 有共同语言的人数. 由已知条件可知，$\forall v_i,v_j\in V$ 且 $i\neq j$，均有

$$d(v_i)+d(v_j)\geqslant 8$$

由定理 6.12 可知，G 中存在哈密尔顿回路，设 $C=v_{i_1}v_{i_2}\cdots v_{i_z}v_{i_1}$ 为 G 中一条哈密尔顿回路. 按这条回路的顺序安排座次即可.

3. 树

定义 6.23　连通无回路的无向图称为**无向树**，或简称**树**，常用 T 表示树. 平凡图称为平凡树. 若无向图 G 至少有两个连通分支，每个连通都是树，则称 G 为**森林**.

在无向图中，悬挂顶点称为**树叶**，度数大于或等于 2 的顶点称为**分支点**.

无向树有许多性质，这些性质中有些既是树的必要条件又是充分条件，因而都可以看作树的等价定义，见下面的定理.

定理 6.14　设 $G=\langle V,E\rangle$是 n 阶 m 条边的无向图，则下面各命题是等价的：

（1）G 是树.

（2）G 中任意两个顶点之间存在唯一的路径.

（3）G 中无回路且 $m=n-1$.

（4）G 是连通的且 $m=n-1$.

（5）G 是连通的且 G 中任何边均为桥.

（6）G 中没有回路，但在任何两个不同的顶点之间加一条新边，在所得图中得到唯一的一个含新边的圈.

例 6.9　顶点数大于或等于 2 的树至少有两个悬挂点；顶点数大于或等于 3 的树至少有一个点不是悬挂点.

证明　设树 T 有 p 个顶点.

（1）因为 $p \geqslant 2$，所以对 T 的任何顶点 v_i 都有 $d(v_i) \geqslant 1$. 现假设 T 有 x 个悬挂点，则其他顶点的度数至少为 2，于是所有顶点的度数之和为

$$\sum_{i=1}^{p} d(v_i) \geqslant x + 2(p-x)$$

这样，根据握手定理和**定理 6.14**，我们有

$$2(p-1) \geqslant x + 2(p-x)$$

由上式解出 $x \geqslant 2$.

（2）反证法. 因为 $p \geqslant 3$，所以其中的顶点的度数大于或等于 1. 假设所有顶点都是悬挂点，则

$$\sum_{i=1}^{p} d(v_i) = p$$

这样根据握手定理和定理 6.14 就有

$$p = 2q = 2(p-1)$$

解得 $p=2$，这与题设条件阶数大于或等于 3 矛盾. 所以至少有一个点不是悬挂点.

定义 6.24　设 T 是无向图 G 的子图并且为树，则称 T 为 G 的树. 若 T 是 G 的树且为生成子图，则称 T 是 G 的**生成树**. 设 T 是 G 的生成树，$\forall\, e \in E(G)$，若 $e \in E(T)$，则称 e 为 T 的**树枝**，否则称 e 为 T 的**弦**. 并称导出子图 $G[E(G)-E(T)]$ 为 T 的**余树**，记作 $\overline{T}$.

例 6.10　在图 9.18 中，（b）是（a）的一个生成树.

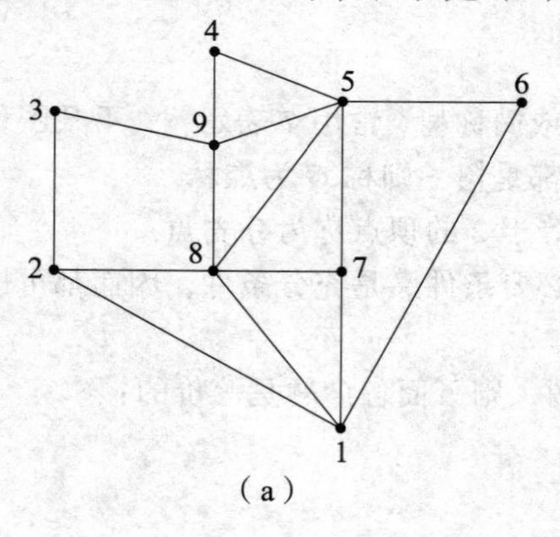

（a）

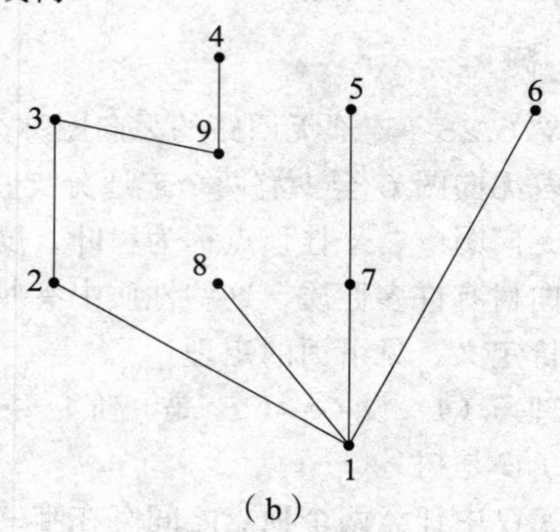

（b）

图 9.18

注意：$\overline{T}$ 不一定连通，也不一定不含回路. 在图 9.19 中，可求出一棵生成树 T，其边 $E=\{e_4,e_5e_2,e_1e_3e_8\}$，读者可自行画出余树 $\overline{T}$，它不连通，但含回路.

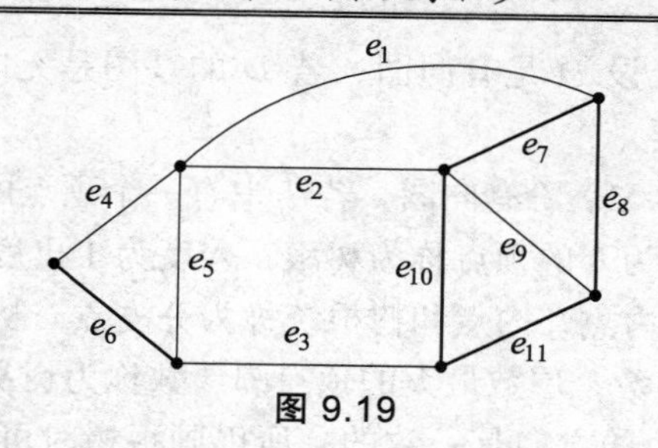

图 9.19

定理 6.15　无向图 G 具有生成树，当且仅当 G 是连通图.

下面讨论求连通带权图中的最小生成树问题.

定义 6.25　设无向连通带权图 $G=<V,E,W>$，T 是 G 的一棵生成树. T 的各边权之和称为 T 的权，记作 $W(T)$. G 的所有生成树中权最小的生成树称为 G 的**最小生成树**.

求最小生成树已经有许多种算法，这里介绍**避圈法（Kruskal 算法）**.

（1）设 n 阶无向连通带权图 $G=<V,E,W>$有 m 条边. 不妨设 G 中没有环（否则，可以将所有的环先删去），将 m 条边按权从小到大顺序排列，设为 $e_1,e_2,\cdots,e_m$.

（2）取 e_1 在 T 中，然后依次检查 $e_2,e_3,\cdots,e_m$. 若 e_j 与 T 中的边不能构成回路，则取 e_j 在 T 中，否则弃去 e_j.

（3）算法停止时得到的 T 为 G 的最小生成树.

例 6.11　求图 9.20 所示两个图中的最小生成树.

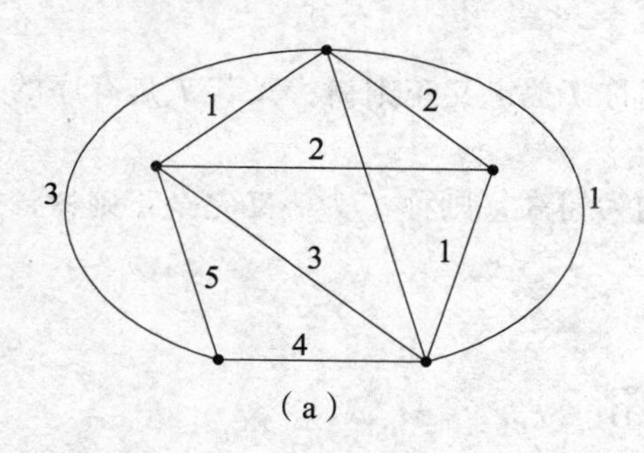

（a）

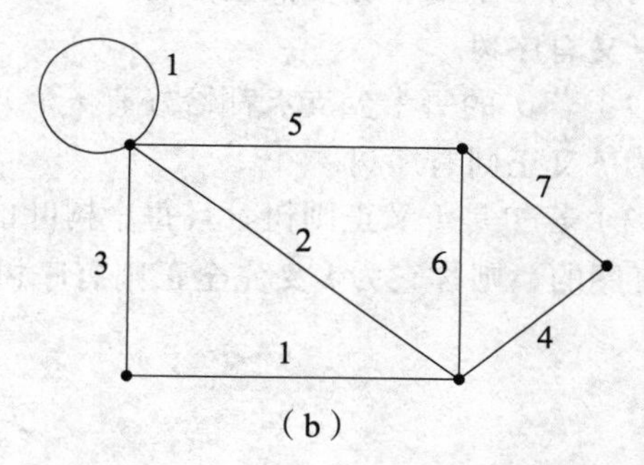

（b）

图 9.20

解　用避圈法算法，求出（a）中的生成树 T_1 为图 9.21 中（a）中粗线边所示的生成树，$W(T_1)=6$（见图 9.21（a））.（b）中的最小生成树为图 9.21 中（b）中粗线边所示的生成树 T_2，$W(T_2)=12$（见图 9.21（b））.

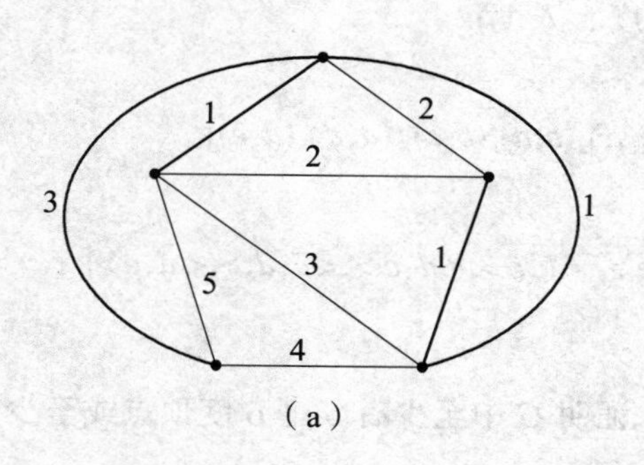

（a）

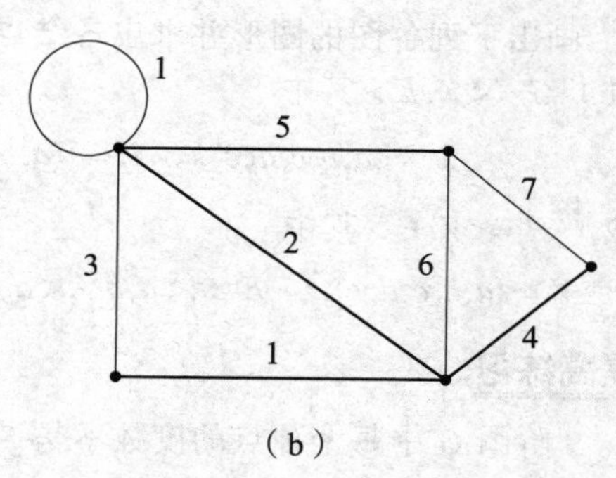

（b）

图 9.21

我们简单介绍一下根树．设 D 是有向图，若 D 的基图是无向树，则称 D 为有向树，在所有的有向树中，根树最重要．

定义 6.26 设 T 是 n（$n\geqslant 2$）阶有向图，若 T 中有一个顶点的入度为 0，其余顶点的入度均为 1，则称 T 为**根树**．入度为 0 的顶点称为**树根**，入度为 1 出度为 0 的顶点称为**树叶**，入度为 1、出度不为 0 的顶点称为**内点**，内点和树根统称为**分支点**．从树根到 T 的任意顶点 v 的通路（路径）的长度称为 v 的**层数**，层数最大的顶点的层数称为**树高**．平凡树也称为根树．

在根树中，由于各有向边的方向是一致的，所以画根树时可以省去各边上的所有箭头，并将树根画在最上方．图 9.22 所示的根树 T 中，有 8 片树叶，6 个内点，7 个分支点，它的高度为 5，在树叶 u 或 v 处达到．

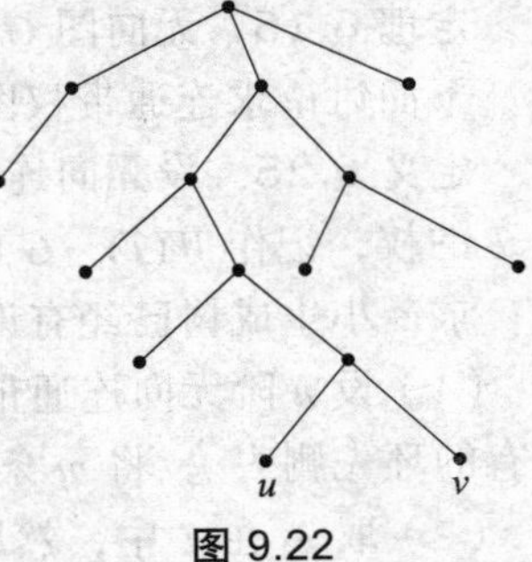

图 9.22

常将根树看成家族树，家族中成员之间的关系可由下面的定义给出．

定义 6.27 设 T 为一棵非平凡的根树，$\forall v_i,v_j\in V(T)$，若 v_i 可达 v_j，则称 v_i 为 v_j 的**祖先**，v_j 为 v_i 的**后代**；若 v_i 邻接到 v_j（即 $\langle v_i,v_j\rangle\in E(T)$），则称 v_i 为 v_j 的**父亲**，而 v_j 为 v_i 的**儿子**．若 v_j,v_k 的父亲相同，则称 v_j 与 v_k 是**兄弟**．

设 T 为根树，若将 T 中层数相同的顶点都标定次序，则称 T 为有序树．

根据根树 T 中每个分支点的儿子数以及是否有序，可以将根树分成下列各类：

（1）若 T 的每个分支点至多有 r 个儿子，则称 T 为 r **叉树**；又若 r 叉树是有序的，则称它为 r **叉有序树**．

（2）若 T 的每个分支点都恰好有 r 个儿子，则称 T 为 r **叉正则树**；又若 T 是有序的，则称它为 r **叉正则有序树**．

（3）若 T 是 r 叉正则树，且每个树叶的层数均为树高，则称 T 为 r **叉完全正则树**，又若 T 是有序的，则称它为 r **叉完全正则有序树**．

习题 9.6

基础练习

1. 无向图 G 有 18 条边，3 个 4 度顶点，4 个 3 度顶点，其余顶点的度数均小于 3，问 G 的阶数 n 至少为几？

2. 画出下列各图的图形并求出各结点的度(出度、入度).

（1）$G=\langle V,E\rangle$ 其中

$$V=\{a,b,c,d,e\},\quad E=\{(a,b),(a,c),(a,d),(b,a),(b,c),(d,d),(d,e)\}$$

（2）$H=\langle V,E\rangle$ 其中

$$V=\{a,b,c,d,e\},\quad E=\{\langle a,b\rangle,\langle a,c\rangle,\langle a,e\rangle,\langle b,c\rangle,\langle d,a\rangle,\langle d,d,\rangle,\langle d,e\rangle\}$$

提高练习

3. 9 阶图 G 中每个顶点的度数不是 5 就是 6，证明 G 中至少有 5 个 6 度顶点或至少有 6 个 5 度顶点．

4. 画出 K_4 的所有非同构的生成子图.

5. 设无向图 G 中只有两个奇度顶点 u 与 v，试证明 u 与 v 必连通.

6. 在下图所示的 4 个图中，哪些图是强连通图？哪些图是单向连通图？哪些图是连通图（弱连通图）？

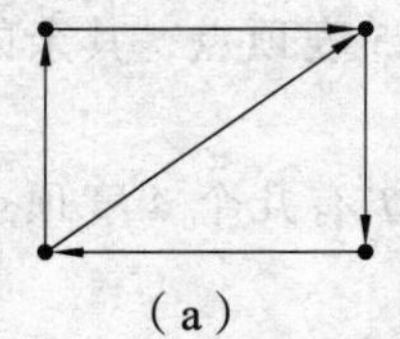
（a）

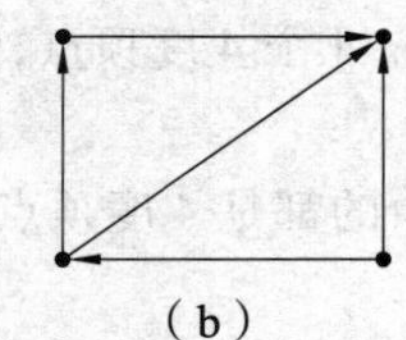
（b）

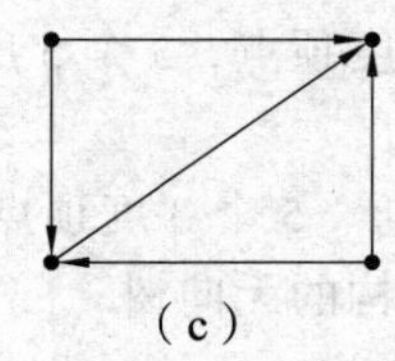
（c）

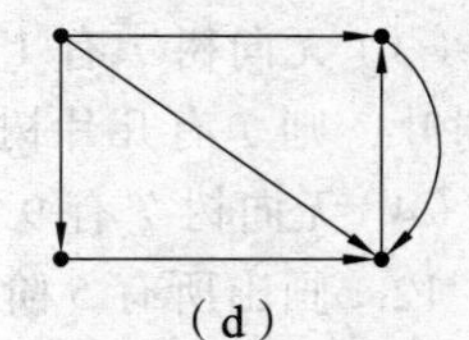
（d）

7. D 为有向图，邻接矩阵 $\boldsymbol{A}=\begin{bmatrix}1&2&0&0\\0&0&1&0\\1&0&0&1\\0&0&1&0\end{bmatrix}$，则图中 V_1 到 V_4 长度为 1, 2, 3, 4 的通路各有多少条？回路呢？

8. 设无向图 $G=\langle V,E\rangle$, $V=\{v_1, v_2, v_3, v_4\}$，邻接矩阵

$$\boldsymbol{A}=\begin{bmatrix}0&1&0&1\\1&0&1&1\\0&1&0&0\\1&1&0&0\end{bmatrix}$$

（1）试问 $\deg(v_1)=?$ $\deg(v_2)=?$

（2）图 G 是否为完全图？

（3）从 v_1 到 v_2 长为 3 的路有多少条？

9. 下列哪些图可以一笔画出.

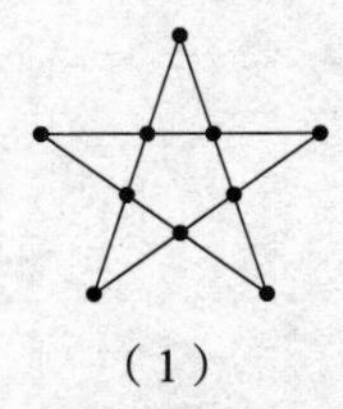
（1）

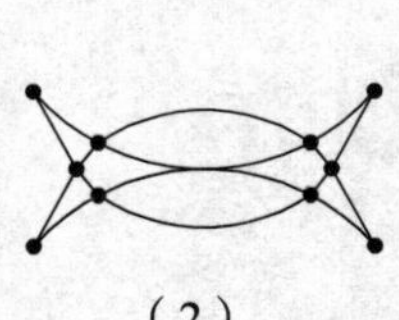
（2）

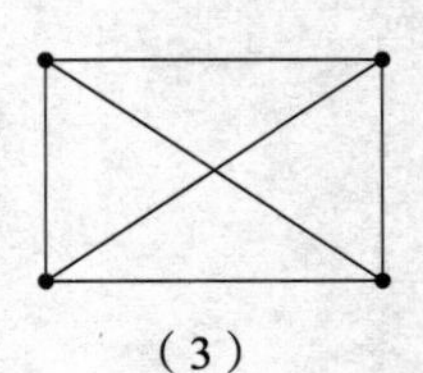
（3）

10. 判断下列图哪些是哈密尔顿图.

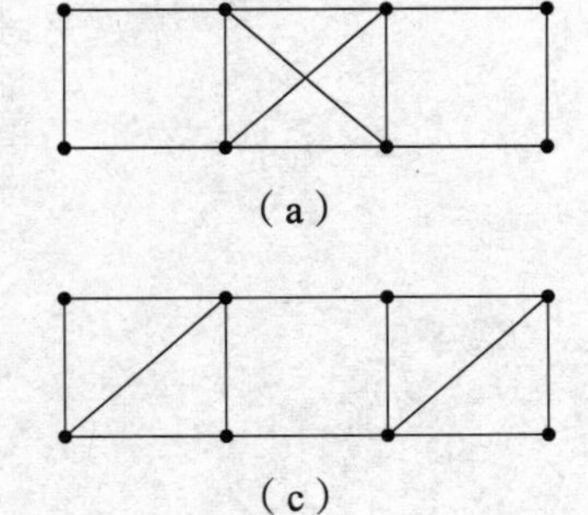
（a）

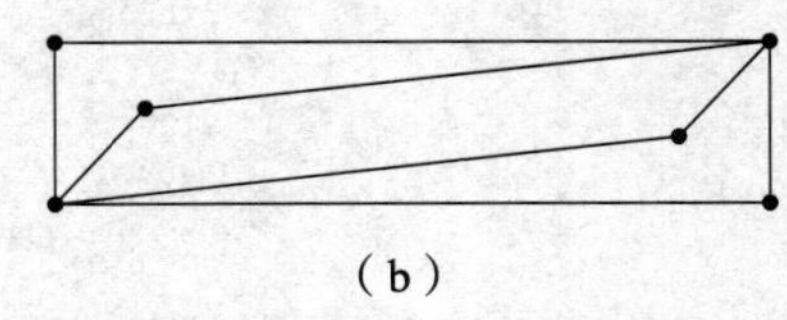
（b）

（c）

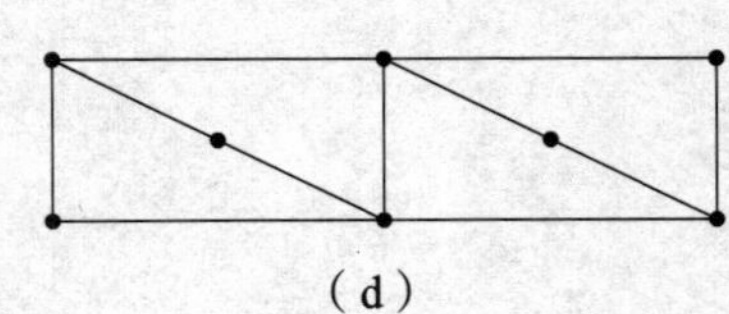
（d）

拓展练习

11.（1）无向树 T 有 7 片树叶，3 个 3 度顶点，其余的都是 4 度顶点，则 T 有几个 4 度顶点？

（2）无向树 T 有 3 个 3 度顶点，2 个 4 度顶点，其余的都是树叶，则 T 有几片树叶？

（3）无向树 T 有 1 个 2 度顶点，3 个 3 度顶点，4 个 4 度顶点，1 个 5 度顶点，其余的都是树叶，则 T 有几片树叶？

（4）无向树 T 有 9 片树叶，5 个 3 度顶点，其余的都是 4 度顶点，则 T 有几个 4 度顶点？

12. 画出所有 5 阶非同构的无向树.

13. 求下图的最小生成树.

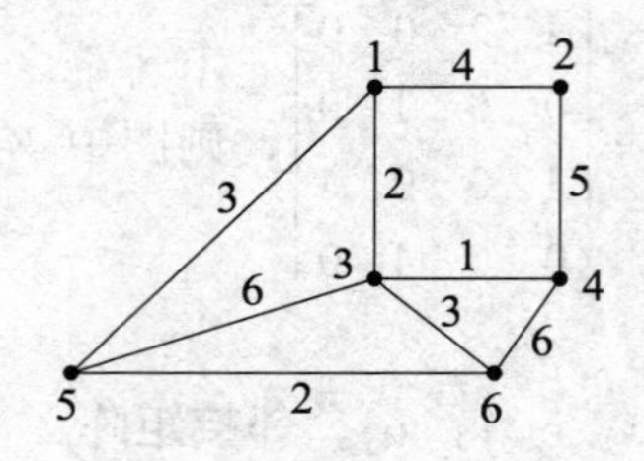

复习题九

一、选择题

1. 下列句子不是命题的是（　　）.

   A. 太好了！　　B. 张三是学生

   C. 雪是黑色的　　D. 中华人民共和国的首都是北京

2. 设 P：天下雪，Q：我去上课．命题“如果天下雪，那我就不去上课”符号化为（　　）.

   A. $Q \to P$　　B. $P \to \neg Q$

   C. $P \leftrightarrow Q$　　D. $\neg P \vee \neg Q$

3. 设命题公式 G：$\neg P \to (Q \wedge R)$，则使公式 G 取真值为 1 的 P,Q,R 的赋值分别是（　　）.

   A. 0, 0, 0　　B. 0, 0, 1　　C. 1, 0, 0　　D. 0, 1, 0

4. 下列式子为重言式的是（　　）.

   A. $P \to P \vee Q$　　B. $(\neg P \wedge Q) \wedge (P \vee \neg Q)$

   C. $\neg(P \leftrightarrows Q)$　　D. $(P \vee Q) \leftrightarrows (P \to Q)$

5. 命题公式 $\neg(\neg P \to Q)$ 的主析取范式是（　　）.

   A. $P \wedge \neg Q$　　B. $P \vee \neg Q$

   C. $\neg P \vee Q$　　D. $\neg P \wedge \neg Q$

6. 下列运算不满足交换律的是（　　）.

   A. $a*b = a + 2b$　　B. $a*b = \min(a,b)$

   C. $a*b = |a - b|$　　D. $a*b = 2ab$

7. 设 A 是偶数集合，下列说法正确的是（　　）.

   A. $<A, +>$是群　　B. $<A, \times>$是群

   C. $<A, \div>$是群　　D. $<A, +>, <A, \times>, <A, \div>$都不是群

8. 设*是集合 A 上的二元运算，下列说法正确的是（　　）.

   A. 在 A 中有关于运算*的左幺元，一定有右幺元

   B. 在 A 中有关于运算*的左右幺元，一定有幺元

   C. 在 A 中有关于运算*的左右幺元，它们不一定相同

   D. 在 A 中有关于运算*的幺元，不一定有左右幺元

9. 设 A 是奇数集合，下列构成独异点的是（　　）.

   A. $<A, +>$　　B. $<A, ->$　　C. $<A, \times>$　　D. $<A, \div>$

10. 下列说法不正确的是（　　）.

    A. 在实数集上，乘法对加法是可分配的

    B. 在实数集上，加法对乘法是可分配的

    C. 在某集合的幂集上，$\cup$对$\cap$是可分配的

    D. 在某集合的幂集上，$\cap$对$\cup$是可分配的

11. 下列可一笔画成的图形是（　　）.

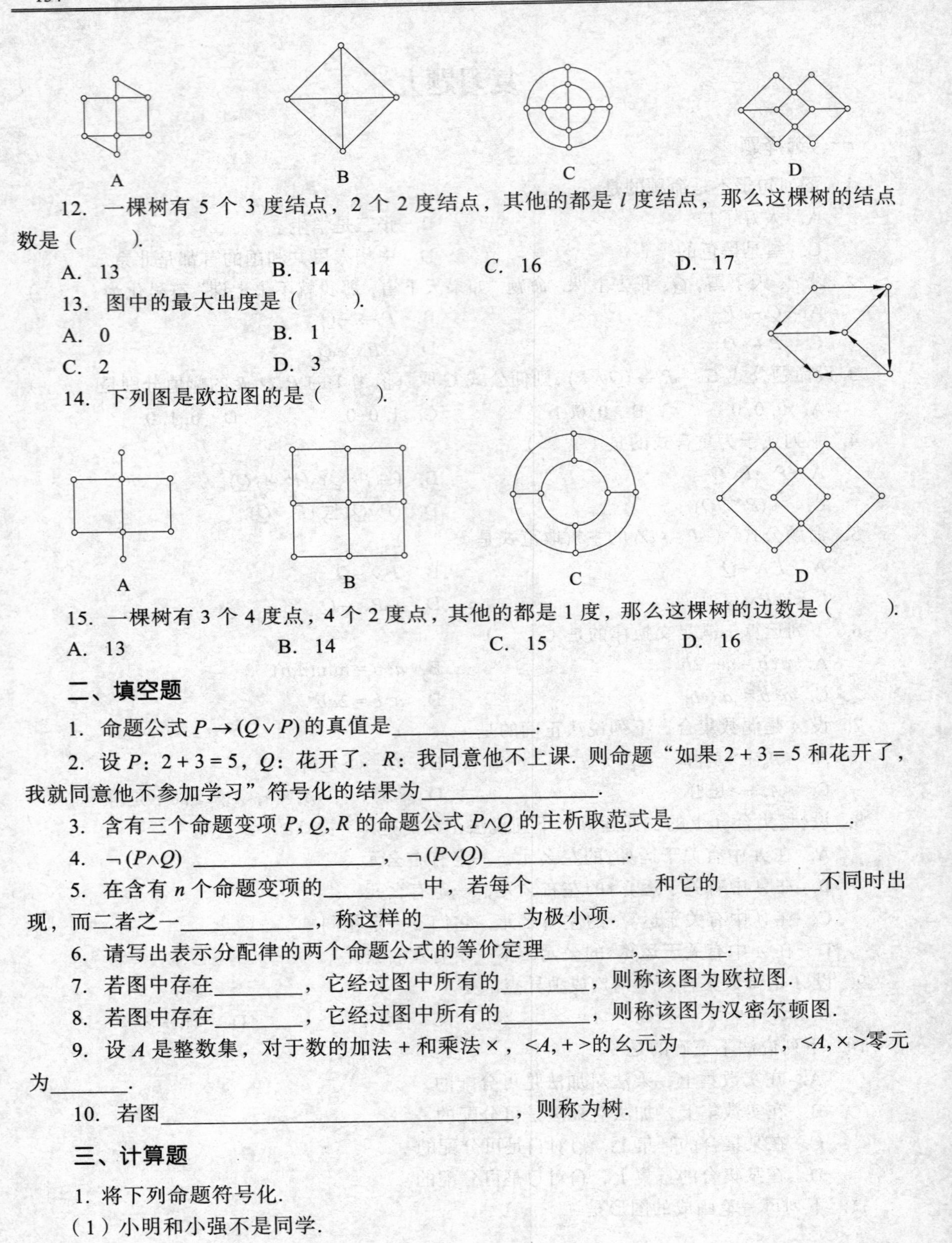

12. 一棵树有 5 个 3 度结点，2 个 2 度结点，其他的都是 l 度结点，那么这棵树的结点数是（　　）.

A. 13　　B. 14　　C. 16　　D. 17

13. 图中的最大出度是（　　）.

A. 0　　B. 1

C. 2　　D. 3

14. 下列图是欧拉图的是（　　）.

A　　B　　C　　D

15. 一棵树有 3 个 4 度点，4 个 2 度点，其他的都是 1 度，那么这棵树的边数是（　　）.

A. 13　　B. 14　　C. 15　　D. 16

二、填空题

1. 命题公式 $P \to (Q \vee P)$ 的真值是__________.

2. 设 P：$2+3=5$，Q：花开了. R：我同意他不上课. 则命题"如果 $2+3=5$ 和花开了，我就同意他不参加学习"符号化的结果为__________.

3. 含有三个命题变项 P, Q, R 的命题公式 $P \wedge Q$ 的主析取范式是__________.

4. $\neg(P \wedge Q)$ __________，$\neg(P \vee Q)$__________.

5. 在含有 n 个命题变项的________中，若每个________和它的________不同时出现，而二者之一________，称这样的________为极小项.

6. 请写出表示分配律的两个命题公式的等价定理________，________.

7. 若图中存在________，它经过图中所有的________，则称该图为欧拉图.

8. 若图中存在________，它经过图中所有的________，则称该图为汉密尔顿图.

9. 设 A 是整数集，对于数的加法 + 和乘法 ×，$<A,+>$的幺元为________，$<A,\times>$零元为________.

10. 若图____________________，则称为树.

三、计算题

1. 将下列命题符号化.

（1）小明和小强不是同学.

（2）我去看电影，当且仅当天不下雨

2. 构造下列各式的真值表.

（1）$(Q \to P) \to R$.

（2）$(P \wedge \neg Q \wedge \neg R) \vee (\neg P \wedge \neg Q \wedge \neg R)$.

3. 用矩阵的方法求图中结点 $u_i\,(i=1,2,3,4,5)$ 之间长度为 2 的路径的数目.

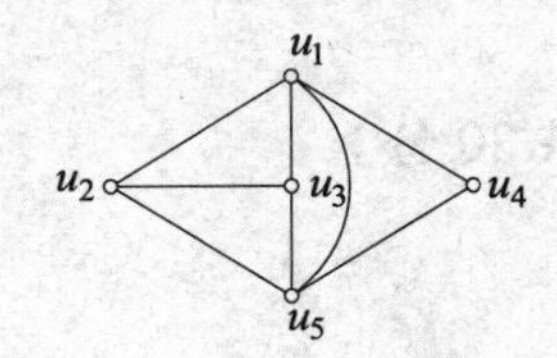

4. 求图的最小生成树.

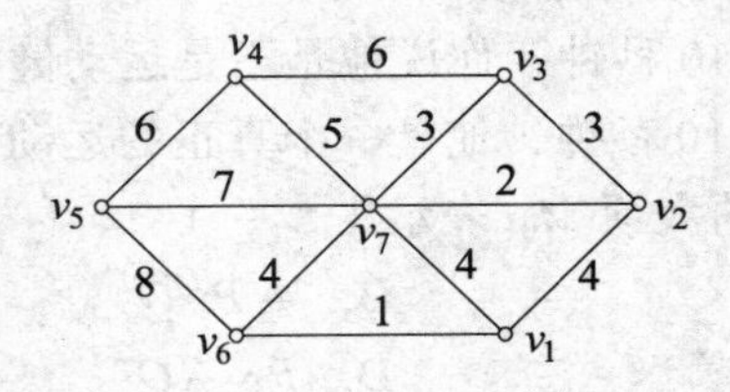

5. 判断公式类型.

（1）$\neg(Q \to P) \wedge P$.

（2）$(P \wedge (P \to Q)) \to Q$.

（3）$\neg(P \to Q) \wedge (P \to \neg R)$.

6. 求下列各式的主析取范式和成真赋值

（1）$\neg(P \to Q) \wedge (P \to \neg Q)$.

（2）$(P \wedge Q) \to R$.

（3）$(Q \to P) \wedge (\neg P \wedge Q)$.

四、证明题

1. 证明等值式.

（1）$\neg(A \to B) \Leftrightarrow A \wedge \neg B$.

（2）$\neg(A \leftrightarrow B) \Leftrightarrow (A \wedge \neg B) \vee (\neg A \wedge B)$.

（3）$A \to (B \vee C) \Leftrightarrow (A \wedge \neg B) \to C$).

2. 证明：设$\langle G, \cdot \rangle$是一个群，则对于任意 $a,b \in G$，必存在唯一的 $x \in G$ 使得 $a \cdot x = b$.

3. 设图 G 有 n 个结点，$n+1$ 条边，证明：G 中至少有一个结点度数$\geqslant 3$.

学习自测题九

（时间：90 分钟　100 分）

一、选择题（每小题 3 分，共 30 分）

1. 下列语句不是命题的是（　　）.

A. 黄金是非金属

B. 要是他不上场，我们就不会输

C. 他跑 100 米只用了 10 秒钟，你说他是不是运动健将呢

D. 他跑 100 米只用了 10 秒钟，他是一个真正的运动健将

2. 关于命题变元 P 和 Q 的大项 M_{01} 表示（　　）.

A. $\neg P\wedge Q$　　B. $\neg P\vee Q$

C. $P\vee\neg Q$　　D. $P\wedge\neg Q$

3. 设实数集 **R** 上的二元运算 o 为：$x\mathrm{o}y = x + y-2xy$，则 o 不满足（　　）.

A. 交换律　　B. 结合律

C. 有幂等元　　D. 有零元

4. 若$(A,*)$是一个代数系统，且满足结合律，则$(A,*)$必为（　　）.

A. 半群　　B. 独异点

C. 群　　D. 可结合代数

5. 设 S 是自然数集，则下列运算中不满足交换律的是（　　）.

A. $a*b = |a-b|$　　B. $a*b = a^b$

C. $a*b = \max\{a,b\}$　　D. $a*b = \min\{a,b\}$

6. 设图 $G' = <V', E'>$是图的生成子图，则必须（　　）.

A. $V' = V$　　B. $V'\neq V$ 但 $E' = E$

C. $E' = E$　　D. $E'\neq E$ 且 $V'\neq V$

7. 设有向图 G 有 5 个结点，4 条边，且有一条有向路经过每个结点一次，则图 G 满足的最大连通性是（　　）.

A. 不连通　　B. 弱连通

C. 单侧连通　　D. 强连通

8. 一个连通图 G 具有以下何种条件时，能一笔画出：即从某结点出发，经过图中每边仅一次回到该结点.（　　）.

A. G 没有奇数度结点　　B. G 有 1 个奇数度结点

C. G 有 2 个奇数度结点　　D. G 没有或有 2 个奇数度结点

9. 设 p：明天天晴；q：我去爬山；那么“除非明天天晴，否则我不去爬山.”可符号化为（　　）.

A. $p\to\neg q$　　B. $\neg p\to\neg q$

C. $\neg p \leftrightarrows \neg q$　　　　　　　　　　　D. $\neg p \to q$

10. 下列命题公式是永真式的是（　　）.

A. $(p \wedge \neg p) \leftrightarrows q$　　　　　　　　　B. $\neg(p \to q) \wedge q$

C. $(p \to q) \vee q$　　　　　　　　　　　D. $(p \vee p) \vee (p \to \neg p)$

二、填空题（每小题 3 分，共 15 分）

1. 设 P：$a^2 + b^2 = a^2$，Q:$b=0$，则 $P \leftrightarrows Q$ 意思是说______.

2. 合式公式 $\neg(Q \to P) \wedge P$ 是永______式.

3. 合式公式 $(P \leftrightarrows Q) \wedge (Q \leftrightarrows R)$ 与 $P \leftrightarrows R$ 的关系是______.（等价或蕴含选一）

4. 设图 G 的邻接矩阵为 $M=\begin{bmatrix} 0 & 1 & 1 \\ 1 & 1 & 0 \\ 1 & 0 & 0 \end{bmatrix}$，则 G 的可达性矩阵为______.

5. 一个无向树中有 6 条边，则它有______个结点.

三、计算题（每小题 10 分，共 40 分）

1. 求合式公式 $A=P \to ((P \to Q) \wedge \neg(\neg Q \vee \neg P))$ 的主析取范式.

2. 设$(S, *)$是代数系统，其中 $S=\{a, b, c\}$，*的运算表为

*	a	b	c
a	a	b	c
b	b	a	a
c	c	a	a

讨论$(S, *)$是否构成独异点，并验证你的结论.

3. 构造命题公式$(p \to (q \wedge r)) \to \neg p$ 的真值表.

4. 有 6 个村庄 $v_i (i=1,2,\cdots,6)$，欲修建道路使村村可通. 现已有修建方案如下带权无向图所示，其中边表示道路，边上的数字表示修建该道路所需费用，问应选择修建哪些道路可使得任两个村庄之间是可通的且总的修建费用最低?要求写出求解过程，画出符合要求的最低费用的道路网络图，并计算其费用.

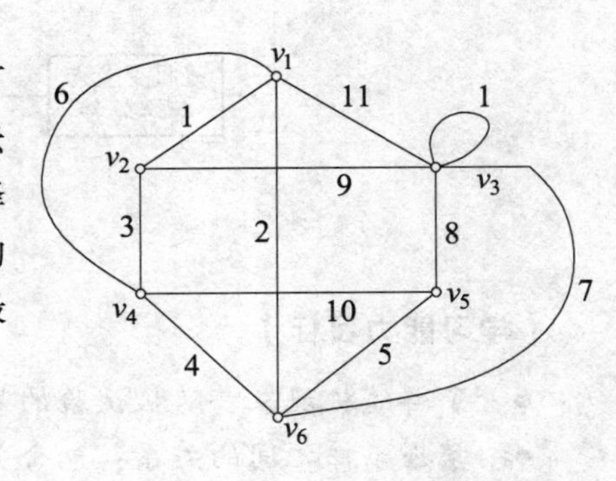

四、证明题（15 分）

试证：任意一个图的顶点度数之和为边的两倍.

第十章　概率论初步

概率论是研究随机现象统计规律性的数学分支，也是经管类各专业的基础课，是高等数学的重要组成部分．概率论初步包括随机事件及其概率、条件概率与独立性、随机变量及其概率分布、随机变量的数字特征．其知识结构图如下：

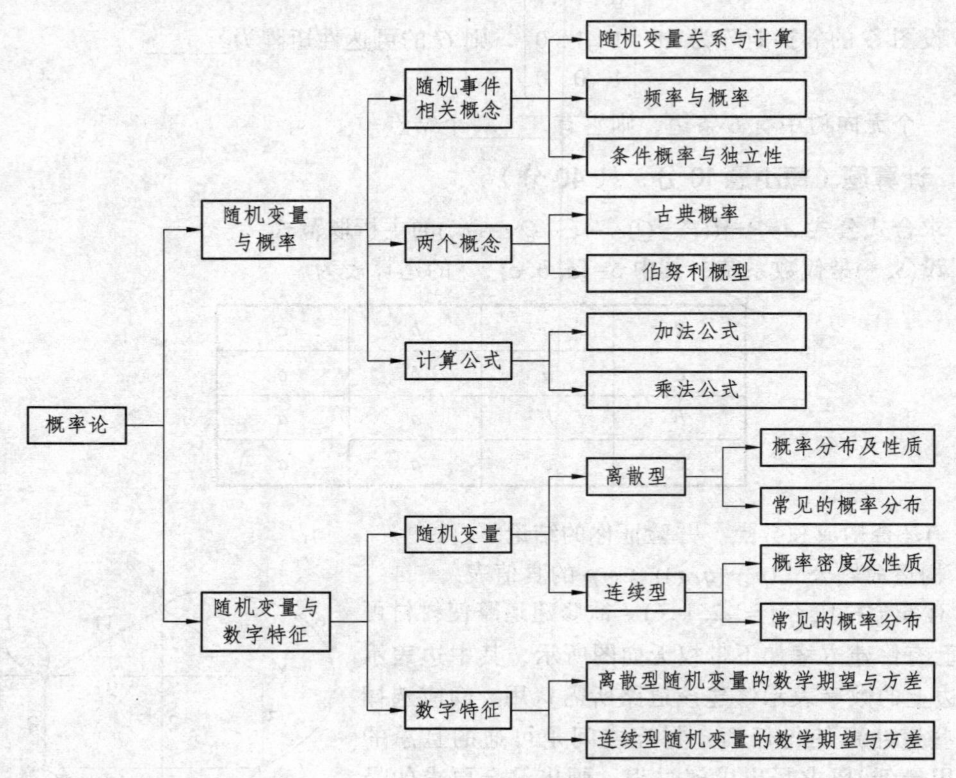

【学习能力目标】

- 了解随机现象、随机试验的基本特点；理解基本事件、样本空间、随机事件的概念．
- 掌握事件之间的关系：包含关系、相等关系、互不相容关系及对立关系．
- 理解事件之间并（和）、交（积）、差运算的意义，掌握其运算规律．
- 理解概率古典概型的意义，掌握事件概率的基本性质及事件概率的计算．
- 会求事件的条件概率；掌握概率的乘法公式及事件的独立性．
- 了解随机变量的概念及其分布函数．
- 理解随机变量的意义及其概率分布，掌握概率分布的计算方法．
- 会求随机变量的数学期望、方差和标准差．

第一节　随机事件

一、随机事件与样本空间

1. 随机现象

在生产实践、科学试验和日常生活中，经常会遇到各种各样的现象，例如：

（1）抛掷一枚质地均匀的硬币，可能出现正面，也可能出现反面；

（2）某人进行一次射击，可能会命中0环，也可能中1环，……，10环；

（3）重物在空中失去支撑的情况下必然会垂直落到地面.

这三种现象中，（1）和（2）有多种可能的结果，事前不能确定哪种结果会发生，而（3）却只有一种确定的结果，故（1）和（2）称为随机现象，（3）称为必然现象. 因此有以下定义：

（1）随机现象：在一定条件下结果不止一个，而且事先不能断言哪种结果会发生的现象.

（2）必然现象：在一定条件下事先可以断言必然会发生某一结果的现象. 也称之为确定性现象或必然现象.

如① 在标准大气压下，水加热到100 °C必然沸腾；

② 物体下落；

③ 同性电荷相斥.

这些都是确定性现象，也就是必然现象.

2. 随机试验

要研究随机现象的统计规律性，就需要通过试验来观察. 这里所说的试验是一个含义广泛的术语，它包括各种各样的科学实验，甚至对某一事物的某一特征或某一现象的观察都认为是一种试验.

定义 1.1　对随机现象进行一次观察或一次试验称为随机试验，简称为试验.随机试验的基本特征是：

（1）可重复性. 在相同条件下，试验可以重复进行.

（2）明确性. 每次试验的结果具有多种可能性，且在试验前能明确所有可能的结果.

（3）随机性. 每次试验前无法准确地预言该次试验将发生哪一种结果.

随机试验一般用大写字母 E 表示.

例 1.1　下面几种试验都是随机试验：

E_1：抛一枚硬币，观察正面 H、反面 T 出现的情况；

E_2：将一枚硬币抛掷两次，观察正面 H、反面 T 出现的情况；

E_3：将一枚硬币抛掷两次，观察正面 H 出现的次数；

E_4：投掷一颗骰子，观察它出现的点数；

E_5：记录某超市一天内进入的顾客人数；

E_6：在一批灯泡里，任取一只，测试它的寿命.

3. 样本空间与样本点

对于一个试验 E，虽然在一次试验之前不能肯定会出现哪种结果，但试验的一切可能结果是已知的，因此我们有如下定义：

定义 1.2　将随机试验 E 的所有可能的结果组成的集合称为试验 E 的样本空间，记为 Ω. 样本空间中的元素（即试验 E 的每个可能结果）称为样本点，记作 ω. 一般地，样本空间表示为 $\Omega=\{\omega_1,\omega_2,\omega_3,\cdots\}$.

与上述试验对应的样本空间为：

$\Omega_1=\{H,T\}$；

$\Omega_2=\{HH,HT,TH,TT\}$；

$\Omega_3=\{0,1,2\}$；

$\Omega_4=\{1,2,3,4,5,6\}$；

$\Omega_5=\{0,1,2,3,4,\cdots\}$；

$\Omega_6=\{t|t\geqslant 0\}$.

注意：试验的目的决定试验所对应的样本空间.

例 1.2　写出下列随机试验 $E_i(i=1,2,3,4,5,6)$ 的样本空间：

（1）E_1：将一枚硬币抛掷三次，观察正面、反面出现的情况；

（2）E_2：掷一颗均匀的骰子，观察其出现的点数；

（3）E_3：袋中装有编号为 1, 2, 3, 4, 5 的 5 只球，现从中任取 2 只，不考虑顺序，观察抽取的结果；

（4）E_4：将 a, b 两封信，分别投入编号为Ⅰ,Ⅱ,Ⅲ的三个信箱中，观察两封信所有可能投入的结果；

（5）E_5：在一批含有正品和次品的产品中，任意抽取 2 只，观察所有可能结果；

解　（1）$\Omega_1=\{$(正,正,正),(正,正,反),(正,反,正),(反,正,正),(正,反,反),(反,正,反),(反,反,正),(反,反,反)$\}$.

（2）$\Omega_2=\{1,2,3,4,5,6\}$.

（3）$\Omega_3=\{(1,2),(1,3),(1,4),(1,5),(2,3),(2,4),(2,5),(3,4),(3,5),(4,5)\}$.

（4）在试验 E_4 中，将所有可能结果表示为

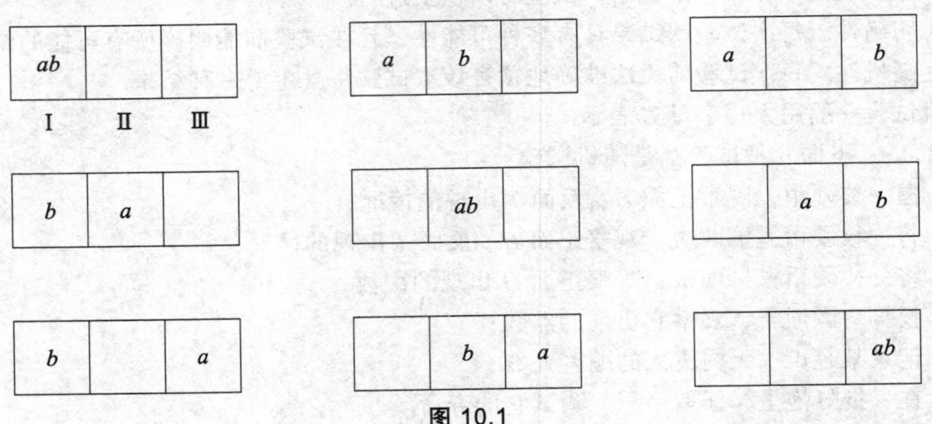

图 10.1

可见，共有 $3\times3=9$ 种结果，分别记为 $\omega_1,\omega_2,\cdots,\omega_9$ 于是样本空间 $\Omega_4=\{\omega_1,\omega_2,\cdots,\omega_9\}$.

（5）$\Omega_5=\{$(正品,正品)(正品,次品)(次品,正品)(次品,次品)$\}$.

4. 随机事件、必然事件、不可能事件

当我们通过试验来研究随机现象时，常常关心的不是某一个样本点在试验后是否出现，而是关心满足某些条件的样本点在试验后是否出现. 例如，我们要通过对某车站售票处一天售出的票数来决定是否需要扩建该车站. 假定超过 n 张票便认为需要扩建，这时，我们关心的便是试验结果是否大于 n. 满足这一条件的样本点组成了样本空间的一个子集.

定义 1.3　试验 E 的样本空间Ω的子集称为试验 E 的**随机事件**，简称事件，用大写拉丁字母 $A, B, C,\cdots$表示. 在每次试验中，当且仅当这一子集中的一个样本点出现时，就称这一事件发生.

例如：$A=$“抽到合格品”；$B=$“灯泡的寿命低于 1 000h” 都是随机事件.

特别地，由一个样本点组成的单点集，称为**基本事件**. 例如，在例 1.2（2）中有 6 个基本事件 $\{1\},\{2\},\{3\},\{4\},\{5\},\{6\}$. 由若干个基本事件组成的事件称为**复合事件**.

在每次随机试验中必然会发生的事件，称为**必然事件**.显然，必然事件是由事件的全体可能结果所组成，故Ω是必然事件.

在每次随机试验中一定不发生的事件称为**不可能事件**. 不可能事件是不包含任何试验结果的事件，用空集符号$\varnothing$来表示.

例 1.3　一个袋中装有大小相同的 3 个白球和 2 个黑球，现从中任意取出 1 球，试写出样本空间及下列事件是由哪些基本事件组成的.

（1）事件 A："摸出的是白球"；

（2）事件 B："摸出的是黑球".

解　先对球编号，令 1, 2, 3 号球为白球，4, 5 号球为黑球，并设 $\omega_i=$ “取得第 i 号球”其中$(1\leqslant i\leqslant5)$. 则样本空间 $\Omega=\{\omega_1,\omega_2,\omega_3,\omega_4,\omega_5\}$，且

（1）事件 $A=\{\omega_1,\omega_2,\omega_3\}$；

（2）事件 $B=\{\omega_4,\omega_5\}$.

二、事件之间的关系和运算——四个关系、三种运算

从上一小节的讨论，我们知道，对于试验 E，不可能事件是$\varnothing$，必然事件是样本空间Ω本身，事件 A 是样本空间的子集，于是事件的关系和运算就可以用集合论的知识来解释. 下面，在讨论两个事件之间的关系和对若干个事件进行运算时，均假定它们是同一个随机试验下的随机事件.

设随机试验 E 的样本空间为Ω，而 $A, B, C,\cdots$是 E 的事件.

1. 事件的包含与相等

在试验中，若事件 A 发生必然导致事件 B 发生，即事件 A 的所有样本点都包含在事件 B 中，则称事件 B **包含**事件 A 或称事件 A **包含于**事件 B，记作 $B\supset A$ 或 $A\subset B$. 此时，事件 A 中的基本事件必属于事件 B，即 A 是 B 的一个子集.

例如，E_4中，若记$A=\{1,3,5\}$表示“出现奇数点”，$B=\{1,2,3,4,5\}$表示“出现点数不超过5”，显然$A\subset B$，即事件B包含事件A.

事件的包含关系有以下性质：

（1）$A\subset A$.

（2）若$A\subset B$，$B\subset C$，则$A\subset C$.

（3）$\varnothing\subset A\subset\Omega$.

若事件A发生必有事件B发生，而且事件B发生必有事件A发生，即$A\supset B$，且$B\supset A$，则称事件A和事件B相等，记作$A=B$．此时，A与B拥有完全相同的基本事件.

2. 事件的并（和运算）

在试验中，事件A与事件B至少有一个发生的事件，称为事件A与事件B的并（或和事件），记作$A\cup B$．此时，$A\cup B$就是由属于事件A或属于事件B的全部基本事件组成的集合.

例如，E_4中，若记$A=\{1,3,5\}$表示“出现奇数点”，$B=\{1,2,3,4\}$表示“出现点数不超过4”，则$A\cup B=\{1,2,3,4,5\}$表示“出现点数不超过5”.

易知，若$A\subset B$，则$A\cup B=B$.

类似地，称“n个事件$A_1,A_2,\cdots,A_n$中至少有一个发生”的事件为n个事件$A_1,A_2,\cdots,A_n$的并，记作

$$A_1\cup A_2\cup\cdots\cup A_n=\bigcup_{i=1}^{n}A_i$$

3. 事件的交（积运算）

在试验中，事件A与事件B同时发生的事件，称为**事件A与事件B的交**（或积事件），记作$A\cap B$(或AB)．此时，$A\cap B$就是由既属于事件A又属于事件B的全部基本事件组成的集合.

例如，E_4中，若记$A=\{1,3,5\}$表示“出现奇数点”，$B=\{1,2\}$表示“出现点数不超过2”，则$AB=\{1\}$表示“出现点数为1”.

易知，若$A\subset B$，则$AB=A$.

类似地，称“n个事件$A_1,A_2,\cdots,A_n$同时发生”的事件为n个事件$A_1,A_2,\cdots,A_n$的交，记作

$$A_1\cap A_2\cap\cdots\cap A_n=\bigcap_{i=1}^{n}A_i \quad 或 \quad A_1A_2\cdots A_n=\prod_{i=1}^{n}A_i$$

4. 事件的差（差运算）

在试验中，事件A发生而事件B不发生的事件称为事件A与事件B的差（或差事件），记作$A-B$．此时，$A-B$就是由属于事件A而不属于事件B的全部基本事件组成的集合.

例如，E_4中，若记$A=\{1,3,5\}$表示“出现奇数点”，$B=\{1,2,3,4\}$表示“出现点数不超过4”，则$A-B=\{5\}$表示“出现点数为5”.

5. 互不相容事件

在试验中，若事件A与事件B不能同时发生，则称事件A与事件B是互不相容的（或互斥的），记作$A\cap B=\varnothing$（或$AB=\varnothing$）．此时，事件A与事件B不相交，或它们的交是空集，

即事件 A 与事件 B 没有公共的基本事件.

例如，E_2 中，若记 $A=\{1,3,5\}$ 表示“出现奇数点”，$B=\{2,4\}$ 表示“出现小于 5 的偶数点”，则 $A\cap B=\varnothing$，即 A,B 是互不相容事件，不可能同时“出现奇数点”和“出现偶数点”.

在一次试验中，任意两个基本事件都不能同时发生，所以基本事件是互不相容的.

对于 n 个事件 $A_1,A_2,\cdots,A_n$，如果其中任取两个 $A_i,A_j(i\neq j)$，均有 $A_iA_j=\varnothing$，则称此 n 个事件 $A_1,A_2,\cdots,A_n$ 是**两两互不相容**的.

6. 对立事件（逆事件）

在试验中，若事件 A 与事件 B 必有一个发生且仅有一个发生，即事件 A 和事件 B 满足条件：

$$A\cup B=\Omega \quad 且 \quad AB=\varnothing$$

则称事件 A 和事件 B 是**对立事件**（或**互逆事件**），记作 $B=\overline{A}$，$A=\overline{B}$. 因此，事件 A 的逆事件 $\overline{A}$ 就是由属于 Ω 而不属于 A 的全部基本事件组成的集合，即 $\overline{A}$ 是 A 的补集.

例如，E_4 中，若记 $A=\{1,3,5\}$ 表示“出现奇数点”，则 $\overline{A}=\{2,4,6\}$ 表示“出现偶数点”.

由对立事件概念易知以下性质：

（1）$\overline{\overline{A}}=A$.

（2）$\overline{A}=\Omega-A$.

（3）$A-B=A\overline{B}$.

7. 事件及其运算与集合及其运算之间的关系

概率论中事件之间的关系及其运算与集合论中集合之间的关系及其运算是一致的，两者之间的对应关系如表 10.1 所示：

表 10.1

符号	概率论	集合论
Ω	样本空间	全集
$\varnothing$	不可能事件	空集
ω	基本事件	集合的元素
A	事件	子集
$\overline{A}$	A 的对立事件	A 的余集
$A\subset B$	事件 A 发生导致事件 B 发生	A 是 B 的子集
$A=B$	A 与 B 两事件相等	集合 A 与 B 相等
$A\cup B$	事件 A 与事件 B 至少有一个发生	A 与 B 的并集
$A\cap B$	事件 A 与事件 B 同时发生	A 与 B 的交集
$A-B$	事件 A 发生而事件 B 不发生	A 与 B 的差集
$A\cap B=\varnothing$	事件 A 与事件 B 互不相容	A 与 B 没有相同元素

由于随机事件都可以用样本空间 Ω 中的某个集合来表示，事件间的关系和运算也可以用集合论的知识来讨论和表示，为了直观，可以用集合的韦恩图来表示事件的各种关系和运算

法则，一般用某个矩形区域表示样本空间，该区域的一个子区域表示某个事件．于是各事件的关系运算如图 10.2 所示．

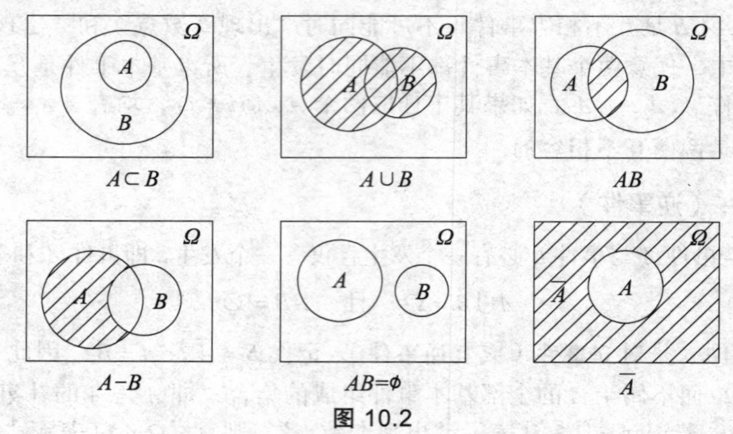

图 10.2

8. 完备事件组

n 个事件 $A_1, A_2, \cdots, A_n$，如果满足下列条件：

（1）$A_1 \cup A_2 \cup \cdots \cup A_n = \Omega$；

（2）$A_i \cap A_j = \varnothing (i \neq j, i, j = 1, 2, \cdots, n)$，

则称其为完备事件组．

显然，任何一个事件 A 与其对立事件 $\overline{A}$ 构成完备事件组．

9. 事件的运算规则

（1）交换律：$A \cup B = B \cup A,\ A \cap B = B \cap A$．

（2）结合律：$(A \cup B) \cup C = A \cup (B \cup C)$，

$(A \cap B) \cap C = A \cap (B \cap C)$．

（3）分配律：$(A \cup B) \cap C = (A \cap C) \cup (B \cap C)$，

$(A \cap B) \cup C = (A \cup C) \cap (B \cup C)$．

（4）对偶律：$\overline{(A \cup B)} = \overline{A} \cap \overline{B}, \overline{A \cap B} = \overline{A} \cup \overline{B}$．

例 1.4 从一批产品中抽出一个产品进行不放回试验（即每次取出的产品不再放回，若每次取出的产品再放回，则称为放回试验），事件 A_{i} 表示第 i 次抽到正品（i=1, 2, 3），用文字叙述下列事件：

（1）$A_1 \cup A_2 \cup A_3$；（2）$A_1 A_2 A_3$；

（3）$\overline{A_1}\,\overline{A_2} \cup \overline{A_1}\,\overline{A_3} \cup \overline{A_2}\,\overline{A_3}$；（4）$A_1 \overline{A_2}\,\overline{A_3} \cup \overline{A_1}\,\overline{A_2}\,\overline{A_3} \cup \overline{A_1}\,\overline{A_2}\,\overline{A_3}$．

解 （1）$A_1 \cup A_2 \cup A_3$ 表示三次至少有一次抽到正品；

（2）$A_1 A_2 A_3$ 表示三次抽到的都是正品；

（3）$\overline{A_1}\,\overline{A_2} \cup \overline{A_1}\,\overline{A_3} \cup \overline{A_2}\,\overline{A_3}$ 表示三次中至少有两次抽到次品；

（4）$A_1 \overline{A_2}\,\overline{A_3} \cup \overline{A_1} A_2 \overline{A_3} \cup \overline{A_1}\,\overline{A_2} A_3$ 表示三次中恰有一次抽到正品．

例 1.5 从一批产品中抽出一个产品进行不放回试验（即每次取出的产品不再放回，若每次取出的产品再放回，则称为放回试验），事件 A_i 表示第 i 次抽到正品（合格品 i=1, 2, 3），试用 A_1, A_2, A_3 表示下列事件：

（1）三次都抽到次品；

（2）三次中至少有两次抽到正品；

（3）三次中只有一次抽到正品；

（4）三次中至多有一次抽到正品.

解　（1）三次都抽到次品，即这三个事件同时发生，表示为 $\overline{A}_1\overline{A}_2\overline{A}_3$；

（2）三次中至少有两次抽到正品，意味着第一次和第二次抽到正品（ A_1A_2 ），第一次和第三次抽到正品（ A_1A_3 ），第二次和第三次抽到正品（ A_2A_3 ），这三个事件至少有一个发生，表示为 $A_1A_2\cup A_1A_3\cup A_2A_3$；

（3）三次中只有一次抽到正品，即恰有一次抽到正品，意味着抽到的三个产品中只有一个是正品，而其他两个是次品，故可以表示为

$$A_1\overline{A}_2\overline{A}_3\cup\overline{A}_1A_2\overline{A}_3\cup\overline{A}_1\overline{A}_2A_3$$

（4）三次中至多有一次抽到正品，意味着三次中没有抽到正品（即全是次品）或只有一次抽到正品，故可以表示为

$$\overline{A}_1\overline{A}_2\overline{A}_3\cup\overline{A}_1A_2\overline{A}_3\cup\overline{A}_1\overline{A}_2A_3\cup A_1\overline{A}_2\overline{A}_3$$

例 1.6　选择题.

（1）设 A, B, C 是三个事件，那么 A, B, C 中恰有两个事件发生的事表示为（　　）.

A. $A+B+C$　　　　B. $A\overline{BC}+\overline{A}B\overline{C}+\overline{AB}C$

C. $\overline{A}+\overline{B}+\overline{C}$　　　　D. $\overline{A}BC+A\overline{B}C+AB\overline{C}$

[答]D.

（2）设 A，B 为两事件，则下列等式成立的是（　　）.

A. $\overline{A+B}=\overline{A}+\overline{B}$　　　　B. $\overline{AB}=\overline{A}\cdot\overline{B}$

C. $A+B=B+A\overline{B}$　　　　D. $A+B=B+\overline{A}B$

[答]C.

（3）甲、乙两人进行射击，A，B 分别表示甲、乙射中目标的事件，$\overline{A}+\overline{B}$ 表示（　　）.

A. 两人都没射中　　　　B. 至少有一人没射中

C. 两人都射中　　　　D. 至少有一人射中

[答]B.

习题 10.1

基础练习

1. 选择题.

（1）下列事件不是随机事件的是（　　）.

① 一批产品有正品，从中任意抽出一件是“正品”

② “明天降雨”

③ “十字路口汽车的流量”

④ “在北京地区，将水加热到 100 °C，变成水蒸气”

⑤ 掷一枚均匀的骰子“出现 1 点”

A.（2）（4）　　B.（2）（3）（4）　　C. 只有（4）　　D.（2）（3）

（2）设甲、乙两人进行象棋比赛，考虑事件 A={甲胜乙负}，则 $\overline{A}$ 为（　　）.

A. {甲负乙胜}　　B. {甲乙平局}　　C. {甲负}　　D. {甲负或平局}

（3）如果（　　）成立，则事件 A 与 B 为对立事件.

A. $AB=\varnothing$　　B. $A+B=\omega$

C. $AB=\varnothing$ 且 $A+B=\omega$　　D. A 与 $\overline{B}$ 互为对立事件

（4）对于事件 A, B，命题（　　）是正确的.

A. 如果 A, B 互不相容，则 $\overline{A}, \overline{B}$ 也互不相容

B. 如果 $A \subset B$，则 $\overline{A} \subset \overline{B}$

C. 如果 A, B 相容，则 $\overline{A}, \overline{B}$ 也相容

D. 如果 A, B 对立，$\overline{A}, \overline{B}$ 对立

提高练习

2. 设 A, B, C 为 3 个事件，则用 A, B, C 表示下列事件有：

（1）A, B, C 都出现____________________；

（2）A, B, C 都不出现____________________；

（3）A, B, C 不都出现____________________；

（4）A, B, C 恰好一个出现____________________.

拓展练习

3. A={甲产品畅销，乙产品畅销}，求 A 的逆事件.

4. 从某系学生中任选 1 名，A={所选者会英语}，B={所选者会日语}，C={所选者是男生}，试描述事件 AC 和 $A=B$.

5. 从一批产品中每次取出一件产品进行检验（每次取出的产品不放回），事件 A_i 表示第 i 次取到的合格品（$i=1, 2, 3$）. 试用事件的运算符号表示下列事件.

（1）三次都取到了合格品；

（2）三次中至少有一次取到合格品；

（3）三次中恰有两次取到合格品；

（4）三次中最多有一次取到合格品.

第二节　随机事件的概率

一、频率与概率

定义 2.1　在相同条件下，进行了 n 次试验，在这 n 次试验中，事件 A 发生了 n_A 次，则事件 A 发生的次数 n_A 叫做事件 A 发生的**频数**. 比值 $\frac{n_A}{n}$ 称为事件 A 发生的**频率**，记作 $f_n(A)$，即 $f_n(A)=\frac{n_A}{n}$.

由定义易知，频率具有以下性质：

（1）非负性：$f_n(A) \geqslant 0$．

（2）规范性：$f_n(\Omega)=1$．

（3）有限可加性：若k个事件$A_1, A_2, \cdots, A_k$两两互不相容，则有

$$f_n(A_1 \cup A_2 \cup \cdots \cup A_k)=f_n(A_1)+f_n(A_2)+\cdots+f_n(A_k)$$

随机事件在一次试验中是否发生是不确定的，但在大量重复试验或观察中，其发生次数却具有规律性．

例如，历史上，有许多人做过抛掷硬币的试验，其结果如表 10.2 所示：

表 10.2

试验者	试验次数 N	正面向上次数 n	正面向上频率 f
蒲丰	4 040	2 028	0.506 9
费勒	10 000	4 979	0.497 9
皮尔逊	12 000	6 019	0.501 6
维尼	30 000	14 994	0.499 8

从表 10.2 中可以看出，当抛掷次数足够多时，正面向上的频率在 0.5 附近摆动，这种现象称为随机事件的**频率稳定性**．这是概率这一概念的经验基础．

定义 2.2 在相同条件下做大量重复随机试验，事件A出现的频率总在某一常数p附近摆动，且试验次数越多，摆动幅度越小，则称常数p为事件A的**概率**，记作$P(A)=p$．

该定义通常称为**概率的统计定义**．概率的统计定义虽无法确定概率的准确值，但可取当试验次数n充分大时，事件A出现的频率作为它的近似值，这一点在实践中有着重要意义．

概率$P(A)$表示随机事件A发生的可能性大小，它是事件A本身客观存在的一种固有属性．受频率稳定性和频率性质的启发，得到**概率的公理化定义**．

定义 2.2′ 设E是随机试验，Ω是它的样本空间，给E的每一个事件A赋予一个实数，记为$P(A)$，如果集合函数$P(\cdot)$满足下列条件，则称$P(A)$为事件A的**概率**：

（1）**非负性**：对每一个事件A，有$P(A) \geqslant 0$；

（2）**规范性**：对必然事件Ω，有$P(\Omega)=1$；

（3）**可列可加性**：设事件$A_1, A_2, \cdots$是两两互不相容的事件，则有

$$P(A_1 \cup A_2 \cup \cdots)=P(A_1)+P(A_2)+\cdots \quad 或 \quad P\left(\bigcup_{i=1}^{\infty} A_i\right)=\sum_{i=1}^{\infty} P(A_i)$$

二、概率的性质

性质 1 $P(\varnothing)=0$．

性质 2（有限可加性） 若事件$A_1, A_2, \cdots, A_n$两两互不相容，则有

$$P(A_1 \cup A_2 \cup \cdots \cup A_n) = P(A_1) + P(A_2) + \cdots + P(A_n)$$

性质 3 若事件 A,B 满足 $A \subset B$，则有

$$P(B-A) = P(B) - P(A)$$

$$P(B) \geqslant P(A)$$

性质 4 对任一事件 A，$P(A) \leqslant 1$.

性质 5 （逆事件概率） 对任一事件 A，有

$$P(\overline{A}) = 1 - P(A)$$

性质 6 （加法公式） 对任意两个事件 A,B，有

$$P(A \cup B) = P(A) + P(B) - P(AB)$$

推广到任意三个事件 A,B,C，则有

$$P(A \cup B \cup C) = P(A) + P(B) + P(C) - P(AB) - P(AC) - P((BC) + P(ABC)$$

例 2.1 随机调查某班的一次考试成绩，数学及格的学生占 72%，语文及格的学生占 69%，两门都及格的学生占 50%，问至少一门及格的学生的概率？

解 设 A 表示“数学及格的学生”，B 表示“语文及格的学生”，则“两门都及格的学生”可用 AB 表示，“至少有一门及格的学生”可用 $A \cup B$ 表示. 已知

$$P(A) = 72\%, \quad P(B) = 69\%, \quad P(AB) = 50\%$$

于是由加法公式得

$$P(A \cup B) = P(A) + P(B) - P(AB) = 91\%$$

例 2.2 已知事件 A 和 B 满足 $P(AB) = P(\overline{A}\ \overline{B})$，且 $P(A) = t$，求 $P(B)$.

解 因为 $\overline{A}\ \overline{B} = \overline{A+B}$，于是有

$$P(AB) = P(\overline{AB}) = P(\overline{A \cup B}) = 1 - P(A \cup B) = 1 - [P(A) + P(B) - P(AB)]$$

化简得

$$P(A) + P(B) = 1$$

所以

$$P(B) = 1 - P(A) = 1 - t$$

例 2.3（减法公式） 对任意两个事件 A,B，有

$$P(A-B) = P(A) - P(AB)$$

证明 因为 $A - B = A - AB$，且 $AB \subset A$，所以有

$$P(A-B) = P(A-AB) = P(A) - P(AB)$$

例 2.4 设事件 A,B,C，当 $P(A \cup B) = 0.6,\ P(B) = 0.3$ 时，求 $P(A\overline{B})$.

解
$$\begin{aligned} P(A\overline{B}) &= P(A-B) = P(A) - P(AB) = [P(A) + P(B) - P(AB)] - P(B) \\ &= P(A \cup B) - P(B) = 0.6 - 0.3 = 0.3. \end{aligned}$$

三、等可能概型（古典概型）

引例 1 在抛掷硬币试验中，试验只有两个结果：“出现正面”和“出现反面”. 由于硬币是均质的，这两个结果发生的可能性相同，即它们的概率都是$\frac{1}{2}$.

引例 2 在投掷骰子试验中，试验的结果有 6 个：“出现的点数为i”（$i=1,2,3,4,5,6$）. 由于骰子是均质的，每一个结果发生的可能性相同，即它们的概率都是$\frac{1}{6}$.

以上两个例子具有如下共同点：

（1）有限性. 试验可能发生的结果是有限的，即样本空间中只含有限个基本事件；

（2）等可能性. 试验中每个基本事件发生的可能性是相同的.

具有上述特点的随机试验称为**等可能概型（古典概型）**.

定义 2.3 在古典概型中，设样本空间Ω的样本点总数为n，A为随机事件，其中所含的样本点数为r，则事件A的概率为

$$P(A)=\frac{r(A\text{中包含的样本点数})}{n(\Omega\text{中包含的样本点数})} \quad 或 \quad P(A)=\frac{r(A\text{中包含的基本事件})}{n(\text{基本事件总数})}$$

该定义通常称为**概率的古典定义**.

例 2.5 掷一次骰子，求点数为奇数点的事件A的概率.

解 样本空间为$\Omega=\{1,2,3,4,5,6\}$；$A=\{1,3,5\}$. 所以$n=6$，$r=3$. 所以

$$P(A)=\frac{r}{n}=\frac{3}{6}=\frac{1}{2}$$

例 2.6 掷三次硬币，设A表示恰有一次出现正面，B表示三次都出现正面，C表示至少出现一次正面，求：（1）$P(A)$，（2）$P(B)$，（3）$P(C)$.

解 样本空间

$\Omega=\{$正正正，正正反，正反正，正反反，反正正，反正反，反反正，反反反$\}$

（1）$n=8$，$r=3$，所以$P(A)=\frac{3}{8}$；

（2）$n=8$，$r=1$，所以$P(B)=\frac{1}{8}$；

（3）$n=8$，$r=7$，所以$P(C)=\frac{7}{8}$.

由于在古典概型中，事件A的概率$P(A)$的计算公式只需知道样本空间中的样本点的总数n和事件A包含的样本点的个数r就足够，而不必一一列举样本空间的样本点，因此，当样本空间的样本点总数比较多或难于一一列举的时候，也可以用分析的方法求出n与r的数值.

例 2.7 从 0,1,2,3,4,5,6,7,8,9 这 10 个数码中，取出 3 个不同的数码，求所取 3 个数码不含 0 和 5 的事件A的概率.

解 从 10 个不同数码中，任取 3 个的结果与顺序无关，所以基本事件总数

$$n = C_{10}^3 = \frac{10\times 9\times 8}{1\times 2\times 3} = 10\times 3\times 4$$

A 事件中不能有 0 和 5，所以只能从其余 8 个数码中任取 3 个，所以 A 中的基本事件

$$r = C_8^3 = \frac{8\times 7\times 6}{1\times 2\times 3} = 8\times 7$$

所以
$$P(A) = \frac{r}{n} = \frac{8\times 7}{10\times 3\times 4} = \frac{7}{15}$$

例 2.8　从 1,2,3,4,5,6,7,8,9 这 9 个数字中任取一个，放回后再取一个，求所取两个数字不同的事件 A 的概率.

解　（1）第一次取一个数字的方法有 9 种；第二次取一个数字的方法与第一次相同也是 9 种. 由乘法原则知，两次所取的数字方法有

$$9\times 9 = 9^2\text{（种）}$$

每一种取法是一个基本事件，所以 $n = 9^2$.

（2）所取两个数字不同时，相当于从中任取两个数，其结果与顺序有关，所以取法有：

$$P_9^2 = 9\times 8\text{种}$$

所以 $r = 9\times 8$.

也可按（1）的乘法原则求 r. 第一次的取法有 9 种，第二次的数字与第一次不同，所以只有 8 种，所以取法共有 9×8（种），所以

$$r = 9\times 8$$

所以
$$P(A) = \frac{r}{n} = \frac{9\times 8}{9\times 9} = \frac{8}{9}$$

例 2.9　袋中有 5 个白球，3 个红球，从中任取 2 个球，求：

（1）所取 2 个球的颜色不同的事件 A 的概率；

（2）所取 2 个球都是白球的事件 B 的概率；

（3）所取 2 个球都是红球的事件 C 的概率；

（4）所取 2 个球颜色相同的事件 D 的概率.

解　袋中共有 8 个球，从中任取 2 个球，结果与顺序无关，所以取法共有 C_8^2 种. 每一种取法的结果是一个基本事件，所以基本事件总数为

$$n = C_8^2 = \frac{8\times 7}{1\times 2} = 4\times 7$$

（1）分两步取. 第一步，在 5 个白球中任取一个，方法数为 5；第二步在 3 个红球中取一个，方法数为 3. 根据乘法原则，共有 5×3 种方法，即有 5×3 种结果. 所以

$$r_1 = 5\times 3$$

所以
$$P(A)=\frac{r_1}{n}=\frac{5\times 3}{4\times 7}=\frac{15}{28}$$

（2）从 5 个白球中任取 2 个，结果与顺序无关，所以取法共有

$$C_5^2=\frac{5\times 4}{1\times 2}=10 \text{（种）}$$

即 B 包含的基本事件共有 $r_2=10$，所以

$$P(B)=\frac{r_2}{n}=\frac{10}{28}=\frac{5}{14}$$

（3）从 3 个红球中任取 2 个的方法为

$$C_3^2=\frac{3\times 2}{1\times 2}=3 \text{（种）}$$

即 C 包含的基本事件数 $r_3=3$，所以

$$P(C)=\frac{r_3}{n}=\frac{3}{28}$$

（4）所取 2 个球颜色相同有两类：

第一类：2 个球都是白球的方法有 $C_5^2=10$（种）；

第二类：2 个球都是红球的方法有 $C_3^2=3$（种）.

根据加法原则，所取 2 个球颜色相同的方法共有 10+3=13 种，所以 2 个球颜色相同的事件 D 包含 $r_4=13$ 种基本事件，所以

$$P(D)=\frac{r_4}{n}=\frac{13}{28}$$

例 2.10　袋中有 10 件产品，其中有 7 件正品，3 件次品，从中每次取一件，共取两次，求：

（1）不放回抽样：第一次取后不放回，第二次再取一件，而且第一次取到正品，第二次取到次品的事件 A 的概率.

（2）放回抽样：第一次取一件产品，放回后第二次再取一件，求第一次取到正品，第二次取到次品的事件 B 的概率

解　（1）第一次取一件产品的方法有 10 种. 因为不放回，所以第二次取一件产品的方法有 9 种. 由乘法原则知，取两次的方法共有 10×9 种.

也可以用排列数计算，因为结果与顺序有关，所以取法有

$$P_{10}^2=10\times 9 \text{（种）}$$

所以基本事件总数 $n=10\times 9$.

第一次取到正品，第二次取到次品的方法有 7×3 种，所以事件 A 包含的基本事件有

$$r_1=7\times 3(\text{种})$$

所以
$$P(A)=\frac{r_1}{n}=\frac{7\times 3}{10\times 9}=\frac{7}{30}$$

（2）放回抽样. 由于有放回，所以第一次、第二次取一件产品的方法都是 10 种，由乘法原则知抽取方法共有 10 × 10=100 种，所以基本事件总数

$$n = 10 \times 10 = 100$$

第一次取正品的方法有 7 种，第二次取次品的方法有 3 种，由乘法原则，事件 B 包含的基本事件共有

$$r_1 = 7 \times 3(\text{个})$$

所以

$$P(B) = \frac{r_2}{n} = \frac{7\times 3}{10\times 10} = \frac{21}{100}$$

例 2.11　将一套有 1,2,3,4,5 分册的 5 本书随机放在书架的一排上，求 1,2 分册放在一起的事件 A 的概率.

解　（1）基本事件总数

$$n = 5 \times 4 \times 3 \times 2 \times 1（\text{种}）$$

或者为 P_5^5.

（2）A 包含的基本事件有

$$r = \mathrm{P}_4^4 \times \mathrm{P}_2^1 = 1\times 2\times 3\times 4\times 2（\text{种}）$$

所以

$$P(A) = \frac{r}{n} = \frac{1\times 2\times 3\times 4\times 2}{1\times 2\times 3\times 4\times 5} = \frac{2}{5}$$

例 2.12　掷两次骰子，求点数和为 7 的事件 A 的概率.

解　（1）基本事件总数 $n = 6 \times 6 = 36$（种）;

（2）A={①⑥；②⑤；③④；④③；⑤②；⑥①}

所以 A 包含的基本事件数 $r = 6$，所以

$$P(A) = \frac{r}{n} = \frac{6}{6\times 6} = \frac{1}{6}$$

例 2.13　从 1,2,3,4,5,6,7 这七个数码中任取 3 个，排成三位数，求：

（1）所排成的三位数是偶数的事件 A 的概率.

（2）所排成的三位数是奇数的事件 B 的概率.

解　基本事件总数 $n = \mathrm{P}_7^3 = 7\times 6\times 5$（个）.

（1）所排成的三位数是偶数的取法需分两步：

第一步，取一个偶数放在个位数位置，取法有 3 种；

第二步，将其余 6 个数中任取两个排成一排，分别处于十位数和百位数位置，共有 $\mathrm{P}_6^2 = 6\times 5$ 种方法.

根据乘法原则，事件 A 包含的基本事件数

$$r_1 = 3\times 6\times 5$$

所以

$$P(A) = \frac{r_1}{n} = \frac{3\times 6\times 5}{7\times 6\times 5} = \frac{3}{7}$$

（2）所排成的三位数的取法也需分两步进行；

第一步，取一个奇数放在个位数位置，有 4 种方法；

第二步，将其余 6 个数中任取两个放在十位位置上和百位位置上，方法有 $P_6^2=6\times5$ 种.

根据乘法原则，事件 B 包含的基本事件数

$$r_2=4\times6\times5$$

所以
$$P(B)=\frac{r_2}{n}=\frac{4\times6\times5}{7\times6\times5}=\frac{4}{7}$$

例 2.14　袋中有 9 个球，分别标有号码 1,2,3,4,5,6,7,8,9，从中任取 3 个球，求：

（1）所取 3 个球的最小号码为 4 的事件 A 的概率；

（2）所取 3 个球的最大号码为 4 的事件 B 的概率；

解　基本事件总数 $n=C_9^3=\dfrac{9\times8\times7}{1\times2\times3}=3\times4\times7$（个）.

（1）最小号码为 4 的取法分两步进行：

第一步，取出 4 号球，方法只有 1 种；

第二步，在 5,6,7,8,9 这 5 个球中任取 2 个，方法数为 $C_5^2=\dfrac{5\times4}{1\times2}=10$，

所以 A 包含的基本事件

$$r_1=1\times10=10$$

所以
$$P(A)=\frac{r_1}{n}=\frac{10}{3\times4\times7}=\frac{5}{42}$$

（2）最大码为 4 的取法为：

第一步，取出 4 号球方法只有 1 种；

第二步，在 1,2,3 号球中任取 2 个，方法数为 $C_3^2=\dfrac{3\times2}{1\times2}=3$.

所以 B 包含的基本事件

$$r_2=1\times3=3$$

所以
$$P(B)=\frac{r_2}{n}=\frac{3}{3\times4\times7}=\frac{1}{28}$$

例 2.15　将两封信投入 4 个信箱中，求两封信在同一信箱的事件 A 的概率.

解　（1）先将第一封信投入信箱，有 4 种方法；

再将第二封信投入信箱，也有 4 种方法.

所以根据乘法原则共有 4×4 种方法. 所以

$$\text{基本事件总数 } n=4\times4$$

（2）将两封信同时投入一个信箱，方法有 4 种，所以

$$A\text{ 包含的基本事件数 } r=4$$

所以

$$P(A)=\frac{r}{n}=\frac{4}{4\times 4}=\frac{1}{4}$$

习题 10.2

基础练习

1. 填空题.

（1）设 A,B,C 为三个事件，用 A,B,C 的运算关系表示：① A 和 B 都发生，而 C 不发生的事件为__________；② A,B,C 中至少有两个发生的事件为________.

（2）设 A,B 为两个互不相容的事件，$P(A)=0.2$，$P(B)=0.4$，$P(A+B)=$____________.

（3）设 A,B,C 为三个相互独立的事件，已知 $P(A)=a$，$P(B)=b$，$P(C)=c$，则 A,B,C 至少有一个发生的概率为______________.

（4）把一枚硬币抛 4 次，则无反面的概率为__________，有反面的概率为_____.

（5）电话号码由 $0,1,\cdots,9$ 中的 8 个数字排列而成，则电话号码后四位数字全都不相同的概率为______________.

（6）设公寓中的每一个房间都有 4 名学生，任意挑选一个房间，则这 4 人生日无重复的概率为____________（一年以 365 天计算）.

（7）设 A,B 为两个事件，$P(A)=0.4$，$P(B)=0.8$，$P(\overline{A}B)=0.5$，则 $P(B|A)=$______.

（8）设 A,B,C 构成一个随机试验的样本空间的一个划分，且 $P(A)=0.5$，$P(\overline{B})=0.7$，则 $P(C)=$_______，$P(AB)=$ ________.

（9）设 A,B 为两个相互独立的事件，$P(A)=0.4$，$P(A+B)=0.7$，则 $P(B)=$________.

（10）3 个人独立地猜一谜语，他们能够猜出的概率都是 $\frac{1}{3}$，则此谜语被猜出的概率为_________.

提高练习

2. 选择题.

（1）设 A 与 B 是两随机事件，则 $\overline{AB}$ 表示（　　）.

A. A 与 B 都不发生　　B. A 与 B 同时发生

C. A 与 B 中至少有一个发生　　D. A 与 B 中至少有一个不发生

（2）设 A 与 B 是两随机事件，则 $(A+B)(\overline{A}+\overline{B})$ 表示（　　）.

A. 必然事件　　B. 不可能事件

C. A 与 B 恰好有一个发生　　D. A 与 B 不同时发生

（3）设 $P(A)=a$，$P(B)=b$，$P(A+B)=c$，则 $P(A\overline{B})$ 为（　　）.

A. $a-b$　　B. $c-b$　　C. $a(1-b)$　　D. $a(1-c)$

（4）若 A,B 是两个互不相容的事件，$P(A)>0$，$P(B)>0$，则一定有（　　）.

A. $P(A)=1-P(B)$　　B. $P(A|B)=0$

C. $P(A|\overline{B})=1$　　D. $P(\overline{A}|B)=0$

（5）每次试验失败的概率为 $p(0<p<1)$，则在 3 次重复试验中至少成功 1 次的概率为（ ）.

A. $3(1-p)$ B. $(1-p)^3$

C. $1-p^3$ D. $C_3^1(1-p)p^3$

拓展练习

3. 掷两颗质地均匀的骰子，求出现的两个点数之和等于 5 的概率.

4. 若 10 个产品中有 7 个正品，3 个次品，

（1）不放回地每次从中任取 1 个，共取 3 次，求取到 3 个次品的概率.

（2）每次从中任取 1 个，有放回地取 3 次，求取到 3 个次品的概率.

5. 设 A,B 是两个事件，已知 $P(A)=0.5$，$P(B)=0.6$，$P(B|\overline{A})=0.4$，求：（1）$P(\overline{A}B)$；（2）$P(AB)$；（3）$P(A+B)$.

6. 有 5 张票，其中 2 张是电影票，3 人依次抽签得票. 求每个人抽到电影票的概率分别为多少？

7. 加工某一零件共需经过四道工序，设第一、二、三、四道工序出次品的概率分别是 0.02,0.03,0.05,0.04，各道工序互不影响，求加工出的零件的次品率？

8. 电路由电池 A 与两个并联电池的电池 B 及 C 串联而成，设电池 A,B,C 损坏的概率分别是 0.3,0.2,0.2，求电路发生间断的概率？

9. 三个箱子中，第一箱装有 4 个黑球 1 个白球，第二箱装有 3 个黑球 3 个白球，第三箱装有 3 个黑球 5 个白球. 现先任取一箱，再从该箱中任取一球. 问取出球是白球的概率？

第三节 条件概率与独立性

一、条件概率

定义 3.1 在事件 A 发生的条件下，事件 B 发生的概率称为**条件概率**，记作 $P(B|A)$.

例 3.1 一个家庭有两个小孩，已知其中至少一个是女孩，问另一个也是女孩的概率是多少？（假定生男生女是等可能的）

一般情况下，$P(B)\neq P(B|A)$，原因是计算概率时，样本空间由 Ω 变成了 Ω_A.

定义 3.1′ 设 A,B 是两个事件，且 $P(A)>0$，则称

$$P(B|A)=\frac{P(AB)}{P(A)}$$

为在事件 A 发生的条件下，事件 B 发生的**条件概率**.

类似地，当 $P(B)>0$ 时，有

$$P(A|B)=\frac{P(AB)}{P(B)}$$

可以验证，条件概率满足概率定义中的三个条件，所以条件概率也是概率，具有概率的一切性质.

例 3.2　已知灯泡使用到 1 000h 的概率为 0.75，使用到 1 500h 的概率为 0.25. 一只灯泡已经使用了 1 000h，求这只灯泡使用到 1 500h 的概率.

解　设 A 表示事件“灯泡使用到 1 000h”，B 表示事件“灯泡使用到 1 500h”. 显然，$B \subset A$，所以 $AB = B$，则所求的概率为 $P(B \mid A)$. 由条件概率的定义得

$$P(B \mid A) = \frac{P(AB)}{P(A)} = \frac{P(B)}{P(A)} = \frac{0.25}{0.75} = 0.33$$

例 3.3　设盒中有 10 个木质球，6 个玻璃球，其中木质球有 3 个为红色，7 个为蓝色；玻璃球有 2 个为红色，4 个为蓝色. 现从盒中任取一球，用 A 表示“取到蓝色球”，B 表示“取到玻璃球”，求 $P(B| A)$.

解　列表 10.3 分析已知条件：

表 10.3

	木球	玻璃球	总计
红色球	3	2	5
蓝色球	7	4	11
总计	10	6	16

由表 10.3 可以看出

$$P(A) = \frac{11}{16},\ P(AB) = \frac{4}{16}$$

所以

$$P(B \mid A) = \frac{P(AB)}{P(B)} = \frac{\frac{4}{16}}{\frac{11}{16}} = \frac{4}{11}$$

二、乘法公式

由条件概率公式立即可得

定理 3.1（乘法公式）　对任意事件 A,B，有

$$P(AB) = P(A)P(B \mid A) \quad (P(A) > 0) \tag{1}$$

$$= P(B)P(A \mid B) \quad (P(B) > 0) \tag{2}$$

如果 A 先发生，则使用（1）式；如果 B 先发生，则使用（2）式.

乘法公式可以推广到有限多个事件的情形：n 个事件的乘法公式为

$$P(A_1A_2\cdots A_n)=P(A_1)P(A_2\mid A_1)P(A_3\mid A_1A_2)\cdots P(A_n\mid A_1A_2\cdots A_{n-1})$$

特别地，当 $n=3$ 时，有

$$P(ABC)=P(A)P(B\mid A)P(C\mid AB)\quad (P(A)>0,P(AB)>0)$$

例 3.4　设随机事件 A,B，已知 $P(A)=\frac{1}{2}$，$P(B)=\frac{1}{3}$，且 $P(B\mid A)=\frac{1}{2}$，求 $P(A+B)$.

解　因为

$$P(AB)=P(A)\cdot P(B\mid A)=\frac{1}{2}\times\frac{1}{2}=\frac{1}{4}$$

所以

$$P(A+B)=P(A)+P(B)-P(AB)=\frac{1}{2}+\frac{1}{3}-\frac{1}{4}=\frac{7}{12}$$

例 3.5　袋中共有 100 个球，已知有 10 个黑球，90 个红球，现从中依次取出 2 个球，求

（1）不放回取出时，第二次才取到红球的概率；

（2）取出第一个球放回后，再取出第二个球，第二次才取到红球的概率.

解　设 A_i 表示事件"第 i 次取到红球"（$i=1,2$），则 $\overline{A_i}$ 表示事件"第 i 次取到黑球".

（1）所求的概率为 $P(\overline{A_1}A_2)$，由乘法公式得

$$P(\overline{A_1}A_2)=P(\overline{A_1})P(A_2\mid \overline{A_1})=\frac{10}{100}\cdot\frac{90}{99}=0.091$$

（2）此时所求的概率仍记为 $P(\overline{A_1}A_2)$，由乘法公式得

$$P(\overline{A_1}A_2)=P(\overline{A_1})P(A_2\mid \overline{A_1})=\frac{10}{100}\cdot\frac{90}{100}=0.090$$

三、独立性

一般来说，$P(A|B)\neq P(A)$，这说明事件 B 的发生影响了事件 A 发生的概率. 若 $P(A|B)=P(A)$，则说明事件 B 的发生在概率意义下与事件 A 的发生无关,这时称事件 A,B 相互独立.

定义 3.2　若事件 A 的发生不影响事件 B 的概率，即

$$P(B\mid A)=P(B)$$

则称事件 B 对 A 是**独立的**，否则称为不独立的.

根据乘法公式

$$P(AB)=P(A)P(B\mid A)=P(B)P(A\mid B)$$

如果事件 B 对 A 是独立的，则 $P(B)=P(B\mid A)$. 代入乘法公式得

$$P(A)=P(A\mid B)$$

即事件 A 对 B 也是独立的. 所以，事件 A 、B 之间的独立性是对称的，即**相互独立的**.

定理 3.2　事件 A 与事件 B 相互独立的充要条件是

$$P(AB)=P(A)P(B)$$

推广到有限个事件的情形：如果 n 个事件 $A_1,A_2,\cdots,A_n$ 相互独立，则

$$P(A_1A_2\cdots A_n)=P(A_1)P(A_2)\cdots P(A_n)$$

理论上来讲，定理 3.2 可以用于事件独立性的判断. 但在具体应用中，往往要先根据事件的实际意义判断 A,B 的独立性，然后再利用定理 3.2 求出 $P(AB)$.

定理 3.3 如果事件 A 与 B 相互独立，则事件 A 与 $\overline{B}$、$\overline{A}$ 与 B、$\overline{A}$ 与 $\overline{B}$ 也相互独立.

定理 3.4 如果事件 A 与 B 相互独立，则

$$P(A\cup B)=1-P(\overline{A})P(\overline{B})$$

推广到有限个事件的情形：如果 n 个事件 $A_1,A_2,\cdots,A_n$ 相互独立，则

$$P(A_1\cup A_2\cup\cdots\cup A_n)=1-P(\overline{A_1})P(\overline{A_2})\cdots P(\overline{A_n})$$

例 3.6 从甲、乙两个箱子中随机抽取奖券，中奖率分别为 0.6 和 0.5，现在两个箱子中各随机抽取一张，求两张都中奖的概率.

解 设 A 表示“甲箱中抽出一张中奖”，B 表示“乙箱中抽出一张中奖”，则

$$P(A)=0.6，\ P(B)=0.5$$

显然 A 与 B 是相互独立的，因而

$$P(AB)=P(A)P(B)=0.3$$

例 3.7 甲、乙两人各自考上大学的概率分别为 70%，80%，求甲、乙两人至少有一人考上大学的概率.

解 设 A 表示“甲考上大学”，B 表示“乙考上大学”，则

$$P(A)=0.7,\quad P(B)=0.8$$

显然，A 与 B 是相互独立的，所以

$$P(A+B)=P(A)+P(B)-P(AB)=P(A)+P(B)-P(A)P(B)=0.7+0.8-0.7\times0.8=0.94$$

例 3.8 设事件 A,B 相互独立，已知 $P(A)=0.6$，$P(B)=0.8$，求 A 与 B 恰有一个发生的概率.

解

$$\begin{aligned}P(A\overline{B}+\overline{A}B)&=P(A\overline{B})+P(\overline{A}B)=P(A)P(\overline{B})+P(\overline{A})P(B)\\&=0.6\times(1-0.8)+(1-0.6)\times0.8=0.44\end{aligned}$$

例 3.9 一条线路中有 3 个电阻，每个电阻断电的概率都是 $r(0<r<1)$，分别计算

（1）3 个电阻并联时，整条线路断电的概率；

（2）3 个电阻串联时，整条线路断电的概率.

解 设 $A_i(i=1,2,3)$ 表示“第 i 个电阻断电”，A 表示“并联时整条线路断电”，B 表示“串联时整条线路断电”.

（1）并联时，只有 3 个电阻全断电线路才会断电,即 $A=A_1A_2A_3$. 因而有

$$P(A)=P(A_1A_2A_3)=P(A_1)P(A_2)P(A_3)=r^3$$

（2）串联时，只要有一个电阻断电整条线路就会断电，即 $B=A_1\cup A_2\cup A_3$. 因而有

$$P(B)=P(A_1\cup A_2\cup A_3)=1-P(\overline{A_1})P(\overline{A_2})P(\overline{A_3})=1-(1-r)^3$$

注意：事件 A,B 相互独立与事件 A,B 互不相容是不同范畴中的两个概念，一般来说它们是没有关系的. 但当 A,B 相互独立，且 $P(A)>0$, $P(B)>0$ 时，A,B 必相容.

习题 10.3

基础练习

1. 选择题.

（1）设 A,B 为两个事件，$P(A)\neq P(B)>0$，且 $A\supset B$，则下列必成立是（　　）.

A. $P(A|B)=1$　　D. $P(B|A)=1$

C. $P(B|\overline{A})=1$　　D. $P(A|\overline{B})=0$

（2）设盒中有 10 个木质球，6 个玻璃球，其中木质球有 3 个红球，7 个蓝色；玻璃球有 2 个红色，4 个蓝色. 现在从盒中任取一球，用 A 表示"取到蓝色球"，B 表示"取到玻璃球"，则 $P(B|A)=$（　　）.

A. $\dfrac{6}{10}$　　B. $\dfrac{6}{16}$　　C. $\dfrac{4}{7}$　　D. $\dfrac{4}{11}$

（3）设 A,B 为两事件，且 $P(A),P(B)$ 均大于 0，则下列公式错误的是（　　）.

A. $P(A\cup B)=P(A)+P(B)-P(AB)$　　B. $P(AB)=P(A)P(B)$

C. $P(AB)=P(A)P(B|A)$　　D. $P(\overline{A})=1-P(A)$

（4）设 10 件产品中有 4 件不合格品，从中任取 2 件，已知所取的 2 件产品中有一件是不合格品，则另一件也是不合格品的概率为（　　）.

A. $\dfrac{2}{5}$　　B. $\dfrac{1}{5}$　　C. $\dfrac{1}{2}$　　D. $\dfrac{3}{5}$

（5）设 A,B 为两个随机事件，且 $0<P(A)<1$, $P(B)>0$, $P(B|A)=P(B|\overline{A})$，则必有（　　）.

A. $P(A|B)=P(\overline{A}|B)$　　B. $P(A|B)\neq P(\overline{A}|B)$

C. $P(AB)=P(A)P(B)$　　D. $P(AB)\neq P(A)P(B)$

提高练习

2. 填空题.

（1）设 A 和 B 是两事件，则 $P(A)=P(A\overline{B})+$ ________.

（2）设 A, B, C 两两互不相容，$P(A)=0.2$，$P(B)=0.3$，$P(C)=0.4$，则 $P[(A\cup B)-C]=$ ____.

（3）若 $P(A)=0.5, P(B)=0.4, P(A-B)=0.3$，则 $P(\overline{A}\cup\overline{B})=$ ________.

（4）设两两独立的事件 A,B,C 满足条件 $ABC=\varnothing$，$P(A)=P(B)=P(C)<\dfrac{1}{2}$，且已知 $P(A\cup B\cup C)=\dfrac{9}{16}$，则 $P(A)=$ ________.

（5）设 $P(A)=P(B)=P(C)=\dfrac{1}{4}, P(AB)=0, P(AC)=P(BC)=\dfrac{1}{8}$，则 A,B,C 全不发生的概率为________.

（6）设 A 和 B 是两事件，$B\subset A$，$P(A)=0.9$，$P(B)=0.36$，则 $P(A\overline{B})=$ ________.

（7）设 $P(A)=0.6$，$P(A\cup B)=0.84$，$P(\bar{B}\mid A)=0.4$，则 $P(B)=$________.

拓展练习

3. 已知 $P(A)=\dfrac{1}{3}$，$P(B\mid A)=\dfrac{1}{4}$．$P(A\mid B)=\dfrac{1}{6}$，求 $P(A\cup B)$．

4. 某种灯泡能用到 3 000h 的概率为 0.8，能用到 3 500h 的概率为 0.7. 求一只已用 3 000h 还未坏的灯泡还可以再用 500h 的概率.

5. 两个箱子中装有同类型的零件，第一箱装有 60 只，其中 15 只一等品；第二箱装有 40 只，其中 15 只一等品．求在以下两种取法中恰好取到一只一等品的概率：

（1）将两个箱子都打开，取出所有的零件混放在一堆，从中任取一只零件；

（2）从两个箱子中任意挑出一个箱子，然后从该箱中随机地取出一只零件.

6. 某市男性的色盲发病率为 7%，女性的色盲发病率为 0.5%．现有一人到医院求治色盲，求此人为女性的概率．(设该市性别结构为男：女 = 0.502：0.498)

7. 袋中有 a 只黑球，b 只白球，甲、乙、丙三人依次从袋中取出一只球（取后不放回），分别求出他们各自取到白球的概率.

8. 一射手对同一目标进行四次独立的射击，若至少射中一次的概率为 $\dfrac{80}{81}$，求此射手每次射击的命中率.

9. 甲、乙、丙三人同时各用一发子弹对目标进行射击，三人各自击中目标的概率分别是 0.4,0.5,0.7．目标被击中一发而冒烟的概率为 0.2，被击中两发而冒烟的概率为 0.6，被击中三发则必定冒烟，求目标冒烟的概率.

10. 甲、乙、丙三人抢答一道智力竞赛题，他们抢到答题权的概率分别为 0.2,0.3,0.5；而他们能将题答对的概率则分别为 0.9,0.4,0.4．现在这道题已经答对，问甲、乙、丙三人谁答对的可能性最大?

11. 某学校五年级有两个班，一班 50 名学生，其中 10 名女生；二班 30 名学生，其中 18 名女生．在两班中任选一个班，然后从中先后挑选两名学生，求

（1）先选出的是女生的概率；

（2）在已知先选出的是女生的条件下，后选出的也是女生的概率.

第四节　随机变量及其分布

一、随机变量

引例 1　掷骰子，可能结果为 $\Omega=\{1,2,3,4,5,6\}$．我们可以引入变量 X，使 $X=1$，表示点数为 1；$X=2$ 表示点数为 2；……，$X=6$，表示点数为 6.

引例 2　掷硬币，可能结果为 $\Omega=\{$正,反$\}$．我们可以引入变量 X，使 $X=0$，表示正面，$X=1$ 表示反面.

引例 3　在灯泡使用寿命的试验中，我们引入变量 X，使 $a<X<b$，表示灯泡使用寿命

在 a(h)与 b(h)之间.

例如，$1\,000 \leqslant X \leqslant 2\,000$ 表示灯泡寿命在 1 000h 与 2 000h 之间. $0 < X < 4\,000$ 表示灯泡寿命在 4 000h 以内的事件.

定义 4.1　设Ω为样本空间，如果对每一个可能结果 $\omega \in \Omega$，变量 X 都有一个确定的实数值 $X(\omega)$ 与之对应，则称 X 为定义在Ω上的随机变量. 习惯上用英文大写字母 X,Y,Z 表示随机变量.

例如，引例 1,2,3 中的 X 都是随机变量.

二、离散型随机变量及其分布律

定义 4.2　若随机变量 X 只取有限多个值或可列的无限多个（分散的）值，就说 X 是离散型随机变量. 例如，本节中的引例 1、引例 2 的 X 是离散型随机变量.

定义 4.3　设 X 为离散型随机变量，它的所有可能取值为 $x_1, x_2, x_3, \cdots$，而 X 取 x_k 的概率为 p_k，即

$$P\{X = x_k\} = p_k \, (k = 1, 2, \cdots)$$

则称之为 X 的概率分布（或概率函数或分布列）.

离散型随机变量 X 的概率分布也可以用下列表格形式表示：

X	x_1	x_2	$\cdots$	x_i	$\cdots$
P	p_1	p_2	$\cdots$	p_i	$\cdots$

其中第一行表示 X 的取值，第二行表示 X 取相应值的概率.

离散型随机变量 X 的分布列满足下列性质：

（1）非负性：$p_i \geqslant 0$；

（2）规范性：$\sum_{i=1}^{+\infty} p_i = 1$.

例 4.1　设离散型随机变量 X 的分布列为

X	0	1	2
P	0.2	c	0.5

求常数 c.

解　由分布律的性质知

$$1 = 0.2 + c + 0.5$$

解得 $c = 0.3$.

例 4.2　掷一枚质地均匀的骰子，记 X 为出现的点数，求 X 的分布列.

解　X 的全部可能取值为 1,2,3,4,5,6,且

$$P_k = P\{X = k\} = \frac{1}{6}, k = 1,2,\cdots,6$$

则 X 的分布列为

X	1	2	3	4	5	6
P	$\frac{1}{6}$	$\frac{1}{6}$	$\frac{1}{6}$	$\frac{1}{6}$	$\frac{1}{6}$	$\frac{1}{6}$

三、几个重要的离散型随机变量

1. 0-1 分布

定义 4.4 设随机变量 X 只可能取 0 与 1 两个值，它的分布列是

$$P\{X = k\} = p^k (1-p)^{1-k}, k = 0,1$$

则称 X 服从两点分布（也称 0-1 分布），其分布列也可以列表表示

X	0	1
P	p	$1-p$

例 4.3 一批产品有 1 000 件，其中有 50 件次品，从中任取 1 件，用$\{X=0\}$表示取到次品，$\{X=1\}$表示取到正品，请写出 X 的分布列.

解 因为

$$P\{X = 0\} = \frac{50}{1000} = 0.05, \quad P\{X = 1\} = \frac{950}{1000} = 0.95$$

所以 X 的分布列为

X	0	1
P	0.05	0.95

2. 二项分布

在前面，我们讨论过一个重要的独立试验概型——贝努利概型，我们知道，对于贝努利试验，事件 A 在 n 次试验中出现 k 次的概率为

$$P\{A\text{发生}k\text{次}\} = \mathrm{C}_n^k p^k (1-p)^{n-k}, k = 0,1,2,3,\cdots,n$$

且满足：（1）$P_n(k) \geqslant 0,\ k = 0,1,\cdots,n$；

（2）$\sum_{k=0}^{n} p_n(k) = \sum_{k=0}^{n} \mathrm{C}_n^k p^k (1-p)^{n-k} = 1$.

定义 4.5 设随机变量 X 的分布列是

$$P\{X = k\} = \mathrm{C}_n^k p^k (1-p)^{n-k}, k = 0,1,\cdots,n$$

其中 $0<p<1$，则称 X 服从参数 n,p 的二项分布，$X\sim B(n,p)$．

特别的，当 $n=1$，二项分布化为

$$P\{X=k\}=p^k(1-p)^{1-k},k=0,1,\cdots,n$$

这就是两点分布．

事实上，二项分布可以作为描绘射手射击 n 次，其中有 k 次击中目标($k=0,1,\cdots,n$)的概率分布情况的一个数学模型．也可以作为随机地抛掷硬币 n 次，落地时山现 k 次“正面”的概率分布情况的数学模型．当然还可以作为从一批足够多的产品中任意抽取 n 件，其中有 k 件次品的概率分布的模型．总之，二项分布是由贝努利试验产生的．

例 4.4　某特效药的临床有效率为 0.95，现有 10 人服用，问至少有 8 人治愈的概率是多少？

解　设 X 为 10 人中被治愈的人数，则 $X\sim B(10,0.95)$，而所求概率为

$$\begin{aligned}P\{X\geqslant 8\}&=P\{X=8\}+P\{X=9\}+P\{X=10\}\\&=C_{10}^{8}(0.95)^8(0.05)^2+C_{10}^{9}(0.95)^9(0.05)^1+C_{10}^{10}(0.95)^{10}(0.05)^0=0.9885\end{aligned}$$

四、随机变量的分布函数

1. 分布函数的概念

对于离散型随机变量 X，它的分布列能够完全刻画其统计特性，也可用分布列得到我们关心的事件，如 $\{X>a\}$，$\{X\leqslant b\}$，$\{a\leqslant X\leqslant b\}$ 等事件的概率．而对于非离散型的随机变量，就无法用分布列来描述它了．首先，我们不能将其可能的取值一一列举出来，如连续型随机变量的取值可能充满数轴上的一个区间(a,b)，甚至是几个区间，也可以是无穷区间．其次，对于连续型随机变量 X，取任一指定的实数值 x 的概率都等于 0，即 $P\{X=x\}=0$．于是，如何刻画一般的随机变量的统计规律成了我们的首要问题．

定义 4.6　设 X 为随机变量，称函数

$$F(x)=P\{X\leqslant x\},x\in(-\infty,+\infty)$$

为 X 的分布函数．

注意：随机变量的分布函数的定义适应于任意的随机变量，其中也包含了离散型随机变量，即离散型随机变量既有分布列也有分布函数，两者都能完全描述它的统计规律性．

例 4.5　若 X 的分布列为

X	0	1	2	3	4
P	0.2	0.1	0.3	0.3	0.1

求（1）$F(1)$；（2）$F(2.1)$；（3）$F(3)$；（4）$F(3.2)$．

解　由分布函数的定义知

$$F(x)=P(X\leqslant x)$$

所以（1）$F(1)=P(X\leqslant 1)=P(X=0)+P(X=1)=0.3$；

（2）$F(2.1)=P(X\leqslant 2.1)=P(X=0)+P(X=1)+P(X=2)=0.6$；

（3）$F(3)=P(X\leqslant 3)=P(X=0)+P(X=1)+P(X=2)+P(X=3)=0.2+0.1+0.3+0.3=0.9$；

（4）$F(3.2)=P(X\leqslant 3.2)=1-P(X>3.2)=1-P(X=4)=1-0.1=0.9$.

2. 分布函数的性质

分布函数有以下基本性质：

（1）$0\leqslant F(x)\leqslant 1$；

（2）$F(x)$是不减函数，即对于任意的 $x_1<x_2$，有 $F(x_1)\leqslant F(x_2)$；

（3）$F(-\infty)=0$，$F(+\infty)=1$，即 $\lim\limits_{x\to-\infty}F(x)=0$，$\lim\limits_{x\to+\infty}F(x)=1$；

（4）$F(x)$在任一点 x_0 处至少右连续，即 $\lim\limits_{x\to x_0^+}F(x)=F(x_0)$.

3. 连续型随机变量的概率密度

定义 4.7 若随机变量 X 的分布函数为 $F(x)$，若存在非负函数 $f(x)$，使得对任意实数 x，有

$$F(x)=P\{X\leqslant x\}=\int_{-\infty}^{x}f(t)\mathrm{d}t$$

成立，则称 X 为连续型随机变量，其中函数 $f(x)$ 称为 X 的概率密度函数，简称概率密度.

由连续型随机变量及概率密度函数的定义可知概率密度有下列性质：

（1）$F'(x)=f(x)$.

（2）$\int_{-\infty}^{+\infty}f(x)\mathrm{d}x=1$.

（3）$P\{a<X\leqslant b\}=\int_{a}^{b}f(x)\mathrm{d}x,(a\leqslant b)$.

（4）$f(x)\geqslant 0$.

例 4.6 设连续函数变量 X 的分布函数为

$$F(x)=\begin{cases}0, & x\leqslant 0\\ x^2, & 0<x<1\\ 1, & x\geqslant 1\end{cases}$$

求：（1）X 的概率密度 $f(x)$；

（2）X 落在区间(0.3,0.7)的概率.

解 （1）$f(x)=F'(x)=\begin{cases}0', & x\leqslant 0\\ (x^2)', & 0<x<1\\ 1', & x\geqslant 1\end{cases}=\begin{cases}2x, & 0<x<1\\ 0, & 其他\end{cases}$.

（2）有两种解法：

$$P\{0.3<X<0.7\}=F(0.7)-F(0.3)=0.7^2-0.3^2=0.4$$

或者

$$P\{0.3<X<0.7\}=\int_{0.3}^{0.7}f(x)\mathrm{d}x=\int_{0.3}^{0.7}2x\mathrm{d}x=x^2\Big|_{0.3}^{0.7}=0.4$$

4. 两个重要的连续型随机变量

（1）均匀分布.

定义 4.8　若随机变量 X 的概率密度为

$$f(x)=\begin{cases}\dfrac{1}{b-a}, & a\leqslant x\leqslant b\\ 0, & 其他\end{cases}$$

则称 X 服从区间 $[a,b]$ 上的**均匀分布**，简记为 $X\sim U(a,b)$.

容易求得其分布函数为

$$f(x)=\begin{cases}0, & x\leqslant a\\ \dfrac{x-a}{b-a}, & a<x<b\\ 1, & x\geqslant b\end{cases}$$

均匀分布的概率密度 $f(x)$ 和分布函数 $F(x)$ 的图像分别见图 10.3 和 10.4.

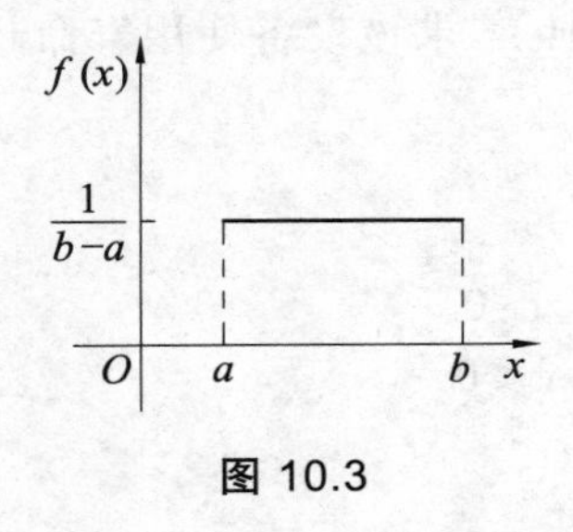

图 10.3

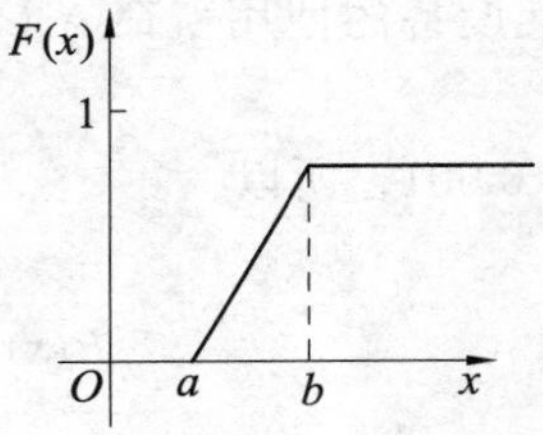

图 10.4

例 4.7　公共汽车站每隔 5min 有一辆汽车通过，乘客在 5min 内任一时刻到达汽车站是等可能的，求乘客候车时间在 1 到 3min 内的概率.

解　设 X 表示乘客的候车时间，则 $X\sim U(0,5)$，其概率密度为

$$f(x)=\begin{cases}\dfrac{1}{5}, & 0\leqslant x\leqslant 5\\ 0, & 其他\end{cases}$$

所以所求概率为

$$P\{1\leqslant x\leqslant 3\}=\frac{3-1}{5-0}=\frac{2}{5}$$

（2）指数分布.

定义 4.9　若随机变量 X 的概率密度为

$$f(x)=\begin{cases}\lambda \mathrm{e}^{-\lambda x}, & x>0\\ 0, & x\leqslant 0\end{cases}$$

其中 $\lambda>0$ 为常数，则称 X 服从参数为 λ 的指数分布，简记为 $X\sim E(\lambda)$.

其分布函数为

$$F(x)=\begin{cases}1-\mathrm{e}^{-\lambda x}, & x>0\\ 0, & x\leqslant 0\end{cases}$$

（1）$f(x)$和$F(x)$的图形分别见图 10.5 和 10.6.

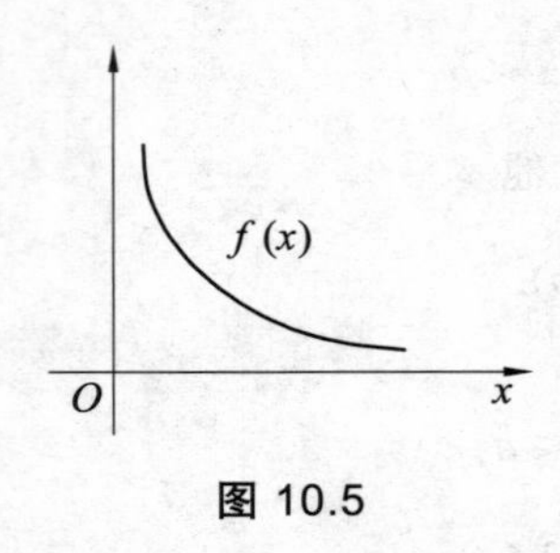

图 10.5

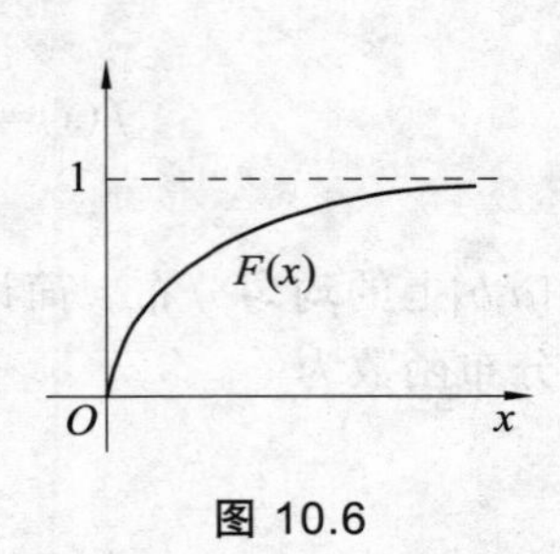

图 10.6

指数分布常被用作各种“寿命”的分布，如电子元件的使用寿命、动物的寿命、电话的通话时间、顾客在某一服务系统接受服务的时间等都可以假定服从指数分布，因而指数分布有着广泛的应用.

例 4.8 若某设备的使用寿命 X（h）$\sim E$（0.001），求该设备使用寿命超过 1 000 h 的概率.

解 因为$\lambda=0.001$，所以

$$F(x)=\begin{cases}1-\mathrm{e}^{-0.001x}, & x>0\\ 0, & x\leqslant 0\end{cases}$$

所以

$$P(1000<X)=P(1000<X<+\infty)=F(+\infty)-F(1000)=1-(1-\mathrm{e}^{-1})=\mathrm{e}^{-1}=\frac{1}{\mathrm{e}}$$

习题 10.4

基础练习

1. 选择题.

（1）设随机变量 X 的分布列 $P(X=k)=\dfrac{k}{15},k=1,2,3,4,5$，则 $P\left\{\dfrac{k}{15}<X<\dfrac{5}{2}\right\}$的值是（　　）.

A. $\dfrac{3}{5}$　　B. $\dfrac{1}{5}$　　C. $\dfrac{2}{5}$　　D. $\dfrac{4}{5}$

（2）任何一个连续型随机变量的概率密度 $f(x)$一定满足（　　）.

A. $0\leqslant f(x)\leqslant 1$　　B. 在定义域内单调不减

C. $\int_{-\infty}^{+\infty}f(x)\mathrm{d}x=1$　　D. $\lim\limits_{x\to\infty}f(x)=1$

（3）某公共汽车站从上午 6 时起，每 15min 有一班车通过. 若某乘客到达此站的时间

8:00 到 9:00 之间服从均匀分布的随机变量，则他候车时间少于 5min 的概率是（　　）.

A. $\frac{1}{3}$　　B. $\frac{2}{3}$　　C. $\frac{1}{4}$　　D. $\frac{1}{2}$

（4）已知标准正态分布函数为 $\Phi(x)$，则 $\Phi(-x)$ 的值等于（　　）.

A. $\Phi(x)$　　B. $1-\Phi(x)$　　C. $-\Phi(x)$　　D. $\frac{1}{2}+\Phi(x)$

提高练习

2. 填空题.

（1）设 100 件产品中有 10 件次品，每次随机抽取 1 件，检验后放回去，连续抽 3 次，则最多取到 1 件次品的概率为______________.

（2）某射手每次射击击中目标的概率为 p，连续向同一目标射击，直到第一次击中为止，则射击次数 X 的概率为______________.

（3）设随机变量 $X \sim N(2,\delta^2)$，且 $P\{2<X<4\}=0.3$，则 $P\{X<0\}=$__________.

（4）离散型随机变量的分布列为__________，则 $Y=X^2$ 的分布列为____________.

拓展练习

3. 掷一枚均匀的骰子，试写出点数 X 的概率分布列，并求 $P\{X>1\}, P\{2<X<5\}$.

4. 盒中装有某种产品 15 件，其中有 2 件次品，现在从中任取 3 件，试写出取出次品数 X 的分布列.

5. 某人进行射击训练，设每次射击的命中率为 0.01，他独立射击 500 次，求可能命中 5 次的概率.

6. 设 $X \sim N(1,0.6^2)$，求 $P\{X>1\}$，$P\{0.2<X<1.8\}$.

第五节　随机变量的数字特征

随机变量 X 的分布能够完整地描述随机变量的统计规律. 但要确定一个随机变量的分布有时是比较困难的，而且往往也是不必要的，实际问题中，有时只需要知道随机变量取值的平均数以及描述随机变量取值分散程度等一些特征数即可. 这些特征数在一定程度上刻画出随机变量的基本形态，而且也可用数理统计的方法估计它们. 因此，研究随机变量的数字特征无论在理论上还是实际中都有着重要的意义.

一、数学期望及其性质

1. 离散型随机变量的数学期望

先通过下面的实例说明数学期望的直观含义.

例 5.1　某车间共有 4 台机床，这些机床由于各种原因工作时时而会停机，因而在任意时刻工作着的机床数 X 是一随机变量. 为评估该车间机床的使用效率，需要知道车间内同时工作着的机床的平均数.

作了 20 次观察，结果如表 10.4：

表 10.4

工作机床数 X	0	1	2	3	4
频　数	0	1	3	9	7
频　率	$\frac{0}{10}$	$\frac{1}{20}$	$\frac{3}{20}$	$\frac{9}{20}$	$\frac{7}{20}$

从表 10.4 中可看出，在 20 次观察中，有 1 次“1 台工作”，有 3 次“2 台工作”，有 9 次“3 台工作”，有 7 次“4 台工作”，“机床都不工作”的情况未出现. 在 20 次观察中，工作机床总数为：

$$0\times0+1\times1+2\times3+3\times9+4\times7=62$$

所以，车间内同时工作的机床的平均数为

$$\begin{aligned}\frac{62}{20}&=\frac{0\times0+1\times1+2\times3+3\times9+4\times7}{20}\\&=0\times\frac{0}{20}+1\times\frac{1}{20}+2\times\frac{3}{20}+3\times\frac{9}{20}+4\times\frac{7}{20}=3.1\end{aligned}$$

式中 $\frac{0}{20},\frac{1}{20},\frac{3}{20},\frac{9}{20},\frac{7}{20}$ 是 X 的 5 种可能取值的频率，或概率的近似值. 可以看出，X 的平均数并不是 X 的 5 种可能取值的简单算术平均数 $\frac{0+1+2+3+4}{5}=2$. 这种简单算术平均数不能真实地反映出随机变量 X 的平均情况，因为 X 取各个值的可能性即概率是不相等的. 这个“平均数”应是随机变量所有可能的取值与相应概率的乘积之和，即以概率为权数的**加权平均值**. 为此，我们引入数学期望这一概念.

定义 5.1　设离散型随机变量 X 的分布列为

$$P\{X=x_i\}=p_i\ ,\quad (i=1,2,\cdots)$$

若级数 $\sum_{i=1}^{\infty}x_ip_i$ 绝对收敛，则称级数 $\sum_{i=1}^{\infty}x_ip_i$ 的和为随机变量 X 的**数学期望**，简称**期望**或**均值**，记作 $E(X)$，即

$$E(X)=\sum_{i=1}^{\infty}x_ip_i=x_1p_1+x_2p_2+\cdots+x_np_n+\cdots$$

例 5.2　设 $X\sim b(1,p)$，求 $E(X)$.

解　设 X 的分布列为

X	0	1
P	$1-p$	p

则它的数学期望

$$E(X)=0\times(1-p)+1\times p=p$$

2. 连续型随机变量的数学期望

定义 5.2　设连续型随机变量 X 的概率密度为 $f(x)$，若反常积分 $\int_{-\infty}^{+\infty}xf(x)\mathrm{d}x$ 绝对收敛，则称反常积分 $\int_{-\infty}^{+\infty}xf(x)\mathrm{d}x$ 的值为随机变量 X 的**数学期望**，记作 $E(X)$，即

$$E(X)=\int_{-\infty}^{+\infty}xf(x)\mathrm{d}x.$$

例 5.3　设连续型随机变量 X 在区间 $[a,b]$ 上服从均匀分布，求 $E(X)$.

解　均匀分布的概率密度 $f(x)$ 为

$$f(x)=\begin{cases}\dfrac{1}{b-a}, & a\leqslant x\leqslant b\\ 0, & \text{其他}\end{cases}$$

由定义 5.2 有

$$E(X)=\int_{-\infty}^{+\infty}xf(x)\mathrm{d}x=\int_a^b x\frac{1}{b-a}\mathrm{d}x=\frac{a+b}{2}$$

3. 随机变量函数的数学期望

设 X 是一个随机变量且已知其概率分布，则作为 X 的函数 $Y=g(X)$ 也是一个随机变量．要计算 Y 的数学期望，可以先由 X 的概率分布求出 Y 的概率分布，再按期望定义求 $E(Y)$．但更方便的是利用 X 的分布及 Y 与 X 的函数关系直接计算 Y 的数学期望.

定理 5.1　设离散型随机变量 X 的分布列为

$$P\{X=x_i\}=p_i,\quad (i=1,2,\cdots)$$

$g(x)$ 是实值连续函数，且级数 $\sum_{i=1}^{\infty}g(x_i)p_i$ 绝对收敛，则随机变量函数 $Y=g(X)$ 的数学期望为

$$E[g(X)]=\sum_{i=1}^{\infty}g(x_i)p_i$$

定理 5.2　设连续型随机变量 X 的概率密度为 $f(x)$，$g(x)$ 是实值连续函数，且反常积分 $\int_{-\infty}^{+\infty}g(x)f(x)\mathrm{d}x$ 绝对收敛，则随机变量函数 $Y=g(X)$ 的数学期望为

$$E[g(X)]=\int_{-\infty}^{+\infty}g(x)f(x)\mathrm{d}x$$

例 5.4　设随机变量 X 的分布列为

X	-1	0	1	2
P	0.3	0.2	0.4	0.1

令 $Y=2X+1$，求 $E(Y)$.

解　$E(Y)=(2\times(-1)+1)\times 0.3+(2\times 0+1)\times 0.2+(2\times 1+1)\times 0.4+(2\times 2+1)\times 0.1$
$=(-1)\times 0.3+1\times 0.2+3\times 0.4+5\times 0.1=1.6.$

例 5.5　设随机变量 X 的分布列为

X	-1	0	0.5	1	2
P	0.3	0.2	0.1	0.1	0.3

求随机变量函数 $Y=X^2$ 的数学期望.

解　Y 的可能取值为 1,0,0.25,1,4. 由于

$$\begin{aligned}E(Y)&=\sum_{k=1}^{\infty}g(x_k)p_k={x_1}^2p_1+{x_2}^2p_2+{x_3}^2p_3+{x_4}^2p_4+{x_5}^2p_5\\&=(-1)^2\times 0.3+0^2\times 0.2+0.5^2\times 0.1+1^2\times 0.1+2^2\times 0.3\\&=0.3+0.025+0.1+1.2=1.625\end{aligned}$$

例 5.6　设随机变量 X 的概率密度为

$$f(x)=\begin{cases}2x, & 0\leqslant x\leqslant 1\\0, & \text{其他}\end{cases}$$

求 $E(X)$.

解

$$\begin{aligned}E(X)&=\int_{-\infty}^{+\infty}xf(x)\mathrm{d}x=\int_{-\infty}^{0}xf(x)\mathrm{d}x+\int_{0}^{1}xf(x)\mathrm{d}x+\int_{1}^{+\infty}xf(x)\mathrm{d}x\\&=\int_0^1 x\cdot 2x\mathrm{d}x=\int_0^1 2x^2\mathrm{d}x=\frac{2}{3}x^3\Big|_0^1=\frac{2}{3}.\end{aligned}$$

4. 数学期望的性质

下面给出数学期望的几个性质，并假设所提到的数学期望均存在.

性质 1　$E(C)=C$（C 为常数）.

性质 2　$E(CX)=CE(X)$（C 为常数）.

性质 3　设 X,Y 是任意两个随机变量，则有

$$E(X+Y)=E(X)+E(Y)$$

这一性质可推广到有限个随机变量的情形，即

$$E(X_1+X_2+\cdots+X_n)=E(X_1)+E(X_2)+\cdots+E(X_n)$$

性质 4　设 X,Y 是两个相互独立的随机变量，则有

$$E(XY)=E(X)E(Y)$$

这一性质也可推广到有限个相互独立的随机变量的情形，即有

$$E(X_1X_2\cdots X_n)=E(X_1)E(X_2)\cdots E(X_n)$$

运用数学期望的这些性质，可以简化一些随机变量数学期望的计算.

例 5.7 某人射击目标的命中率 $p=\frac{1}{2}$，他向目标射击 3 枪，击中 0 枪得 0 分，击中一枪得 20 分，击中两枪得 60 分，击中三枪得 100 分．求他的平均得分．

解 用 X 表示该人击中枪数，Y 表示得分数．因为

（1）$P(X=0)=C_3^0\left(\frac{1}{2}\right)^0\left(1-\frac{1}{2}\right)^3=\frac{1}{8}$；

（2）$P(X=1)=C_3^1\left(\frac{1}{2}\right)\left(1-\frac{1}{2}\right)^2=\frac{3}{8}$；

（3）$P(X=2)=C_3^2\left(\frac{1}{2}\right)^2\left(1-\frac{1}{2}\right)=\frac{3}{8}$；

（4）$P(X=3)=C_3^3\left(\frac{1}{2}\right)^3\left(1-\frac{1}{2}\right)^0=\frac{1}{8}$

所以

X	0	1	2	3
P	$\frac{1}{8}$	$\frac{3}{8}$	$\frac{3}{8}$	$\frac{1}{8}$

Y	0	20	60	100
P	$\frac{1}{8}$	$\frac{3}{8}$	$\frac{3}{8}$	$\frac{1}{8}$

所以
$$EY=0\times\frac{1}{8}+20\times\frac{3}{8}+60\times\frac{3}{8}+100\times\frac{1}{8}=30+12.5=42.5$$

所以该人平均得分 42.5 分.

二、方　差

1. 方差的定义

随机变量的数学期望反映了随机变量取值的平均水平，它是随机变量的一个重要数字特征．为了能对随机变量的变化情况作出更加全面、准确的描述，除了要知道随机变量的数学期望外，还需要知道随机变量取值与其均值的偏离程度．

例 5.8 在相同的条件下，甲、乙两人对长度为 a 的某零件进行测量，测量结果分别用 X,Y 表示，已知 X,Y 的概率分布如表 10.5：

表 10.5

X,Y	$a-0.02$	$a-0.01$	a	$a+0.01$	$a+0.02$
P_X	0	0.1	0.8	0.1	0
P_Y	0.1	0.2	0.4	0.2	0.1

容易算出，$E(X)=E(Y)=a$，即甲、乙两人测量的平均值是相同的，这时仅用数学期望比较不出甲、乙两人测量技术的好坏．但从以上列表分布大致可以看到，X 取值比 Y 取值更集中于数学期望 a 附近，说明甲的测量技术比乙好．为了定量表示这种集中程度，需要用一

个数值来刻画随机变量取值与其数学期望偏差的大小．为此，我们引入方差这一概念．

定义 5.3　设 X 是一个随机变量，若 $E[X-E(X)]^2$ 存在，则称 $E[X-E(X)]^2$ 为 X 的**方差**，记为 $D(X)$ 或 $\mathrm{Var}(X)$，即

$$D(X)=\mathrm{Var}(X)=E[X-E(X)]^2$$

另外，还引入与 X 具有相同量纲的量 $\sqrt{D(X)}$，记为 $\sigma(X)$，称为**标准差或均方差**．显然方差的大小反映了随机变量 X 取值的分散程度：方差越大，X 取值越分散；方差越小，X 取值越集中．

对离散型随机变量 X

$$D(X)=\sum_{i=1}^{\infty}[x_i-E(X)]^2 p_i$$

对连续型随机变量 X

$$D(X)=\int_{-\infty}^{+\infty}[x-E(X)]^2 f(x)\mathrm{d}x$$

对于方差，常用以下公式计算

$$D(X)=E(X^2)-[E(X)]^2$$

例 5.9　设随机变量 X 表示掷一颗骰子出现的点数，求 X 的期望和方差．

解　X 的分布列为

$$P(X=k)=\frac{1}{6}，（k=1,2,\cdots,6）$$

由期望的定义有

$$E(X)=(1+2+3+4+5+6)\times\frac{1}{6}=\frac{7}{2}$$

对于方差的计算：

（方法 1）　直接由方差的定义式．

$$D(X)=E[X-E(X)]^2=\frac{1}{6}\sum_{k=1}^{6}\left(k-\frac{7}{2}\right)^2$$

$$=\frac{1}{6}\left[\left(-\frac{5}{2}\right)^2+\left(-\frac{3}{2}\right)^2+\left(-\frac{1}{2}\right)^2+\left(\frac{1}{2}\right)^2+\left(\frac{3}{2}\right)^2+\left(\frac{5}{2}\right)^2\right]=\frac{35}{12}$$

（方法 2）　应用方差的常用公式．因为

$$E(X^2)=\frac{1}{6}(1^2+2^2+3^2+4^2+5^2+6^2)=\frac{91}{6}$$

所以

$$D(X)=E(X^2)-[E(X)]^2=\frac{91}{6}-\left(\frac{7}{2}\right)^2=\frac{35}{12}$$

2. 方差的性质

性质 5　$D(c)=0$（c为常数）.

性质 6　$D(cX)=c^2D(X)$（c为常数）.

更一般地，

$$D(aX+b)=a^2D(X)\,(a,b\text{ 为常数})$$

性质 7　若 X,Y 相互独立，则 $D(X+Y)=D(X)+D(Y)$.

一般地，设 X,Y 是任意两个随机变量，则有

$$D(X+Y)=D(X)+D(Y)+2E\{(X-E(X))(Y-E(Y))\}$$

性质 8　$D(X)=0$ 的充要条件是 X 以概率 1 取常数 $E(X)$，即

$$P\{X=E(X)\}=1$$

例 5.10　随机变量 X 的分布函数为

$$F(x)=\begin{cases}1-\dfrac{a^3}{x^3}, & x\geqslant a\\ 0, & x<a\end{cases}$$

求 $E(X), D(X)$.

解　$f(x)=F'(x)=\begin{cases}3a^3x^{-4}, & x\geqslant a\\ 0, & x<a\end{cases}$；

$$E(X)=\int_{-\infty}^{+\infty}xf(x)\mathrm{d}x=\int_a^{+\infty}3a^3x^{-3}\mathrm{d}x=3a^3\left.\frac{-x^{-2}}{2}\right|_a^{+\infty}=\frac{3}{2}a\text{；}$$

$$E(X^2)=\int_{-\infty}^{+\infty}x^2f(x)\mathrm{d}x=\int_a^{+\infty}3a^3x^{-2}\mathrm{d}x=3a^3\left.\left(-\frac{1}{x}\right)\right|_a^{+\infty}=3a^2\text{；}$$

$$D(X)=3a^2-\left(\frac{3}{2}a\right)^2=\frac{3}{4}a^2.$$

习题 10.5

基础练习

1. 选择题.

（1）设 $X\sim B(n,p)$ 且 $E(X)=4.8, D(X)=1.92$，则（　　）.

A. $n=6, p=0.8$　　B. $n=0.8, p=6$

C. $n=12, p=0.4$　　D. $n=16, p=0.3$

（2）设 $X\sim N(2,3^2)$，且 $Y=2X-3$，则 $Y\sim$（　　）.

A. $N(1,1.5^2)$　　B. $N(1,1.6^2)$　　C. $N(1,1)$　　D. $N(1,3^2)$

（3）盒中有 6 个红球 4 个白球，任意摸出一球，记住颜色后再放入盒中，一共进行 4 次，设 X 为红球出现的次数，则 $E(x)=$（　　）.

A. $\frac{16}{10}$　　B. $\frac{4}{10}$　　C. $\frac{24}{10}$　　D. $\frac{4^2\times 6}{10}$

（4）设随机变量 $X\sim N(\mu,\delta^2)$，$P\{|X-\mu|\leqslant 2\delta)=$（　　）.

A. 0.68　　B. 0.90　　C. 0.95　　D. 0.99

（5）若连续型随机变量 X 的分布函数为 $F(x)=\begin{cases}0, & x<0\\ x^3, & 0\leqslant x\leqslant 1\\ 1, & x>1\end{cases}$，则 $E(x)=$（　　）.

A. $\int_0^{\infty}x^4\mathrm{d}x$　　B. $\int_0^{1}3x^3\mathrm{d}x$　　C. $\int_0^{1}x^4\mathrm{d}x+\int_0^{\infty}x\mathrm{d}x$　　D. $\int_0^{\infty}3x^3\mathrm{d}x$

提高练习

2. 填空题.

（1）某批产品的正品率为 $\frac{3}{4}$，现对其进行测试，以 X 表示首先测到正品时已进行的测试次数，则 X 的数学期望为________.

（2）当 X 的数学期望 $E(X)$ 和 $E(X^2)$ 都存在时，X 的方差的计算公式为 $D(x)=$________.

（3）设 $X\sim B(n,p)$，则 $P\{X=k\}=$________.

（4）设随机变量 X 服从区间 $[1,5]$ 上的均匀分布，当 $x_1<1<x_2<5$ 时，$P\{x_1\leqslant X\leqslant x_2\}=$________.

（5）一射手对同一目标独立进行 4 次射击，每次射击的命中率相同，如果至少命中一次的概率为 $\frac{80}{81}$，用 X 表示该射手命中的次数，则数学期望 $E(X^2)$________.

（6）设随机变量 X_1,X_2,X_3 均服从区间 $[0,2]$ 上的均匀分布，则 $E(3X_1-X_2=2X_3)=$________.

拓展练习

3. 已知甲、乙两箱中装同种产品，其中甲箱中装有 3 件合格品和 3 件次品，乙箱中仅装有 3 件合格品. 现从甲箱任取 3 件产品放入乙箱后，求：乙箱中次品件数的数学期望.

4. 一部机器在一天内发生故障的概率为 0.2，发生故障则当天停止工作. 若一周 5 个工作日无故障，可获利 10 万元，发生 1 次故障仍可获利 5 万元，发生 2 次故障获利 0 元，发生 3 次或 3 次以上故障要亏损 2 万元，求一周内期望利润是多少？

5. 某种产品周需求量 X 在 $(10,30)$ 上服从均匀分布，而商店进货量 a 是区间 $(10,30)$ 上的某一整数. 商店每销售 1 单位商品，获利 500 元，若供大于求，则降价处理，这时亏损 100 元，若供不应求，可从外部调剂供应，此时每单位获利 300 元，为使商店获利期望值不少于 9280 元，试确定该最少进货量 a？

6. 设随机变量 X 与 Y 相互独立，且 $X\sim N(1,\sqrt{2}^2),Y\sim(0,1)$，试求 $Z=2X-Y+3$ 的概率密度.

复习题十

一．单项选择题

1. 下面各组事件中，互为对立事件的有（　　）.

　A. $A_1=\{$抽到的三个产品全是合格品$\}$，$A_2=\{$抽到的三个产品全是废品$\}$

　B. $B_1=\{$抽到的三个产品全是合格品$\}$，$B_2=\{$抽到的三个产品中至少有一个废品$\}$

　C. $C_1=\{$抽到的三个产品中合格品不少于 2 个$\}$，$C_2=\{$抽到的三个产品中废品不多于 2 个$\}$

　D. $D_1=\{$抽到的三个产品中有 2 个合格品$\}$，$D_2=\{$抽到的三个产品中有 2 个废品$\}$

2. 下列事件与事件 $A-B$ 不等价的是（　　）.

　A. $A-AB$　　B. $(A\cup B)-B$　　C. $\overline{A}B$　　D. $A\overline{B}$

3. 甲、乙两人进行射击，A，B 分别表示甲、乙射中目标，则 $\overline{A}\cup\overline{B}$ 表示（　　）.

　A. 两人都没射中　　B. 两人都射中

　C. 两人没有都射着　　D. 至少一个射中

4. 在事件 A，B，C 中，A 和 B 至少有一个发生而 C 不发生的事件可表示为（　　）.

　A. $A\overline{C}\cup B\overline{C}$　　B. $AB\overline{C}$

　C. $AB\overline{C}\cup A\overline{B}C\cup\overline{A}BC$　　D. $A\cup B\cup\overline{C}$

5. 设随机事件 A,B 满足 $P(AB)=0$，则（　　）.

　A. A,B 互为对立事件　　B. A,B 互不相容

　C. AB 一定为不可能事件　　D. AB 不一定为不可能事件

6. 设离散型随机变量 X 的分布列为

X	0	1	2	3
p	0.1	0.3	0.4	0.2

$F(x)$ 为其分布函数，则 $F(3)=$（　　）.

　A. 0.2　　B. 0.4　　C. 0.8　　D. 1

7. 设 $X\sim B\left(10,\frac{1}{3}\right)$，则 $E(X)=$（　　）.

　A. $\frac{1}{3}$　　B. 1　　C. $\frac{10}{3}$　　D. 10

8. 已知随机变量 X 服从参数为 n,p 的二项分布 $B(n,p)$，且 $E(X)=2.4, D(X)=1.44$，则参数 n,p 的值是（　）.

　A. $n=4, p=0.6$　　B. $n=6, p=0.4$

　C. $n=8, p=0.3$　　D. $n=24, p=0.1$

二、多项选择题

1. 以下命题正确的是（　　）.

A. $(AB)\cup(A\overline{B})=A$　　B. 若 $A\subset B$，则 $AB=A$

C. 若 $A\subset B$，则 $\overline{B}\subset\overline{A}$　　D. 若 $A\subset B$，则 $A\cup B=B$

2. 某学生做了三道题，以 A_i 表示"第 i 题做对了的事件" $(i=1,2,3)$，则该生至少做对了两道题的事件可表示为（　　）.

A. $\overline{A}_1A_2A_3\cup A_1\overline{A}_2A_3\cup A_1A_2\overline{A}_3$　　B. $A_1A_2\cup A_2A_3\cup A_3A_1$

C. $\overline{A_1A_2\cup A_2A_3\cup A_3A_1}$　　D. $A_1A_2\overline{A}_3\cup A_1\overline{A}_2A_3\cup\overline{A}_1A_2A_3\cup A_1A_2A_3$

3. 下列命题中，正确的是（　　）.

A. $A\cup B=A\overline{B}\cup B$　　B. $\overline{A}B=A\cup B$

C. $\overline{A\cup B}C=\overline{A}\overline{B}\overline{C}$　　D. $(AB)(A\overline{B})=\varnothing$

4. 若事件 A 与 B 相容，则有（　　）.

A. $P(A\cup B)=P(A)+P(B)$　　B. $P(A\cup B)=P(A)+P(B)-P(AB)$

C. $P(A\cup B)=1-P(\overline{A})-P(\overline{B})$　　D. $P(A\cup B)=1-P(\overline{A})P(\overline{B})$

5. 事件 A 与 B 互相对立的充要条件是（　　）.

A. $P(AB)=P(A)P(B)$　　B. $P(AB)=0$且$P(A\cup B)=1$

C. $AB=\varnothing$ 且 $A\cup B=\Omega$　　D. $AB=\varnothing$

6. 已知 $P(B)>0$ 且 $A_1A_2=\varnothing$，则（　　）成立.

A. $P(A_1\mid B)\geqslant 0$　　B. $P((A_1\cup A_2)\mid B)=P(A_1\mid B)+(A_2\mid B)$

C. $P(A_1A_2\mid B)=0$　　D. $P(\overline{A_1}\cap\overline{A_2}\mid B)=1$

7. 若 $P(A)>0,P(B)>0$ 且 $P(A\mid B)=P(A)$，则（　　）成立.

A. $P(B\mid A)=P(B)$　　B. $P(\overline{A}\mid\overline{B})=P(\overline{A})$

C. A,B 相容　　D. A,B 不相容.

8. 对于事件 A 与 B，以下命题正确的是(　　　).

A. 若 A,B 互不相容，则 $\overline{A},\overline{B}$ 也互不相容

B. 若 A,B 相容，则 $\overline{A},\overline{B}$ 也相容

C. 若 A,B 独立，则 $\overline{A},\overline{B}$ 也独立

D. 若 A,B 对立，则 $\overline{A},\overline{B}$ 也对立

9. 若事件 A 与 B 独立，且 $P(A)>0,P(B)>0$，则（　　）成立.

A. $P(B\mid A)=P(B)$　　B. $P(\overline{A}\mid\overline{B})=P(\overline{A})$

C. A,B 相容　　D. A,B 不相容

三、填空题

1. 若事件 A,B 满足 $AB=\varnothing$，则称 A 与 B ________________.

2. " A,B,C 三个事件中至少发生两个"，此事件可以表示为________________.

3. 设 $\overline{A}$ 与 B 是相互独立的两事件，且 $P(\overline{A})=0.7$，$P(B)=0.4$，则 $P(AB)=$________________.

4. 设事件 A,B 独立，且 $P(A)=0.4$，$P(B)=0.7$，则 A,B 至少一个发生的概率为________.

5. 设有供水龙头 5 个，每一个龙头被打开的可能为 0.1，则有 3 个同时被打开的概率为____________.

6. 某批产品中有 20%的次品，进行重复抽样调查，共取 5 件样品，则 5 件中恰有 2 件

次品的概率为 ________，5 件中至多有 2 件次品的概率 ________．

7．当 $c=$ ______时，$P(X=k)=\dfrac{c}{N}(k=1,\cdots,N)$ 是随机变量 X 的概率分布；

当 $c=$ ______时，$P(Y=k)=\dfrac{1-c}{N}(k=1,\cdots,N)$ 是随机变量 Y 的概率分布；

当 $a=$ ______时，$P(Y=k)=a\dfrac{\lambda^k}{k!}(k=0,1,\cdots,\lambda>0)$ 是随机变量 Y 的概率分布．

8．进行重复的独立试验，并设每次试验成功的概率都是 0.6．以 X 表示直到试验获得成功时所需要的试验次数，则 X 的分布列为

________________________________．

9．某射手对某一目标进行射击，每次射击的命中率都是 p，射中了就停止射击，且至多射击10次．以 X 表示射击的次数，则 X 的分布列为

________________________________．

10．将一枚质量均匀的硬币独立地抛掷 n 次，以 X 表示此 n 次抛掷中落地后正面向上的次数，则 X 的分布列为________________________________．

四、简答题

1．写出下列随机试验的样本空间．

（1）一盒内放有四个球，它们分别标上 1,2,3,4 号．现从盒中任取一球后，不放回盒中，再从盒中任取一球，记录两次取球的号码．

（2）将（1）的取球方式改为第一次取球后放回盒中再作第二次取球，记录两次取球的号码．

（3）一次从盒中任取 2 个球，记录取球的结果．

2．设 A,B,C 为三个事件，用 A,B,C 的运算关系表示下列事件．

（1）A,B,C 中只有 A 发生；

（2）A 不发生，B 与 C 发生；

（3）A,B,C 中恰有一个发生；

（4）A,B,C 中恰有两个发生；

（5）A,B,C 中没有一个发生；

（6）A,B,C 中所有三个都发生；

（7）A,B,C 中至少有一个发生；

（8）A,B,C 中不多于两个发生．

五、计算题

1．A,B,C 为三个事件，说明下述运算关系的含义：

（1）A；（2）$\overline{B}\,\overline{C}$；（3）$A\overline{B}\,\overline{C}$；（4）$\overline{A}\,\overline{B}\,\overline{C}$；（5）$A\cup B\cup C$；（6）$\overline{ABC}$．

2．一个工人生产了三个零件，以 A_i 与 $\overline{A}_i$ $(i=1,2,3)$ 分别表示他生产的第 i 个零件为正品、次品的事件．试用 A_i 与 $\overline{A}_i$ $(i=1,2,3)$ 表示以下事件：

（1）全是正品；

（2）至少有一个零件是次品；

（3）恰有一个零件是次品；

（5）至少有两个零件是次品．

3．袋中有 12 只球，其中红球 5 只，白球 4 只，黑球 3 只．从中任取 9 只，求其中恰好有 4 只红球、3 只白球、2 只黑球的概率．

4．求寝室里的 6 个同学中至少有 2 个同学的生日恰好同在一个月的概率．

5. 10 把钥匙中有 3 把能打开门，现任取 2 把，求能打开门的概率.

6. 将三个封信随机地放入标号为 1,2,3,4 的四个空邮筒中,求以下概率：

（1）恰有三个邮筒各有一封信；

（2）第二个邮筒恰有两封信；

（3）恰好有一个邮筒有三封信.

7. 将 20 个足球球队随机地分成两组，每组 10 个队，进行比赛. 求上一届分别为第一、二名的两个队被分在同一小组的概率.

8. 设在15只同类型的零件中有2只是次品，从中取3次，每次任取1只，以 X 表示取出的3只中次品的只数. 分别求出在（1）每次取出后记录是否为次品，再放回去；（2）取后不放回，两种情形下 X 的分布律.

9. 一只袋子中装有大小、质量相同的6只球，其中3只球上各标有1个点，2只球上各标有2个点，1只球上标有3个点. 从袋子中任取3只球，以 X 表示取出的3只球上点数的和.

（1）求 X 的分布列；

（2）求概率 $P(4<X\leqslant 6), P(4\leqslant X<6), P(4<X<6), P(4\leqslant X\leqslant 6)$.

10. 设随机变量 X 的概率分布列如下,求 X 的分布函数及 $P(X\leqslant 2), P(0<X<3), P(2\leqslant X\leqslant 3)$.

X	0	1	2	3
P	$\frac{1}{16}$	$\frac{3}{16}$	$\frac{1}{2}$	$\frac{1}{4}$

11. 设一只袋子中装有依次标有数字 –1 ,2,2,2,3,3 的六只球，从此袋中任取一只球，并以 X 表示取得的球上所标有的数字，求 X 的分布列与分布函数.

12. 一批零件中有 9 件合格品与 3 件次品，往机器上安装时任取一件，若取到次品就弃置一边，求在取到合格品之前已取到的次品数的期望、方差与均方差.

13. 设随机变量 X 的概率密度为 $f(x)=\begin{cases}2(1-x), & 0\leqslant x\leqslant 1\\ 0, & 其他\end{cases}$，求 EX 与 DX .

14. 设随机变量 X 的分布列为

X	–1	0	3
P	0.2	0.3	0.5

（1）求 X 的分布函数；

（2）求 $Y=2X^2+1$ 及 $Z=3X+1$ 的分布列；

（3）$Y=2X^2+1$ 及 $Z=3X+1$ 期望.

学习自测题十

（时间：90 分钟　100 分）

一、选择题（每小题 3 分，共 30 分）

1. 对掷一粒骰子的试验，在概率论中将“出现奇数点”称为（　　）.

A. 不可能事件　　B. 必然事件

C. 随机事件　　D. 样本事件

2. 以 A 表示事件“甲种产品畅销，乙种产品滞销”，则其对立事件 $\overline{A}$ 为（　　）.

A. “甲种产品滞销，乙种产品畅销”　B. “甲、乙两种产品均畅销”

C. “甲种产品滞销”　D. “甲种产品滞销或乙种产品畅销”

3. 设 $\Omega=\{x\mid-\infty<x<+\infty\}, A=\{x\mid 0\leqslant x<2\}, B=\{x\mid 1\leqslant x<3\}$，则 $A\overline{B}$ 表示（　　）.

A. $\{x\mid 0\leqslant x<1\}$　　B. $\{x\mid 0<x<1\}$

C. $\{x\mid 1\leqslant x<2\}$　　D. $\{x\mid -\infty<x<0\}\cup\{x\mid 1\leqslant x<+\infty\}$

4. 掷两颗均匀的骰子，事件“点数之和为 3”的概率是（　　）.

A. $\frac{1}{36}$　B. $\frac{1}{18}$　C. $\frac{1}{12}$　D. $\frac{1}{11}$

5. 袋中放有 3 个红球，2 个白球，第一次取出一球，不放回，第二次再取一球，则两次都是红球的概率是（　　）.

A. $\frac{9}{25}$　B. $\frac{3}{10}$　C. $\frac{6}{25}$　D. $\frac{3}{20}$

6. 设盒中有 10 个木质球，6 个玻璃球，其中木质球有 3 个红色，7 个蓝色；玻璃球有 2 个红色，4 个蓝色．现在从盒中任取一球，用 A 表示“取到蓝色球”，B 表示“取到玻璃球”，则 $P(B|A)=$（　　）.

A. $\frac{6}{10}$　B. $\frac{6}{16}$　C. $\frac{4}{7}$　D. $\frac{4}{11}$

7. 某人打靶的命中率为 0.8，现独立地射击 5 次，那么 5 次中有 2 次命中的概率是（　　）.

A. $0.8^2\times0.2^3$　B. 0.8^2　C. $\frac{2}{5}\times0.8^2$　D. $\mathrm{C}_5^2 0.8^2\times0.2^3$

8. 设 A, B 是两个相互独立的事件，已知 $P(A)=\frac{1}{2}, P(B)=\frac{1}{3}$，则 $P(A\cup B)=$（　　）.

A. $\frac{1}{2}$　B. $\frac{5}{6}$　C. $\frac{2}{3}$　D. $\frac{3}{4}$

9. 设离散型随机变量 X 的分布列为

X	0	1	2	3
P	0.1	0.3	0.4	0.2

$F(x)$ 为其分布函数，则 $F(3)=$（　　）.

A. 0.2　　B. 0.4　　C. 0.8　　D. 1

10. 设 $X \sim B\left(10, \frac{1}{3}\right)$，则 $E(X) = ($　$)$.

A. $\frac{1}{3}$　　B. 1　　C. $\frac{10}{3}$　　D. 10

二、填空题（每空 3 分，共 15 分）

1. 设 A, B 为两事件，$P(A \cup B) = 0.8, P(A) = 0.6, P(B) = 0.3$，则 $P(B \mid A) =$ ________.

2. 某产品的次品率为 2%，且合格品中一等品率为 75%. 如果任取一件产品，取到的是一等品的概率为________.

3. 已知 $P(A) = \frac{1}{2}, P(B \mid A) = \frac{1}{3}$，则 $P(A - B) =$ ________.

4. 设随机变量 X 与 Y 相互独立，$E(X) = 2, D(X) = 1, E(Y) = 4, D(Y) = 0.5$，则 $E(X - Y + 1) =$ ________，$D(2X + Y - 3) =$ ________.

三、计算题（10 分）

1. 罐中有 12 颗围棋子，其中 8 颗白子，4 颗黑子，若从中任取 3 颗，求：

（1）取到的都是白子的概率；

（2）取到的两颗白子、一颗黑子的概率；

（3）取到的 3 颗中至少有一颗黑子的概率；

（4）取到的 3 颗棋子颜色相同的概率.

2. 设 A, B 为随机事件，已知 $P(A) = 0.7, P(A - B) = 0.3$，求 $P(\overline{AB})$.

3. 一个系统共有 60 个元件组成，每个元件发生故障与否是相互独立的，且每个元件发生故障的概率都是 $\frac{1}{4}$，试求这个系统发生故障的元件数 Y 的数学期望.

4. 设随机变量 X 的概率密度函数为

$$p(x) = \begin{cases} ax, & 0 < x < 2, \\ -\frac{1}{4}x + b, & 2 \leqslant x < 4, \\ 0, & \text{其他} \end{cases}$$

已知 $E(X) = 2$，求 a, b 的值.

5. 装有 10 件某产品（其中一等品 5 件，二等品 3 件，三等品 2 件）的箱子中丢失了一件产品，但不知是几等品，现从箱中任取 2 件产品，结果都是一等品，求丢失的也是一等品的概率.

三、综合题（15 分）

设随机变量 X 的分布列为

X	1	2	3
P	$\frac{1}{4}$	$\frac{1}{2}$	$\frac{1}{4}$

求（1）X 的分布函数；

（2）$P\left(X \leqslant \frac{1}{2}\right)$，$P\left(\frac{1}{2} < X \leqslant \frac{3}{2}\right)$，$P(2 \leqslant X \leqslant 3)$；

（3）$Y = 2X + 1$ 及 $Y = 3X^2$ 的分布列；

（4）$E(X), E(X^2), D(X)$.

参考答案

第六章

习题 6.1

1.（1）二阶，线性；（2）二阶，非线性；（3）三阶，非线性；（4）n 阶，线性；（5）一阶，线性；（6）一阶，非线性.

2. 略.

3.（1）$r=-2$；（2）$r=\pm 1$；（3）$r=2$ 或 $r=-3$.

4. 运动方程为 $h(t)=-5t^2+20t+1$，最高点时 $t=2\text{s}$，$h=21\text{m}$.

5.（1）$y=x^2+C$；（2）$y=x^2+3$；（3）$y=x^2+4$；（4）$y=x^2+\dfrac{5}{3}$.

习题 6.2

1.（1）是；（2）否；（3）是；（4）否；（5）是；（6）否.

2.（1）$y=C\mathrm{e}^{\frac{1}{2}x^2+x}$；（2）$x^2+\mathrm{e}^x+\cos y+C=0$；（3）$x^2+\sin x+y^3+2y^2+C=0$；

（4）$y=Cx^{-1}\mathrm{e}^{-\frac{1}{x}}$；（5）$y=C\mathrm{e}^{-\arctan x}$；（6）$y=\ln(x^2+x^4+C)$.

3. $2x^3+9x^2+12x-3y^2+12y-23=0$.

4.（1）$\dfrac{1}{2}y^2+2y+\ln|y|=\dfrac{1}{3}x^3\ln x-\dfrac{1}{9}x^3+C$；（2）$y=\dfrac{1}{2}(\ln x)^2+C$；

（3）$y^2=-x\cos x+\sin x+2x+C$；（4）$y=\dfrac{1}{-\arctan \mathrm{e}^x+C}$；

（5）$y=\ln(\mathrm{e}^x-x\mathrm{e}^x+C)$；（6）$\arctan y=(\ln x)^2+\ln x+C$.

5. $y=\ln\left(\dfrac{1}{2}\mathrm{e}^{2x}+\dfrac{1}{2}\right)$.

6. $\arctan 2y=-\arctan x^2+C$.

7. 提示：设 $V(t)$ 为体积，$S(t)$ 为表面积，$V'(t)=-kS(t)$ 且 $S(t)=(4\pi)^{\frac{1}{3}}3^{\frac{2}{3}}V^{\frac{2}{3}}(t)$，得 $V(t)=\dfrac{\pi}{6}(12-3t)^3$.

习题 6.3

1. 求下列微分函数的通解.

（1）$y=C\mathrm{e}^{-x^2}$；（2）$y=C\,\mathrm{e}^{x\mathrm{e}^x-\mathrm{e}^x}$；（3）$y=2x-2+C\mathrm{e}^{-x}$；

（4）$y=x\mathrm{e}^{-x}+C\mathrm{e}^{-x}$；（5）$y=2\ln x+2+Cx$；（6）$y=\sin x+C\cos x$.

2. $y=1-x^2+C\mathrm{e}^{-x^2}$.　3. $y=\dfrac{1}{x}\left(\mathrm{e}^x+1-\mathrm{e}\right)$.　4. $y=C\mathrm{e}^{-\frac{1}{2}(\ln x)^2}$.

5. $y=\sin x-1+C\mathrm{e}^{-\sin x}$.　6. $y=\dfrac{\mathrm{e}}{x\ln x}$.　7. $y=\dfrac{x-\cos x+1}{(x-1)^3}$.

复习题六

1.（1）一阶，线性；（2）二阶，线性；（3）三阶，非线性；（4）n阶，非线性；（5）一阶，线性；（6）一阶，线性；（7）一阶，非线性；（8）一阶非线性.

2. 略.

3.（1）$y=Cx^2$；（2）$y=\mathrm{e}^x-x+C$；（3）$y=x\mathrm{e}^{-x}+C\mathrm{e}^{-x}$；（4）$y=\dfrac{\sin x}{x}-\cos x+\dfrac{C}{x}$.

4. $y^2+\sin y=\mathrm{e}^x+\ln|x|-\mathrm{e}$.　5. $y=2\cos x$.　6. $y=2x^2+\dfrac{1}{x^2}$.

学习自测题六

一、1. √.　2. ×.　3. ×.　4. √.　5. ×.

二、1. $y=-\ln\left(-\dfrac{1}{2}x^2+C\right)$.　2. $y=\mathrm{e}^{3x}+C$.　3. $y=x^4+\dfrac{C}{x}$.

4. $y=\ln(2\mathrm{e}^x-1)$.　5. $y=\mathrm{e}^{\mathrm{e}^x-x\mathrm{e}^x}$.

6. $y=\dfrac{\mathrm{e}^x+2-\mathrm{e}}{x}$.　7. $y=x\mathrm{e}^{2x}-\mathrm{e}^{2x}+3\mathrm{e}^x$.

第七章

习题 7.1

1.（1）$\dfrac{1}{2\times3}+\dfrac{1}{3\times4}+\dfrac{1}{4\times5}+\dfrac{1}{5\times6}+\dfrac{1}{6\times7}+\cdots$；

（2）$\dfrac{1}{1\times2}+\dfrac{1}{3\times2^3}+\dfrac{1}{5\times2^5}+\dfrac{1}{7\times2^7}+\dfrac{1}{9\times2^9}+\cdots$；

（3）$1-\dfrac{1}{2}+\dfrac{1}{3}-\dfrac{1}{4}+\dfrac{1}{5}+\cdots$；

（4）$\dfrac{1}{\sqrt{1\times2}}-\dfrac{1}{\sqrt{2\times3}}+\dfrac{1}{\sqrt{3\times4}}-\dfrac{1}{\sqrt{4\times5}}+\dfrac{1}{\sqrt{5\times6}}-\cdots$.

2.（1）$u_n=\dfrac{1}{2n-1}$；（2）$u_n=\dfrac{1}{(n+1)\ln(n+1)}$；

（3）$u_n=(-1)^{n-1}\dfrac{n+1}{n}$；（4）$u_n=\dfrac{n-2}{n+1}$.

3.（1）A；（2）C；（3）B；（4）B.

4.（1）有极限；（2）$|q|<1$收敛，$|q|\geqslant1$发散；（3）收敛的；

5.（1）发散；（2）收敛；（3）收敛；（4）发散；（5）收敛；（6）收敛.

6. 因为$1-\cos\frac{\pi}{n}\geqslant 0, n=1,2,\dots$，且当$n\to\infty$时，$1-\cos\frac{\pi}{n}=2\sin^2\frac{\pi}{2n}\sim\frac{\pi^2}{2n^2}$，而$\sum\limits_{n=1}^{\infty}\frac{\pi^2}{2n^2}$收敛，所以$\sum\limits_{n=1}^{\infty}\left(1-\cos\frac{\pi}{n}\right)$收敛.

7. 当$a=1$时，$\lim\limits_{n\to\infty}\frac{1}{1+a^n}=\frac{1}{2}\neq 0$，所以级数发散. 当$0<a<1$时，$\lim\limits_{n\to\infty}\frac{1}{1+a^n}=1\neq 0$，所以级数发散. 当$a>1$时，$\lim\limits_{n\to\infty}\frac{1}{1+a^n}\Big/\frac{1}{a^n}=1$，而$\sum\limits_{n=1}^{\infty}\frac{1}{a^n}$在$a>1$时收敛，所以$a>1$时$\sum\limits_{n=1}^{\infty}\frac{1}{1+a^n}$收敛.

习题 7.2

1.（1）发散；（2）收敛；（3）收敛；（4）收敛；（5）收敛；（6）收敛

2.（1）收敛；（2）收敛；（3）收敛；（4）发散；（5）发散；（6）收敛.

3.（1）收敛；（2）收敛；（3）收敛；（4）收敛.

4.（1）收敛；（2）收敛；（3）发散；（4）收敛.

5.（1）绝对收敛；（2）条件收敛；（3）条件收敛；（4）绝对收敛.

习题 7.3

1. A； 2. D； 3. B； 4. 1； 5. 3；

6.（1）收敛半径为 2，收敛区间为$[-2,2)$；

（2）收敛半径为 1，收敛区间为$[-1,1]$；

（3）收敛半径为$\frac{1}{2}$，收敛区间为$\left[-\frac{1}{2},\frac{1}{2}\right]$；

（4）收敛半径为 1，收敛区间为$[-1,1]$.

7.
$$\rho=\lim_{n\to\infty}\left|\frac{(2x+1)^{n+1}}{n+1}\Big/\frac{(2x+1)^n}{n}\right|=|2x+1|<1\Rightarrow -1<x<0$$

当$x=-1$时，$\sum\limits_{n=1}^{\infty}\frac{(2x+1)^n}{n}$收敛，当$x=0$时，$\sum\limits_{n=1}^{\infty}\frac{(2x+1)^n}{n}$发散，所以收敛区间为$[-1,0)$，收敛半径为$R=\frac{1}{2}$.

8.
$$\rho=\lim_{n\to\infty}\left|\frac{(x+3)^{n+1}}{(n+1)^2}\Big/\frac{(x+3)^n}{n^2}\right|=|x+3|<1\Rightarrow -4<x<-2$$

当$x=-4$和$x=-2$时级数收敛，所以收敛区间为$[-4,-2]$. 收敛半径为$R=\frac{-2-(-4)}{2}=1$.

习题 7.4

1.（1）$\sum\limits_{n=0}^{\infty}\frac{(-1)^n}{n!}\left(\frac{x}{3}\right)^n, x\in(-\infty,+\infty)$；（2）$\sum\limits_{n=1}^{\infty}(-1)^{n+1}\frac{x^n}{n\cdot 3^n}, x\in(-3,3]$；

（3）$x+x^2+\frac{1\times 3}{2!}x^3+\cdots+\frac{1\times 3\times\cdots\times(2n-1)}{n!}x^{n+1}+\cdots, x\in\left[-\frac{1}{2},\frac{1}{2}\right)$；

（4）$\sum\limits_{n=0}^{\infty}(-1)^n\frac{x^{2n+1}}{2n+1}, x\in[-1,1]$；（5）$1+\sum\limits_{n=0}^{\infty}(-1)^n\frac{2^{2n-1}x^{2n}}{(2n)!}, x\in(-\infty,+\infty)$；

（6）$\sum_{n=0}^{\infty}(-1)^n \frac{x^{2n+2}}{(2n)!}, x \in (-\infty,+\infty)$；　（7）$\sum_{n=0}^{\infty}(-1)^n(n+1)\ x^n, x \in (-1,1)$；

（8）$\sum_{n=0}^{\infty}\frac{\ln^n a}{n!}x^n, x \in (-\infty,+\infty)$.

2. $\sum_{n=0}^{\infty}\frac{1}{2}\left(\frac{1}{3^{n+1}}-\frac{1}{5^{n+1}}\right)(-1)^n (x-2)^n, x \in (-1,5)$；

3. $\frac{1}{2}\sum_{n=0}^{\infty}(-1)^n\left[\frac{\left(x+\frac{\pi}{3}\right)^{2n}}{(2n)!}+\sqrt{3}\frac{\left(x+\frac{\pi}{3}\right)^{2n+1}}{(2n+1)!}\right], x \in (-\infty,+\infty)$.

习题 7.5

1.（1）$\frac{2\sin\pi a}{\pi}\sum_{n=1}^{\infty}\frac{(-1)^{n+1} n\sin nx}{n^2-a^2}$；　（2）$\frac{2\sin\frac{\pi}{3}}{\pi}\left[\frac{3}{2}+\sum_{n=1}^{\infty}(-1)^{n+1}\frac{\frac{1}{3}\cos nx}{n^2-\left(\frac{1}{3}\right)^2}\right]$；

（3）$\frac{\pi}{4}+\sum_{n=1}^{\infty}\frac{(-1)^n}{n}\sin nx$；　（4）$\frac{1}{\pi}+\frac{1}{2}\sin x-\frac{2}{\pi}\sum_{n=1}^{\infty}\frac{\cos 2nx}{4n^2-1}\sin nx, x \in (-\infty,+\infty)$.

2.（1）$\frac{\pi}{2}+\frac{4}{\pi}\left(\cos x+\frac{\cos 3x}{3^2}+\frac{\cos 5x}{5^2}+\cdots\right), x \in (-\pi,\pi)$

（2）$\sum_{n=1}^{\infty}\left[\frac{2}{\pi}\frac{1}{n^2}\sin\frac{n\pi}{2}-\frac{\cos n\pi}{n}\right], x \in (-\pi,\pi)$，当 $x=\pm\pi$ 时，收敛于 0.

3. $\frac{4}{\pi}\sum_{n=1}^{\infty}\frac{(-1)^{n-1}}{(2n-1)^2}\sin(2n-1)x,\ x \in (-\infty,+\infty)$

复习题七

一、BCBCABB

二、1. $p>1, p\leqslant 1$；　2. $u_n \geqslant u_{n+1}, \lim_{n\to\infty}u_n=0$；　3. 2；　4. $(-\infty,+\infty)$.

三、1.（1）因为 $\lim_{n\to\infty}u_n=\lim_{n\to\infty}\left(\frac{1}{1000}\right)^{\frac{1}{n}}=1\neq 0$，所以原级数发散；

（2）公比 $q=-\frac{4}{5}$，$|q|=\frac{4}{5}<1$，所以级数收敛，和为 $\frac{a}{1-q}=\frac{\frac{4}{5}}{1+\frac{4}{5}}=\frac{4}{9}$；

（3）
$$\frac{1}{2}+\frac{3}{4}+\frac{5}{6}+\frac{7}{8}+\cdots=\sum_{n=1}^{\infty}\frac{2n-1}{2n},$$

因为 $\lim_{n\to\infty}u_n=\lim_{n\to\infty}\frac{2n-1}{2n}=1\neq 0$，所以原级数发散；

（4）对于 $\sum_{n=1}^{\infty}\left(\frac{1}{2}\right)^n$，公比 $q=\frac{1}{2}<1$，所以级数收敛，和为 $\frac{a}{1-q}=\frac{\frac{1}{2}}{1-\frac{1}{2}}=1$，

对于$\sum_{n=1}^{\infty}(\frac{1}{3})^n$，公比$q=\frac{1}{3}<1$，所以级数收敛，和为$\frac{a}{1-q}=\frac{\frac{1}{3}}{1-\frac{1}{3}}=\frac{1}{2}$，

所以$\left(\frac{1}{2}+\frac{1}{3}\right)+\left(\frac{1}{4}+\frac{1}{9}\right)+\left(\frac{1}{8}+\frac{1}{27}\right)+\cdots$收敛，和为$1+\frac{1}{2}=\frac{3}{2}$.

2.（1）证明略，其和为$\frac{3}{2}$.　　（2）证明略，其和为$\frac{1}{3}$.

3.（1）$\left(\frac{n}{2n+1}\right)^n<\left(\frac{n}{2n}\right)^n=\left(\frac{1}{2}\right)^n$，因为$\sum_{n=1}^{\infty}\left(\frac{1}{2}\right)^n$收敛，由比较判别法，原级数收敛；

（2）由比值法有：

$$\lim_{n\to\infty}\frac{u_{n+1}}{u_n}=\lim_{n\to\infty}\frac{\frac{1}{(2n+1)^2}}{\frac{1}{(2n-1)^2}}=\lim_{n\to\infty}\frac{(2n-1)^2}{(2n+1)^2}=1$$

故比值法失效，改用比较法：

$$\lim_{n\to\infty}\frac{u_n}{\frac{1}{n^2}}=\lim_{n\to\infty}\frac{\frac{1}{(2n-1)^2}}{\frac{1}{n^2}}=\lim_{n\to\infty}\frac{n^2}{(2n-1)^2}=\frac{1}{4}\in(0,+\infty)$$

因为$\sum_{n=1}^{\infty}\frac{1}{n^2}$收敛，由比较判别法，$\sum_{n=1}^{\infty}\frac{1}{(2n-1)^2}$收敛.

（3）收敛；　　（4）收敛.

4.（1）$u_n(x)=\frac{x^n}{(2n)!}$，

$$\lim_{n\to\infty}\left|\frac{u_{n+1}(x)}{u_n(x)}\right|=\lim_{n\to\infty}\left|\frac{\frac{x^{n+1}}{(2n+2)!}}{\frac{x^n}{(2n)!}}\right|=\lim_{n\to\infty}\left|\frac{x^{n+1}}{(2n+2)!}\frac{(2n)!}{x^n}\right|=|x|\lim_{n\to\infty}\frac{1}{(2n+2)(2n+1)}=0<1,$$

所以幂级数的收敛区间为$(-\infty,+\infty)$，收敛半径为$R=\infty$.

（2）$u_n(x)=\frac{x^{n-1}}{2^n}$，

$$\lim_{n\to\infty}\left|\frac{u_{n+1}(x)}{u_n(x)}\right|=\lim_{n\to\infty}\left|\frac{\frac{x^n}{2^{n+1}}}{\frac{x^{n-1}}{2^n}}\right|=\lim_{n\to\infty}\left|\frac{x^n}{2^{n+1}}\frac{2^n}{x^{n-1}}\right|=|x|\lim_{n\to\infty}\frac{2^n}{2^{n+1}}=\frac{|x|}{2},$$

当$|x|<2$时，级数收敛；

当$|x|=2$时，即$x=2$时，级数$\sum_{n=1}^{\infty}\frac{2^{n-1}}{2^n}=\sum_{n=1}^{\infty}\frac{1}{2}$发散，$x=-2$时，级数$\sum_{n=1}^{\infty}\frac{(-2)^{n-1}}{2^n}=\sum_{n=1}^{\infty}\frac{(-1)^{n-1}}{2}$发散，所以幂级数的收敛区间为$(-2,2)$，收敛半径为$R=2$.

（3）收敛半径 $R=1$，收敛区间为 $(-2,0]$.

（4）收敛半径 $R=0$，即级数仅在 $x=1$ 处收敛.

5.（1）收敛域为 $(-1,1)$，和函数 $S(x)=\dfrac{1}{(1-x)^2}$， $x\in(-1,1)$.

（2）收敛域为 $(-1,1)$，和函数 $S(x)=\dfrac{x}{(1+x)^2}$， $x\in(-1,1)$.

（3）收敛域为 $(-1,1)$，和函数 $S(x)=\dfrac{1}{4}\ln\dfrac{1+x}{1-x}+\dfrac{1}{2}\arctan x-x$， $x\in(-1,1)$.

（4）收敛域为 $(-1,1)$.

6. 略.　　7. 略.　　8. 略.

学习自测题七

一、ADCBCCBADD

二、1. 略.　　2. $\dfrac{e^{\pi}-e^{-\pi}}{\pi}\cdot\dfrac{(-1)^n}{1+n^2},\dfrac{e^{\pi}-e^{-\pi}}{\pi}\cdot\dfrac{(-1)^{n+1}n}{1+n^2}$；　　3. $\dfrac{\pi-2}{2}$.

三、1.（1）因为公比 $q=\dfrac{1}{2}<1$，所以等比级数 $\sum\limits_{n=1}^{\infty}\dfrac{1}{2^n}$ 收敛；

因为 $p=\dfrac{1}{2}<1$，所以级数 $\sum\limits_{n=1}^{\infty}\dfrac{1}{\sqrt{n}}$ 发散；

故级数 $\sum\limits_{n=1}^{\infty}\left(\dfrac{1}{2^n}-\dfrac{1}{\sqrt{n}}\right)$ 发散.

（2）$a_n=\left(\dfrac{n}{2n-1}\right)^2$，由于

$$\lim_{n\to\infty}a_n=\lim_{n\to\infty}\left(\frac{n}{2n-1}\right)^2=\frac{1}{4}\neq 0$$

所以级数 $\sum\limits_{n=1}^{\infty}\left(\dfrac{n}{2n-1}\right)^2$ 发散.

（3）$u_n=\dfrac{n^4}{4^n}$，因为

$$\rho=\lim_{n\to\infty}\frac{u_{n+1}}{u_n}=\lim_{n\to\infty}\frac{(n+1)^4}{4^{n+1}}\cdot\frac{4^n}{n^4}=\frac{1}{4}<1$$

所以由比值判别法，级数 $\sum\limits_{n=1}^{\infty}\dfrac{n^4}{4^n}$ 收敛.

（4）$u_n=\dfrac{2+(-1)^n}{3^n}\leqslant\dfrac{3}{3^n}$. 因为 $\sum\limits_{n=1}^{\infty}\dfrac{1}{3^{n-1}}$ 收敛（公比 $q=\dfrac{1}{3}<1$），所以由比较判别法，级数 $\sum\limits_{n=1}^{\infty}\dfrac{2+(-1)^n}{3^n}$ 收敛.

（5）$u_n=\dfrac{1}{n!},u_{n+1}=\dfrac{1}{(n+1)!}$，$u_n>u_{n+1}$，且 $\lim\limits_{n\to\infty}u_n=\lim\limits_{n\to\infty}\dfrac{1}{n!}=0$，由交错级数的莱布尼兹判别

法知级数收敛.

（6）$u_n=\frac{1}{\sqrt{n}}$，$u_{n+1}=\frac{1}{\sqrt{n+1}}$，$u_n>u_{n+1}$，且 $\lim\limits_{n\to\infty}u_n=\lim\limits_{n\to\infty}\frac{1}{\sqrt{n}}=0$，由交错级数的莱布尼兹判别法知级数收敛.

2. 收敛半径 $R=4$，收敛域为 $(-4,4]$

3. $\frac{8}{\pi}\left(\sin x+\frac{1}{3}\sin 3x+\frac{1}{5}\sin 5x+\cdots\right), x\in(-\pi,\pi)$，当 $x=x\pm\pi$ 时，级数收敛于 0.

第八章

习题 8.1

1. BBD

2.（1）-4；（2）-1.

3.（1）-22；（2）$\sin(\alpha-\beta)$；（3）-18；（4）-1；（5）12；（6）$(c-a)(c-b)(b-a)$.

4.（1）-7；（2）-20；（3）$(-1)^{n+1}n!$；（4）$\frac{n(n+1)}{2}$.

5. 略.

6. $x=0$，或 1，或 2

7.（1）$\begin{cases}x_1=\frac{5}{4}\\ x_2=\frac{3}{4}\\ x_3=\frac{1}{2}\end{cases}$；（2）$\begin{cases}x_1=-\frac{3}{5}\\ x_2=\frac{22}{5}\\ x_3=-1\end{cases}$.

8. $a=3$.

习题 8.2

1. DCAC

2.（1）$\begin{pmatrix}2&1\\6&3\\-2&-1\end{pmatrix}$；（2）=；（3）$\begin{pmatrix}1&-1\\1&0\end{pmatrix}$.

3. $\begin{pmatrix}8&7&3\\-7&8&8\end{pmatrix}$. 4. $\begin{pmatrix}2&6&4\\1&3&2\\3&9&6\end{pmatrix}$，$\begin{pmatrix}2&1\\4&3\\7&9\end{pmatrix}$.

5. 2，4； 6. $\begin{pmatrix}\frac{1}{2}&0\\0&\frac{1}{3}\end{pmatrix}$，$\begin{pmatrix}0&-\frac{1}{2}&\frac{1}{2}\\-1&4&-1\\1&-\frac{5}{2}&\frac{1}{2}\end{pmatrix}$.

7. （1）$\begin{pmatrix} 2 & -23 \\ 0 & 8 \end{pmatrix}$；（2）$\begin{pmatrix} \frac{11}{6} & \frac{1}{2} & 3 \\ -\frac{1}{6} & -\frac{1}{2} & -1 \\ \frac{2}{3} & 1 & 1 \end{pmatrix}$.

习题 8.3

1. BC　　2. －1；1.

3.（1）$\begin{cases} x_1 = 1 \\ x_2 = 1 \\ x_3 = -2 \end{cases}$；（2）$\begin{cases} x_1 = 1 \\ x_2 = 0 \\ x_3 = 0 \\ x_4 = 0 \end{cases}$.　4. $\begin{pmatrix} x_1 \\ x_2 \\ x_3 \end{pmatrix} = k \begin{pmatrix} \frac{5}{3} \\ -4 \\ 1 \end{pmatrix}$.

5. $\begin{pmatrix} x_1 \\ x_2 \\ x_3 \\ x_4 \end{pmatrix} = k_1 \begin{pmatrix} 1 \\ -2 \\ 0 \\ 0 \end{pmatrix} + k_2 \begin{pmatrix} 0 \\ 1 \\ 1 \\ 0 \end{pmatrix} + \begin{pmatrix} 0 \\ 1 \\ 0 \\ 0 \end{pmatrix}$.

复习题八

一、DACD

二、1. －1；　2. 0；　3. 2；　4. $\boldsymbol{b}$；　5.（0, -8, 2）；　6. $\boldsymbol{Ax=b}$

三、1.（1）－2，（2）12，（3）1，（4）-1；

2.（1）28，（2）$x_1y_2z - x_2y_1z$，（3）-160，（4）18，（5）105.

3. 略.　4.（1）1 或 2，（2）±1,或±2；　5.（1）-14；（2）$2abcdef$.

6.（1）$\begin{cases} x_1 = 2 \\ x_2 = 3 \\ x_3 = -2 \end{cases}$，（2）$\begin{cases} x_1 = 3 \\ x_2 = 1 \\ x_3 = 1 \end{cases}$；　7. $\boldsymbol{X} = \begin{pmatrix} -1 & -\frac{4}{3} & \frac{8}{3} \\ 1 & \frac{4}{3} & -1 \end{pmatrix}$.

8.（1）11，（2）$\begin{pmatrix} 6 & -1 & 2 \\ 4 & 3 & -6 \end{pmatrix}$，（3）$\begin{pmatrix} -2 & 0 \\ 1 & 0 \\ -3 & 0 \end{pmatrix}$；

9.（1）$\begin{pmatrix} 1 & 0 & -1 \\ -1 & -7 & 3 \\ -4 & -3 & -2 \end{pmatrix}$，（2）$\begin{pmatrix} 4 & 4 & -2 \\ 5 & -3 & -3 \\ -1 & -1 & -1 \end{pmatrix}$，（3）$\begin{pmatrix} 0 & -4 & 0 \\ 2 & -14 & 2 \\ -5 & -11 & -5 \end{pmatrix}$，（4）$\begin{pmatrix} -4 & -8 & 2 \\ -3 & -11 & 5 \\ -4 & -10 & -4 \end{pmatrix}$；

10. －492；

11.（1）$\begin{pmatrix} 1 & -2 & 7 \\ 0 & 1 & -2 \\ 0 & 0 & 1 \end{pmatrix}$，（2）$\begin{pmatrix} 0 & 0 & 3 \\ 0 & -\frac{1}{2} & 0 \\ 1 & 0 & 0 \end{pmatrix}$；

12.（1）$\boldsymbol{X}=\begin{pmatrix}2 & -23\\0 & 8\end{pmatrix}$，（2）$\boldsymbol{X}=\begin{pmatrix}\frac{11}{6} & \frac{1}{2} & 3\\-\frac{1}{6} & -\frac{1}{2} & -1\\\frac{2}{3} & 1 & 1\end{pmatrix}$，（3）$\boldsymbol{X}=\begin{pmatrix}2 & -1 & 0\\1 & 3 & -4\\1 & 0 & -2\end{pmatrix}$；

13.（1）3，（2）5；

14.（1）$k=-6$，$r(A)=1$，（2）$k\neq-6$，$r(A)=2$，（3）不存在 k，使得 $r(A)=3$；

15. 0，-3，1，-2，3，6；

16.（1）$\begin{pmatrix}\frac{7}{6} & \frac{2}{3} & -\frac{3}{2}\\-1 & -1 & 2\\-\frac{1}{2} & 0 & \frac{1}{2}\end{pmatrix}$，（2）$\begin{pmatrix}1 & 1 & -2 & -4\\0 & 1 & 0 & -1\\-1 & -1 & 3 & 6\\2 & 1 & -6 & -10\end{pmatrix}$；

17. 略.

18.（1）$\begin{pmatrix}x_1\\x_2\\x_3\end{pmatrix}=k\begin{pmatrix}-2\\1\\1\end{pmatrix}+\begin{pmatrix}-1\\2\\0\end{pmatrix}$，　　（2）$\begin{pmatrix}x_1\\x_2\\x_3\\x_4\end{pmatrix}=k\begin{pmatrix}\frac{1}{5}\\-1\\\frac{2}{5}\\1\end{pmatrix}+\begin{pmatrix}1\\0\\1\\0\end{pmatrix}$；

19. $\begin{pmatrix}x_1\\x_2\\x_3\\x_4\end{pmatrix}=k\begin{pmatrix}-\frac{1}{3}\\-\frac{2}{3}\\-\frac{1}{3}\\1\end{pmatrix}$；

20.（1）当 $k=-2$ 时，无解，　　（2）当 $k\neq-2,1$ 时，有唯一解，

（3）当 $k=1$ 时，有穷多解：

$$\begin{pmatrix}x_1\\x_2\\x_3\end{pmatrix}=k_1\begin{pmatrix}-1\\1\\0\end{pmatrix}+k_2\begin{pmatrix}-1\\0\\1\end{pmatrix}+\begin{pmatrix}1\\0\\0\end{pmatrix};$$

21. $k=3$ 有非零解，$\begin{pmatrix}x_1\\x_2\\x_3\end{pmatrix}=k\begin{pmatrix}\frac{1}{2}\\-\frac{1}{2}\\1\end{pmatrix}$；

22.（1）$\begin{pmatrix} x_1 \\ x_2 \\ x_3 \\ x_4 \end{pmatrix} = k_1 \begin{pmatrix} 2 \\ 1 \\ 0 \\ 0 \end{pmatrix} + k_2 \begin{pmatrix} \frac{2}{7} \\ 0 \\ -\frac{5}{7} \\ 1 \end{pmatrix}$，（2）$\begin{pmatrix} x_1 \\ x_2 \\ x_3 \\ x_4 \end{pmatrix} = k \begin{pmatrix} -1 \\ -1 \\ 0 \\ 1 \end{pmatrix}$；

23. $\begin{pmatrix} x_1 \\ x_2 \\ x_3 \\ x_4 \end{pmatrix} = k \begin{pmatrix} \frac{5}{3} \\ -\frac{2}{3} \\ -\frac{1}{3} \\ 1 \end{pmatrix} + \begin{pmatrix} 3 \\ 1 \\ -2 \\ 0 \end{pmatrix}$；　　14. 略.

学习自测题八

一、1 ~ 5　CBDCA；　6 ~ 10　CCBCC

二、1. $\begin{pmatrix} 2 & 1 \\ 6 & 3 \\ -2 & -1 \end{pmatrix}$；　2. −1；　3. 1；　4. 2；　5. $\begin{pmatrix} 1 & 0 & 0 \\ 0 & \frac{1}{2} & 0 \\ 0 & 0 & \frac{1}{3} \end{pmatrix}$.

三、1. $\frac{1}{2}$；　2. 5；　3. x^4；　4. $\begin{pmatrix} -\frac{1}{3} & \frac{1}{3} & -\frac{1}{3} \\ -\frac{1}{3} & -\frac{5}{3} & \frac{2}{3} \end{pmatrix}$；

5. 3；　6. −2，1.

第九章

习题 9.1

1.（2）（4）（5）（7）（8）（10）（11）（13）小题是命题，（5）（8）（10）（11）（13）是复合命题.

2. 略.

3.（1）$p \wedge q$，其中，p：小东跑得快，q：小东聪明.

（2）$p \vee q$，其中，p：王非在唱歌，q：王非在看电视.

（3）$p \to q$，其中，p：天气冷，q：我穿衬衣.

（4）p：是简单命题，p：张三与李四是同学.

（5）$p \wedge q$，其中，p：小强学过英语 q：秋香学过英语.

4.（1）$p \wedge q \wedge r$，其中，p：他看书，q：他听音乐，r：他吃瓜子.

（2）$q\to p$，其中，p：天下大雨，q：他乘班车上班.

（3）$\neg p\to q$，其中，p：天晴，q：天下大雨.

（4）$p\leftrightarrow q$，其中，p：下雪路滑，q：2+2=5.

习题 9.2

1.（1）（2）（4）不是合式公式，（3）（5）是合式公式.

2.（4）（6）为重言式，（3）为矛盾式，（1）（2）（5）为可满足式.

习题 9.3

1.（1）不一定.（2）不一定.（3）一定.

2.（1）可满足式，010，011，110，100 为成假赋值.（2）重言式.（3）矛盾式.

3.（1）从左出发证

$(\neg p\vee q)\wedge(p\to r)$

$\Leftrightarrow (\neg p\vee q)\wedge(\neg p\vee r)$ （蕴涵等值式）

$\Leftrightarrow \neg p\vee(q\wedge r)$ （分配律）

$\Leftrightarrow p\to(q\wedge r)$ （蕴涵等值式）

也可以从右出发证（请读者自己证）.

（2）从右出发证

p

$\Leftrightarrow p\wedge 1$ （同一律）

$\Leftrightarrow p\wedge(q\vee\neg q)$ （排中律）

$\Leftrightarrow (p\wedge q)\vee(p\wedge\neg q)$ （分配律）

$\Leftrightarrow (p\wedge q)\vee\neg\neg(p\wedge\neg q)$ （双重否定律）

$\Leftrightarrow (p\wedge q)\vee\neg(\neg p\vee q)$ （德·摩根律）

4.（1）$(p\to q)\to(\neg q\to\neg p)$

$\Leftrightarrow \neg(\neg p\vee q)\vee(q\vee\neg p)$ （蕴涵等值式）

$\Leftrightarrow (p\wedge\neg q)\vee(\neg p\vee q)$ （德·摩根律、交换律）

$\Leftrightarrow ((p\wedge\neg q)\vee\neg p)\vee q$ （结合律）

$\Leftrightarrow ((p\vee\neg p)\wedge(\neg q\vee\neg p))\vee q$ （分配律）

$\Leftrightarrow (1\wedge(\neg p\vee\neg q))\vee q$ （排中律、交换律）

$\Leftrightarrow \neg p\vee(\neg q\vee q)$ （同一律、结合律）

$\Leftrightarrow \neg p\vee 1$ （排中律）

$\Leftrightarrow 1$ （零律）

由于该公式与 1 等值，故它为重言式.

（2）$(p\to q)\wedge\neg p$

$\Leftrightarrow (\neg p\vee q)\wedge\neg p$ （蕴含等值式）

$\Leftrightarrow \neg p$ （吸收律）

由最后一步可知，该公式既有成真赋值 00 和 01，又有成假赋值 10 和 11，故它为可满足式.

习题 9.4

1.（1）假；（2）真；（3）真；（4）假；

2.（1）$(\neg P\wedge Q)\to R$

$\Leftrightarrow\neg(\neg P\wedge Q)\vee R$

$\Leftrightarrow P\vee\neg Q\vee R$

（2）$P\wedge(P\to Q)$

$\Leftrightarrow P\wedge(\neg P\vee Q)$

$\Leftrightarrow(P\wedge\neg P)\vee(P\wedge Q)$

（3）$\neg(P\wedge Q)\wedge(P\vee Q)$

$\Leftrightarrow(\neg P\vee\neg Q)\wedge(P\vee Q)$

$\Leftrightarrow(\neg P\wedge P)\vee(\neg P\wedge Q)\vee(\neg Q\wedge P)\vee(\neg Q\wedge Q)$

$\Leftrightarrow(\neg P\wedge Q)\vee(\neg Q\wedge P)$

（4）$(P\to Q)\to R$

$\Leftrightarrow\neg(\neg P\vee Q)\vee R$

$\Leftrightarrow(P\wedge\neg Q)\vee R$

3.（1）$Q\wedge(P\vee\neg Q)$

$\Leftrightarrow(P\wedge Q)\vee(Q\wedge\neg Q)$

$\Leftrightarrow P\wedge Q$

$=\sum_3$

（2）$P\vee(\neg P\to(Q\vee(\neg Q\to R)))$

$\Leftrightarrow P\vee(P\vee(Q\vee(Q\vee R)))$

$\Leftrightarrow P\vee Q\vee R=(\neg P\wedge\neg Q\wedge R)\vee(\neg P\wedge Q\wedge\neg R)\vee(\neg P\wedge Q\wedge R)\vee(P\wedge\neg Q\wedge\neg R)\vee(P\wedge\neg Q\wedge R)\vee$
$(P\wedge Q\wedge\neg R)\vee(P\wedge Q\wedge R)$

$\Leftrightarrow\sum_{1,2,3,4,5,6,7}$

（3）$(\neg P\vee\neg Q)\to(P\leftrightarrow\neg Q)$

$\Leftrightarrow\neg(\neg P\vee\neg Q)\vee(P\leftrightarrow\neg Q)$

$\Leftrightarrow(P\wedge Q)\vee(P\wedge\neg Q)\vee(\neg P\wedge Q)$

$\Leftrightarrow\sum_{1,2,3}$

4.（1）为可满足式，成真赋值为 00 和 01.

（2）为矛盾式，无成真赋值.

（3）为重言式，00,01,10,11 为成真赋值.

习题 9.5

1.（1）（3）（4）

2. B.

3.（1）不满足；（2）满足；（3）不满足.

4.（1）不满足；（2）满足；（3）满足；（4）满足.

5. 幂等律不成立，反例如下：$2*2$

$$=2+2-2\cdot 2$$
$$=0$$
$$\neq 2$$

6. *满足交换律、结合律，不满足幂等律，单位元为 a，无零元，$a-1=a$，$b-1=c$，$c-1=b$.

∘运算不满足交换律，满足结合律、幂等律．无单位元，无零元，也没有可逆元素.

·运算满足交换律、结合律和幂等律，单位元是 a，零元是 b，$a-1=a$.

7.（1）不是代数系统.（2）是半群但不是独异点.（3）是半群也是独异点.

8. 显然，+是封闭的和可结合的，单位元为 $(0,0)$，任意 (x,y) 的逆元为 $(-x,-y)$，所以构成群.

习题 9.6

1. G 的阶数 n 至少为 11.

2. 略.

3. 设 G 有 x 个 5 度顶点，则 G 有 $9-x$ 个 6 度顶点，由握手定理推论可知：x 只能取 0，2，4，6，8；$9-x$ 只能取 9，7，5，3，1．于是 $(x,9-x)$ 为 $(0,9)$，$(2,7)$，$(4,5)$ 时均至少有 5 个 6 度顶点，而在 $(6,3)$，$(8,1)$ 时满足至少有 6 个 5 度顶点.

4. 略.

5. 用反证法．假设 u 与 v 不连通，即 u 与 v 之间无通路，则 u 与 v 处于 G 的不同连通分支中．不妨设 u 在 G_1，v 在 G_2 中．于是，G_1 与 G_2 作为 G 的子图，它们中均只含有一个奇度顶点，这与握手定理的推论矛盾.

6.（a）为强连通，（b）、（d）为单侧连通，（c）为弱连通.

7.（1）长度为 1 的通路有 0 条.（2）长度为 2 的通路有 0 条.（3）长度为 3 的通路有 2 条.（4）长度为 4 的通路有 2 条.

8.（1）试问 $\deg(v_1)=2\deg(v_2)=3$.

（2）图 G 不是完全图.

（3）从 v_1 到 v_2 长为 3 的路有 0 条.

9.（1）、（2）可以一笔画出，（3）不行.

10.（a）、（c）是哈密尔顿图，（b）、（d）不是哈密尔顿图.

11.（1）设 T 有 x 个 4 度顶点，有 $7*1+3*3+4x=2(7+3+x-1)$，解得 $x=1$；

（2）设 T 有 x 片树叶，有 $3*3+2*4+x=2(3+2+x-1)$，解得 $x=9$；

（3）设 T 有 x 片树叶，有 $1*2+3*3+4*4+1*5+x=2(1+3+4+1+x-1)$，解得 $x=8$；

（4）设 T 有 x 个 4 度顶点，有 $9*1+5*3+4x=2(9+5+x-1)$，解得 $x=1$.

12. 略.

13. 如下图：

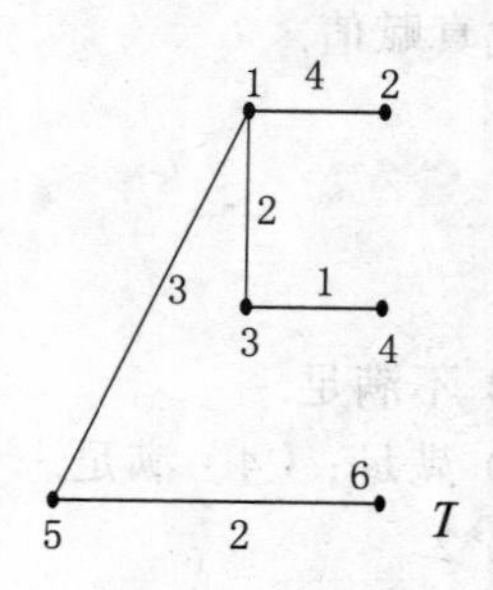

复习题九

一、1 ~ 5 ABCAA　　6 ~ 10 BABCB　　11 ~ 15 ABCDC

二、1. 1；

2. $(P\wedge Q)\rightarrow R$；

3. $(P\wedge Q\wedge R)\vee(P\wedge Q\wedge\neg R)$；

4. $\neg P\vee\neg Q$，$\neg P\wedge\neg Q$；

5. 简单合取式，命题变项，否定形式，必须出现且只能出现一次，简单合取式；

6. $x\circ(y * z)=(x\circ y) * (x\circ z)$，$(y * z)\circ x=(y\circ x) * (z\circ x)$；

7. 欧拉回路，边仅且一次；

8. 汉密尔顿回路，点仅且一次；

9. 0，0；

10. 连通无回路.

三、1.（1）设 P：小明和小强不是同学；命题公式为：$\neg P$.

（2）设 P：我去看电影，Q：天不下雨，命题公式为：$P\leftrightarrow Q$

2.（1）（2）如下表 $F1$，$F2$.

P	Q	R	$F1$	$F2$
T	T	T	T	F
T	T	F	F	F
T	F	T	T	F
T	F	F	F	T
F	T	T	T	F
F	T	F	T	F
F	F	T	T	F
F	F	F	F	T

3. 3 条.

4. 略.

5.（1）永假式；（2）重言式；（3）可满足式.

6. 解：（1）$\neg(P\rightarrow Q)\wedge(P\rightarrow\neg Q)\Leftrightarrow\neg(\neg P\vee Q)\wedge(\neg P\vee\neg Q)$

$\Leftrightarrow(P\wedge\neg Q)\wedge(\neg P\vee\neg Q)\Leftrightarrow(P\wedge\neg Q\wedge\neg P)\vee(P\wedge\neg Q\wedge\neg Q)$

$\Leftrightarrow(P\wedge\neg Q)\quad\Leftrightarrow\sum(2)$ （主析取范式）

命题公式的成真赋值是(1,0).

（2）$(P\wedge Q)\rightarrow R$

$\Leftrightarrow\neg(P\wedge Q)\vee R$

$\Leftrightarrow(\neg P\vee\neg Q)\vee R$

$\Leftrightarrow\neg P\vee\neg Q\vee R$

$\Leftrightarrow(\neg P\wedge(\neg Q\vee Q)\wedge(\neg R\vee R))\vee((\neg P\vee P)\wedge\neg Q\wedge(\neg R\vee R))\vee((\neg P\vee P)\wedge(\neg Q\vee Q)\wedge R)$

$\Leftrightarrow(\neg P\wedge\neg Q\wedge\neg R)\vee(\neg P\wedge\neg Q\wedge R)\vee(\neg P\wedge Q\wedge\neg R)\vee(\neg P\wedge Q\wedge R)\vee(P\wedge\neg Q\wedge\neg R)\vee$

$(P\wedge\neg Q\wedge R)\vee(P\wedge Q\wedge R)$

$\Leftrightarrow\sum(0,1,2,3,4,5,7)$

所以成真赋值为 000，001，010，011，100，101，111.

（3）$(Q\to P)\wedge(\neg P\wedge Q)$

$\Leftrightarrow(\neg Q\vee P)\wedge\neg P\wedge Q$

$\Leftrightarrow(\neg Q\vee P)\wedge\neg(P\vee\neg Q)\Leftrightarrow F$

所以没有成真赋值.

四、

1.（1）$\neg(A\to B)$

$\Leftrightarrow\neg(\neg A\vee B)$

$\Leftrightarrow A\wedge\neg B)$.

（2）$\neg(A\leftrightarrow B)$

$\Leftrightarrow\neg((A\to B)\wedge(B\to A))$

$\Leftrightarrow\neg((\neg A\vee B)\wedge(\neg B\vee A))$

$\Leftrightarrow(A\wedge\neg B)\vee(\neg A\wedge B)$.

（3）$A\to(B\vee C)$

$\Leftrightarrow\neg A\vee(B\vee C)$

$\Leftrightarrow(\neg A\vee B)\vee C$

$\Leftrightarrow\neg(A\wedge\neg B)\vee C$

$\Leftrightarrow(A\wedge\neg B)\to C$.

2. 证明：由于 $<G,\cdot>$ 是一个群，则对于任意 $a,b\in G$，必存在唯一的 $a^{-1}\in G$，使得

$$a^{-1}\cdot a\cdot x=a^{-1}\cdot b$$

所以 $x=a^{-1}\cdot b$.

3. 证明：设 G 中有 n 个结点分别为 $v_1,v_2,\cdots,v_n$，则由握手定理：

$$\frac{2(n+1)}{n}=2+\frac{1}{n}>2$$

而结点的平均度数$=\sum_{i=1}^{n}\deg(v_i)=2e=2(n+1)$，所以结点中至少有一个顶点的度数 $\geqslant 3$.

学习自测题九

一、CCDABACDBD

二、1. $a^2+b^2=a^2$ 当且仅当 $b=0$；　2. 假；　3. 等价；

4. $\begin{bmatrix}1&1&1\\1&1&1\\1&1&1\end{bmatrix}$；　5. 7

三、1. $\sum(0,1,3)$

2. 显然满足结合律，有幺元，封闭性，所以是独异点.

3. 真值表如下：

p	q	r	$(p\to(q\wedge r))\to\neg p$
0	0	0	1
0	0	1	1
0	1	0	1
0	1	1	1
1	0	0	1
1	0	1	1
1	1	0	1
1	1	1	0

4. 求最小生成树即可，其权为 18

四、G 中每条边（包括环）均有两个端点，所以在计算 G 中各顶点度数之和时，每条边均计算了 2 度，有 e 条边，所以共有 $2e$ 度.

第十章

习题 10.1

1. CDCD

2.（1）ABC；（2）$\overline{ABC}$ 即 $\overline{A+B+C}$；（3）$\overline{ABC}$ 即 $\overline{A}+\overline{B}+\overline{C}$；（4）$\overline{A}BC+A\overline{B}C+AB\overline{C}$

3. A 的逆事件是{甲产品滞销或乙产品滞销}；

4. AC 表示所选者是会英语的男生；$A=B$ 表示会英语则必会日语，会日语则必会英语.

5.（1）$A=A_1A_2A_3$，（2）$B=A_1+A_2+A_3$，（3）$C=A_1A_2\overline{A_3}+A_1\overline{A_2}A_3+\overline{A_1}A_2A_3$，

（4）$D=\overline{A_1A_2}+\overline{A_1A_3}+\overline{A_2A_3}$.

习题 10.2

1.（1）略.（2）0.6；（3）$a+b+c-ab-ac-bc+abc$；（4）1/16，15/16；（5）0.504；（6）略.（7）3/4；（8）略.（9）0.3;（10）19/27.

2. DDBBC

3. 1. 1/6; 4.（1）1/120;（2）0.027; 5.（1）0.2;（2）0.4;（3）0.7.

6. 略. 7. 略. 8. 略. 9. 略.

习题 10.3

一、ADBBC

2.（1）$P(AB)$；（2）0.5;（3）0.8;（4）$\frac{1}{4}$;（5）$\frac{1}{2}$;（6）0.54;（7）0.6.

3. 0.75.　　4. 0.875.　　5.（1）0.3；（2）0.3125.　　6. 0.067

7. 都为 $b/(a+b)$.　　8. 2/3.　　9. 0.458.　　10. 丙.　　11.（1）0.4；（2）0.4856.

习题 10.4

1.（1）B；（2）C；（3）A；（4）B.

2.（1）0.972;（2）$P\{X=k\}=(1-p)^{k-1}p\ (k=1,2\cdots)$;（3）0.2;（4）略.

3.（1）$P\{X=i\}=\dfrac{1}{6}(i=1,2,3,4,5,6)$; $\dfrac{5}{6}$; $\dfrac{1}{3}$;　　4. $P\{X=i\}=\dfrac{C_2^iC_{15}^{3-i}}{C_{15}^3}(i=0,1,2)$;

5. 0.17635;　　6. 0.9515；0.8164.

习题 10.5

1.（1）B；（2）B；（3）C；（4）C；（5）C.

2.（1）$\dfrac{4}{3}$；（2）$E(X^2)-[E(X)]^2$；（3）$C_n^p p^k(1-p)^{n-k}$；

（4）$\dfrac{x^2-1}{4}$；（5）8；（6）4.

3. $\dfrac{3}{2}$；　　4. 5.2 万元；　　5. 最少进货量为 21 个单位；

6. $f_z(z)=\dfrac{1}{3\sqrt{2\pi}}\mathrm{e}^{-\frac{(x-5)^2}{2\times 3^2}}$.

复习题十

一、BCCADDCB

二、1. A,B,C,D;　2. B,D;　3. A,D;　4. B;　5. C;　6. A,B,C;　7. A,B,C;　8. C,D;
9. A,B,C.

三、1. 互斥或互不相容；　2. $AB\cup BC\cup AC$；　3. 0.12；　4. 0.82；

5. 0.0081；　6. 0.2048，0.94208；　7. 1，0，$\mathrm{e}^{-\lambda}$；

8. $P(X=k)=0.4^{k-1}\cdot 0.6(k=1,2,\cdots)$；

9. $P(X=k)=p(1-p)^{k-1}(k=1,2,\cdots,9),P(X=10)=(1-p)^9$；

10. $P(X=k)=C_n^k(0.5)^n(k=0,1,\cdots,n)$.

四、1.（1）$\{(i,j)\,|\,i\neq j,i,j=1,2,3,4\}$；（2）$\{(i,j)\,|\,i,j=1,2,3,4\}$；（3）$\{(i,j)\,|\,i<j,i,j=1,2,3,4\}$.

2.（1）$A\bar{B}\bar{C}$；（2）$\bar{A}BC$；（3）$A\bar{B}\bar{C}\cup\bar{A}B\bar{C}\cup\bar{A}\bar{B}C$；（4）$\underline{A}BC\cup A\bar{B}C\cup AB\bar{C}$；

（5）$\bar{A}\bar{B}\bar{C}$；　（6）ABC；（7）$A\cup B\cup C$；　（8）$\overline{ABC}$ 或 $A\cup B\cup C$；

五、1.（1）A 发生；（2）B 与 C 都不发生；（3）A 发生且 B 与 C 都不发生；（4）A,B,C 都不发生；（5）A,B,C 中至少有一个发生；（6）A,B,C 中至少有一个不发生.

2.（1）$A_1A_2A_3$；（2）$\bar{A}_1\cup\bar{A}_2\cup\bar{A}_3$；（3）$\bar{A}_1A_2A_3\cup A_1\bar{A}_2A_3\cup A_1A_2\bar{A}_3$；（4）$\bar{A}_1\bar{A}_2\cup\bar{A}_2\bar{A}_3\cup\bar{A}_1\bar{A}_3$.

3. 3/11.　4. 0.777.　5. 8/15 .

6.（1）3/8；（2）9/64；（3）1/16.　　7. 9/19.

8.（1）$P(X=k)=C_3^k(2/15)^k(13/15)^{3-k}(k=0,1,2,3)$

（2）$P(X=0)=22/35,P(X=1)=12/35,P(X=2)=1/35$.

9.（1）

X	3	4	5	6	7
P_X	0.05	0.3	0.3	0.3	0.05

（2）$P(4<X\leqslant 6)=0.6, P(4\leqslant X<6)=0.6,\ P(4<X<6)=0.3, P(4\leqslant X\leqslant 6)=0.9$.

10. $F(x)=\begin{cases}0, & x<0\\ 1/16, & 0\leqslant x<1\\ 1/4, & 1\leqslant x<2\\ 3/4, & 2\leqslant x<3\\ 1, & x\geqslant 3\end{cases}$,

$P(X\leqslant 2)=0.75,\ P(0<X<3)=0.6875,\ P(2\leqslant X\leqslant 3)=0.75$.

11.

X	−1	2	3
P_X	1/6	1/2	1/3

$$F(x)=\begin{cases}0, & x<-1\\ 1/6, & -1\leqslant x<2\\ 2/3, & 2\leqslant x<3\\ 1, & x\leqslant 3\end{cases}$$

12. 0.3，0.319，0.5649.

13. 1/3，1/18.

14. 解：（1）X 的分布函数 $F(x)=\begin{cases}0, & x<-1\\ 0.2, & -1\leqslant x<0\\ 0.5, & 0\leqslant x<3\\ 1, & x\geqslant 3\end{cases}$

（2）Y 的可能取值为 3，1，19

$$P\{Y=3\}=P\{2X^2+1=3\}=P\{X=1\}=0.2$$
$$P\{Y=1\}=P\{2X^2+1=1\}=P\{X=0\}=0.3$$
$$P\{Y=19\}=P\{2X^2+1=19\}=P\{X=3\}=0.5$$

所以

Y	3	1 19
P	0.2	0.30.5

Z 的可能取值为 −2，1，10

$$P\{Z=-2\}=P\{3X+1=-2\}=P\{X=-1\}=0.2$$
$$P\{Z=1\}=P\{3X+1=1\}=P\{X=0\}=0.3$$
$$P\{Z=10\}=P\{3X+1=10\}=P\{X=3\}=0.5$$

所以

Z	-2	1　　10
P	0.2	0.30.5

（3）期望分别为 $E(Y)=10.4$，$E(Z)=4.9$

学习自测题十

一、1 ~ 5　CDABB　　6 ~ 10　DDCDC

二、1. 1/6；　2. 0.735；　3.1/3；　4. −3，4.5

三、1.（1）$\dfrac{C_8^3}{C_{12}^3}=\dfrac{14}{55}$；　（2）$\dfrac{C_8^2C_4^1}{C_{12}^3}=\dfrac{28}{55}$；　（3）$1-\dfrac{C_8^3}{C_{12}^3}=\dfrac{41}{55}$；　（4）$\dfrac{C_8^3}{C_{12}^3}+\dfrac{C_4^3}{C_{12}^3}=\dfrac{3}{11}$.

2. 解：由题意，$P(A-B)=P(A)-P(AB)=0.3$，解得 $P(AB)=0.4$

$$P(\overline{AB})=1-P(AB)=1-0.4=0.6$$

3. 解：根据题意系统发生故障的元件数 Y 服从二项分布 $B\left(60,\dfrac{1}{4}\right)$. 所以系统发生故障的元件数 Y 的数学期望为 $E(Y)=60\times\dfrac{1}{4}=15$

4. 解：$2=E(X)=\int_{-\infty}^{\infty}xp(x)\mathrm{d}x=\int_0^2 ax^2\mathrm{d}x+\int_2^4\left(-\dfrac{1}{4}x^2+bx\right)\mathrm{d}x=\dfrac{8}{3}a+6b-\dfrac{14}{3}$，

$$1=\int_{-\infty}^{\infty}p(x)\mathrm{d}x=\int_0^2 ax\mathrm{d}x+\int_2^4\left(-\frac{1}{4}x+b\right)\mathrm{d}x=2a+2b-\frac{3}{2}，$$

联立上两式解得 $\begin{cases}a=\dfrac{1}{4}\\ b=1\end{cases}$.

5. 解：设 $A=$“从箱中任取 2 件都是一等品”，$B_i=$“丢失 i 等品” $i=1,2,3$. 由全概率公式，则

$$\begin{aligned}P(A)&=P(B_1)P(A|B_1)+P(B_2)P(A|B_2)+P(B_3)P(A|B_3)\\&=\frac{1}{2}\cdot\frac{C_4^2}{C_9^2}+\frac{3}{10}\cdot\frac{C_5^2}{C_9^2}+\frac{1}{5}\cdot\frac{C_5^2}{C_9^2}=\frac{2}{9}\end{aligned}$$

所求概率为 $P(B_1|A)=\dfrac{P(B_1)P(A|B_1)}{P(A)}=\dfrac{3}{8}$.

四、解：（1）当 $x<1$ 时，$F(x)=P\{X\leqslant x\}=P(\varnothing)=0$；

当 $1\leqslant x<2$ 时，$F(x)=P\{X\leqslant x\}=P(X=1)=1/4$；

当 $2\leqslant x<3$ 时，$F(x)=P\{X\leqslant x\}=P\{X=1\}+P\{X=2\}=1/4+1/2=3/4$；

当 $x\geqslant 3$ 时，显然有 $F(x)=P\{X\leqslant x\}=1$，

所以 X 的分布函数为 $F(x)=\begin{cases}0, & x<1\\ 1/4, & 1\leqslant x<2\\ 3/4, & 2\leqslant x<3\\ 1, & x\geqslant 3\end{cases}$.

（2）$P\left(X\leqslant\frac{1}{2}\right)=0$；

$P\left(\frac{1}{2}<X\leqslant\frac{3}{2}\right)=P(X=1)=1/4$；

$P(2\leqslant X\leqslant 3)=P(X=2)+P(X=3)=3/4$.

（3）略.

（4）$E(X)=1\times\frac{1}{4}+2\times\frac{1}{2}+3\times\frac{1}{4}=2$，

$E(X^2)=1^2\times\frac{1}{4}+2^2\times\frac{1}{2}+3^2\times\frac{1}{4}=\frac{18}{4}$，

$D(X)=\frac{18}{4}-2^2=\frac{1}{2}$.

参考文献

[1]　同济大学数学系. 高等数学. 6版. 北京：高等教育出版社，2007.
[2]　屈婉玲，耿素云，张立昂. 离散数学. 2版. 北京：清华大学出版社，2008.
[3]　陈华峰. 离散数学基础. 北京：中国水利水电出版社，2012.
[4]　王秀焕，谢艳云，陈志伟. 高等数学. 北京：高等教育出版社，2013.
[5]　顾静相. 经济数学基础. 北京：高等教育出版社，2008.
[6]　陈兆斗，高瑞. 高等数学. 北京：北京大学出版社，2006.
[7]　刘吉佑，徐诚浩. 线性代数（经管类）. 武汉：武汉大学，2006.